可见光通信

Visible Light Communication

［以色列］ Shlomi Arnon（施劳密·阿瑞恩） 编著
丁德强 赵卫虎 刘故箐 李 卫 周少华 译
邓大鹏 审校

国防工业出版社
·北京·

著作权合同登记　图字：军-2016-136 号

图书在版编目（CIP）数据

可见光通信/（以）施劳密·阿瑞恩（Shlomi Arnon）编著；丁德强等译. 一北京：国防工业出版社，2020.10

书名原文: Visible Light Communication

ISBN 978-7-118-12185-8

Ⅰ. ①可…　Ⅱ. ①施…　②丁…　Ⅲ. ①光通信系统一研究　Ⅳ. ①TN929.1

中国版本图书馆 CIP 数据核字（2020）第 167926 号

（根据版权贸易合同著录原书版权声明等项目）

※

国防工業出版社出版发行

（北京市海淀区紫竹院南路 23 号　邮政编码 100048）

北京虎彩文化传播有限公司印刷

新华书店经售

*

开本 710×1000　1/16　印张 12½　字数 217 千字

2020 年 10 月第 1 版第 1 次印刷　印数 1—1500 册　定价 158.00 元

（本书如有印装错误，我社负责调换）

国防书店：（010）88540777　书店传真：（010）88540776

发行业务：（010）88540717　发行传真：（010）88540762

译者序

随着通信需求走向“无处不在”，高通信容量和高可靠性的室内无线通信成为人们研究和关注的焦点。射频通信技术比较成熟，是当前无线通信的主流实用技术。但是，随着无线电频谱资源日趋紧张，射频通信速率严重受限，因而人们研究的目光又转移到具有超高通信容量，且不受频谱限制的可见光通信（VLC）领域。基于白光 LED 的可见光通信可以为室内无线通信提供一种超高速、安全、易于互联的解决方案，白光 LED 在起到照明作用的同时，也可以作为无线通信网络的接入点。如果室内的通信基站与白光 LED 照明设备结合到一起，并接入其他通信网络，一个集照明和通信于一体的无线通信网络，将会为人们提供经济、高速的通信服务。施劳密·阿瑞恩教授编著的《可见光通信》一书，为我们系统地可见光通信的理论原理及关键技术提供了很好的支撑，有助于推动国内对可见光通信技术的研究。在装备科技译著出版基金的支持下，我们对本书进行了翻译，非常希望能够把一本高质量的译著奉献给读者。

本书阐述了可见光通信的理论原理、系统应用、关键技术以及相关行业标准，共包括 9 章。第 1 章为绪论。第 2 章讨论照明约束下的调制技术，阐述了 VLC 系统物理层设计与传统无线系统的不同，特别是在新的平均强度约束方面。第 3 章描述了接收机平面倾斜和特殊 LED 灯布局等技术，它们可以用于增强室内 VLC 系统的性能。第 4、5 章讨论了 VLC 非常重要的应用：利用光的特性获取位置信息。第 6 章介绍了 VLC 的相关标准，讨论了 VLC 服务区域的兼容性、照明、厂商考虑事项和标准等。第 7 章介绍了 VLC 中不同的调制方法，给出了每种调制方案误码率的计算方法，分析了时钟抖动对误码率性能的影响。第 8 章描述了用于 VLC 的离散多音频调制，并提出了用于该调制技术的高频谱效率解决方案。第 9 章介绍了基于 VLC 的图像传感器及使用图像传感器的两个独特应用：大规模并行可见光传输和精确的传感器位置估计。

本书主要由国防科技大学信息通信学院丁德强博士翻译，赵卫虎博士、刘故箐副教授、李卫教授、周少华讲师参与了部分章节的翻译工作和编校工作；国防科技大学信息通信学院邓大鹏教授对本书的翻译工作进行了技术指导，并负责全书的技术审校。

原著由全球可见光通信领域的多名学者撰写，行文风格各有不同，翻译工作难度很大。尽管我们做出了不懈努力，因受时间和能力的限制，书中难免会有疏漏和不尽如人意之处，恳请专家与广大读者不吝赐教。

译者

2020 年 5 月

前　言

可见光通信（VLC）是一项不断发展的短距通信技术。得益于高功率可见光 LED 技术的研究突破，VLC 可以利用现有的照明基础设施构建无线光通信系统，成为一种高能效、绿色环保的 RF 替代技术。

本书借鉴了该领域全球研究人员的前沿专业知识，阐述了 VLC 的理论原理，概述了这项前沿技术的关键应用，对调制、定位与通信、同步、工业标准以及网络性能增强技术等方面进行了深入的研究，为可见光通信和无线通信领域的研究人员以及电信领域从业人员提供非常宝贵的参考资料。

Shlomi Arnon 是以色列 Ben-Gurion 大学电子和计算机工程系教授，SPIE 会员，《高级无线光通信系统》（2012）的共同编辑，*Journal of Optical Communications and Networking*（2006 年）和 *IEEE Journal on Selected Areas in Communications*（2009 年、2015 年）专栏编辑。

目 录

第1章 绪　论

可见光通信（Visible Light Communication，VLC）是一种以照明可见光（光谱 400～700nm）为调制载波传输信息的无线光通信系统[1-3]。随着可见光谱大功率发光二极管（Light-emitting Diode，LED）的发展，人们对 VLC 的兴趣迅速增长。一方面，将照明光用于通信实现信息传送可以节省能源；另一方面，利用现有照明系统也使得该技术与射频（RF）技术相比是绿色环保的。对高速无线连接近乎指数级增长的带宽需求加快了对新无线通信技术的研究。目前，VLC 的新应用包括：①室内通信应用，作为 Wi-Fi 和蜂窝无线通信[4]等技术补充手段，室内通信也是智慧城市概念[5]中的一部分；②物联网（Internet of Things，IOT）的无线通信链路[6]；③智能交通系统（Intelligent Transportation System，ITS）中的通信系统[7-14]；④医院使用的无线通信系统[15-17]；⑤玩具和主题公园娱乐系统中的通信系统[18,19]；⑥利用智能手机摄像头提供动态广告信息[20]。

在室内应用中，VLC 作为 Wi-Fi 和蜂窝无线通信的补充已经成为一种必然的需求，原因就在于人们会同时使用多个无线设备，如智能手机、笔记本计算机、智能手表、智能眼镜以及可穿戴计算机等，而每个设备所需的数据带宽是呈指数增长的。在城市里，人们大部分时间待在室内，因此 VLC 技术的实用性是不言而喻的。此外，在办公室或家庭住房中安装 VLC 系统，只需对现有通信结构做简单改造就可以增加额外的通信容量。如图 1.1 所示，通过该网络可以为笔记本计算机、智能手机、电视以及可穿戴计算机提供无线通信链路。

下行链路包括照明 LED、以太网电力线载波通信（PLC）调制解调器和 LED 驱动器，后者可以作为设备的一部分，通过专用或加密接收机接收信号。上行链路的配置可以采用以下方案：①Wi-Fi 链路；②IRDA（红外线数据）链路；③调制回复反射器（图 1.2）。调制回复反射器是一种可以回复反射入射光的器件[21,22]。反射光的振幅可以通过电子信号来控制，实现对光的调制。在红外 IRDA[23]链路或调制回复反射器的情况下，接收机可以是 LED 照明的一部分。在这种情况下，上行链路接收机包括光电二极管（PD）、跨阻放大器和调制解调器。通过这种方式，可以快速创建一个高效的无线网络。

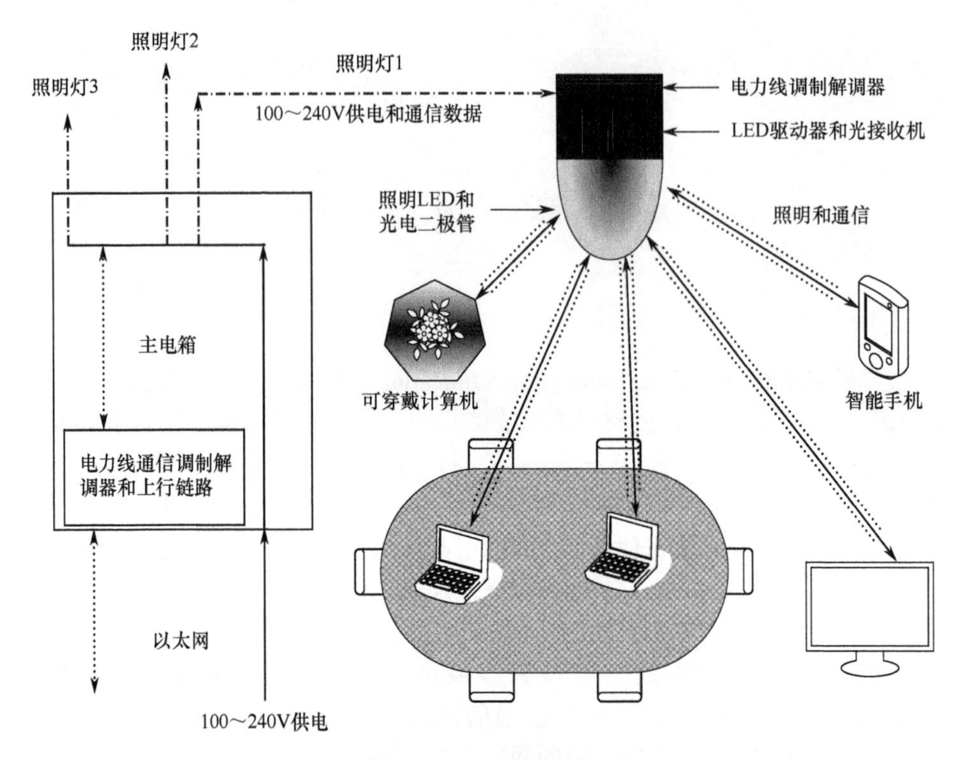

图 1.1 VLC 无线网络

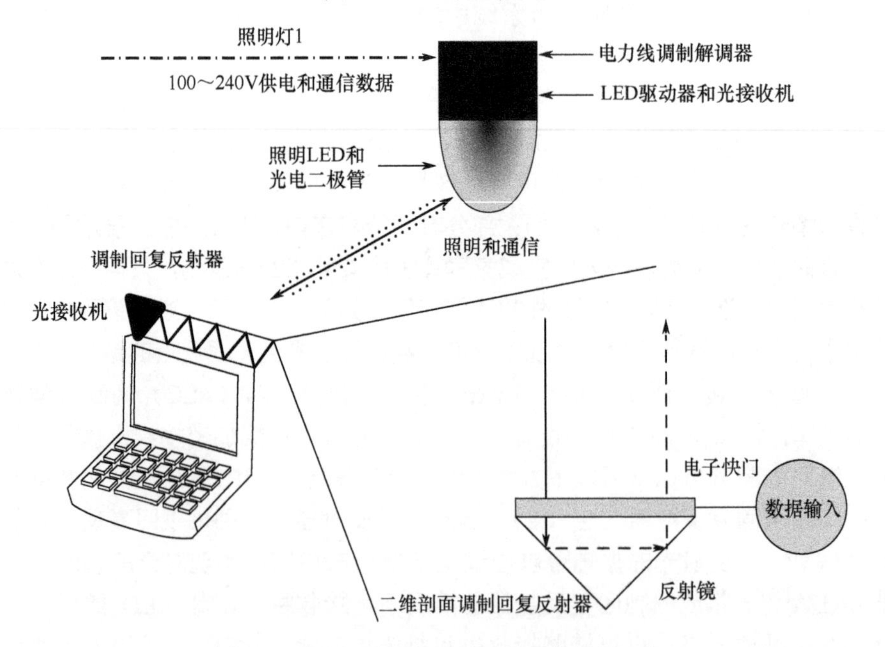

图 1.2 基于调制回复反射器的无线通信网络

从 IOT 的革命性概念中可以预见，在不久的将来，数十亿的电器、传感器和仪器都将具备无线连接功能，使环境智能和自动控制成为可能，也可以使环境适应人们的需求和期望。VLC 很有可能成为一种廉价、简单、即时的无线通信技术，而且不会占用极其紧张的电磁频谱资源。

ITS 是一种提高道路安全、减少道路伤亡、提高交通效率的新兴技术（图 1.3）。VLC 可以作为一种提供车辆间通信的手段，同时也可以使车辆与道路基础设施（如交通灯和广告牌）进行互联，该技术使用汽车的前灯和尾灯作为发射机，相机或探测器作为接收机，交通信号灯也相当于发射机，整个系统用于提供专门面向汽车领域的单向或双向中短程无线通信链路。

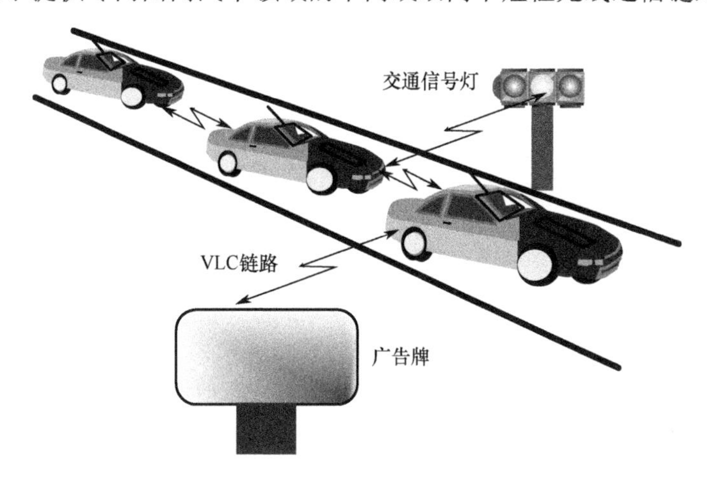

图 1.3　使用 VLC 的智能交通系统

在医学界，不断探寻在提高效率的同时降低医院感染的方法。这些感染花费了大量的金钱，也对生命造成了严重的威胁。其中，使用无线技术来改造通信基础设施就是一种有效的方法。该技术使得医生可以在病人床边使用平板计算机访问、更新病人的数据，而不再需要人工保存纸质文件，这些文件要么放在床边，要么放在护士的后台办公室。此外，还可远程监测病人健康状况和重要数据。RF（Wi-Fi、蜂窝网络等）技术是一种尽力而为的通信技术，来自附近设备的干扰可能会阻塞通信，这意味着信息的传输得不到保证。这种情况在医疗应用中是不可接受的，因此转向 VLC 技术是不言而喻的，可以为医学领域提供无干扰和无阻塞的局域通信解决方案。

VLC 在玩具和主题公园娱乐业领域的应用也非常有前景（图 1.4），因为它充分利用了两个主要的特点。第一个特点是具备视线或半视线通信能力，这使得通信仅限于特定的区域，可以在主题公园中提供基于位置的信息，带给观众一种多维、多感官的体验。同样的原理，使用现有的 LED 就可以在玩具市场上实现玩具之间的互动。第二个特点是在玩具和公园娱乐中实现该技术所需成本很低。例如，使用玩具上的 LED 作为发射机，光电二极管作为接收机，这大大降低了通信的成本。

图 1.4 娱乐产业主题公园中应用在玩具上的 VLC（S. Amon 提供）

使用智能手机摄像头投放动态广告是一个新的应用领域，摄像头探测到广告牌发出的光视频信息，然后通过一定的算法从视频中提取通信数据。该技术可用为街道、购物中心和地铁广告添加额外的动态信息层。

IEEE 发布了一项新的标准 IEEE 802.15.7，该标准定义了一种高速 VLC，通过对光源的快速调制实现高达 96Mb/s 的通信速率。目前，在全球发布的一些实验报告中，数据传输速率已经超过了 500 Mb/s[24-27]。此外，许多新的方法正在研究中，有最大限度提高传输速率方法的研究，解决干扰和子载波重用问题算法的研究[27-33]，解决同步问题方法的研究[34]，以及使用基于纳米技术的调制回复反射器（MRR）设计非对称通信系统的研究[35]。鉴于这些技术的发展，需要一本涵盖这些主题的新的方法论图书，推动该技术的进步。本书可以作为电子工程、电光工程、通信工程、照明工程和物理专业的本科学生或研究生的教材，也可作为自学和设计 VLC 系统高级工程师的参考书。

本书包括 9 个章节，涵盖了 VLC 科学理论和技术的多个重要方面。第 2 章讨论照明约束下的调制技术，由 Jae Kyun Kwon 和 Sang Hyun Lee 编写，阐述了 VLC 系统物理层设计与传统无线系统本质上的不同，特别是在新的平均强度约束方面。这一新的约束称为照明系统的“调光目标”，这在现有通信系统中很少考虑。第 3 章由 Wen-De Zhong 和 Zixiong Wang 编写，描述了接收机平面倾斜和特殊 LED 灯布局等技术，它们可以用于增强室内 VLC 系统的性能。第 4 章和第 5 章讨论了 VLC 非常重要的应用，利用光的特性获取位置信息。第 4 章由 Mohsen Kavehrad 和 Weizhi Zhang 编写，概述了 VLC 定位应用，调查研究了当前无线电频谱的使用，并深入研究了可见光室内定位需求。本章最后讨论了存在的挑战和潜在的解决方案。第 5 章由 Zhengyuan Xu，Chen Gong 和 Bo Bai 编写，介绍了室内和户外光定位系统（Light Positioning Systems，LPS）。针对室内 LPS，提出了 VLC 与位置估计相结合的方法，并在接收机上实现了一种最优估计算法，实现了对摄像机位置的无偏估计。对于户外汽车 LPS，交通信号灯发出带有位置信息的灯光信号，汽车根据接收到的交通灯位置信息和两个光电二极管的光信号到达时间差（Time Difference of Arrival，TDOA）就可以估计出车辆的位置。第 6 章由 Kang Tae-Gyu 编写，介绍了 VLC 的相关标准。在本章中，首先依据 IEC TC 34 标准从电气安全的角度介绍了电灯和功率电源。随后讨论了 VLC 的其他标准，如 PLASA E1.45 和 IEEE 802.15.7，介绍了发送方和接收方之间需要的一些协议，以及电气安全等。本章还讨论了 VLC 服务区域的兼容性、照明、厂商考虑事项和标准等。第 7 章由 Shlomi Arnon 编写，首先介绍了 VLC 中不同的调制方法，如开关键控（On Off Keying，OOK）、脉冲位置调制（Pulse Position Modulation，PPM）、逆脉冲位置调制（Inverse Pulse Position Modulation，IPPM）和可变脉冲位置调制（Variable Pulse Position Modulation，VPPM）。然后给出了每种调制方案误码率（Bit Error Rate，BER）的计算方法，详细介绍了如何计算同步时间偏移量，分析了时钟抖动对 BER 性能的影响。第 8 章由 Klaus-Dieter Langer 撰写，描述了用于 VLC 的离散多音频（Discrete Multitone，DMT）调制，并提出了用于该调制技术的高级高频谱效率解决方案，如 DC 偏置 DMT、非对称限幅光 OFDM （Asymmetrically Clipped Optical，ACO-OFDM）和脉冲幅度调制离散多音频（Pulse-Amplitude-Modulated-DMT，PAM-DMT）调制等。第 9 章由 Shinichiro Haruyama 和 Takaya Yamazato 撰写，介绍了基于 VLC 的图像传感器及使用图像传感器的两个独特的应用：①大规模并行可见光传输，理论上可以达到 1.28Gb/s 的最大数据传输速率；②精确的传感器位置估计，这对于采用单光电二极管（Photodiode，PD）的 VLC 系统是无法实现的。介绍了基于图像传感器的通信技术在汽车工业、土木工程和桥梁位置监测中的应用。

参 考 文 献

[1] Shlomi Arnon, John Barry, George Karagiannidis, Robert Schober, and Murat Uysal, eds., Advanced Optical Wireless Communication Systems. Cambridge University Press, 2012.

[2] Sridhar Rajagopal, Richard D. Roberts, and Sang-Kyu Lim, "IEEE 802.15.7 visible light communication:

Modulation schemes dimming support." Communications Magazine, IEEE 50, (3), 2012, 72–82.

[3] IEEE Standard 802.15.7 for local and metropolitan area networks – Part 15.7: Short-range wireless optical communication using visible light, 2011.

[4] Cheng-Xiang Wang, Fourat Haider, Xiqi Gao, et al., "Cellular architecture and key technologies for 5G wireless communication networks." IEEE Communications Magazine 52, (2), 2014, 122–130.

[5] Shahid Ayub, Sharadha Kariyawasam, Mahsa Honary, and Bahram Honary, "A practical approach of VLC architecture for smart city." In Antennas and Propagation Conference(LAPC), 2013 Loughborough, 106–111, IEEE, 2013.

[6] Tetsuya Yokotani, "Application and technical issues on Internet of Things." In Optical Internet(COIN), 2012 10th International Conference, 67–68, IEEE, 2012.

[7] Fred E. Schubert, and Jong Kyu Kim, "Solid-state light sources getting smart." Science 308, (5726), 2005, 1274–1278.

[8] Shlomi Arnon, "Optimised optical wireless car-to-traffic-light communication." Transactions on Emerging Telecommunications Technologies 25, 2014, 660–665.

[9] Seok Ju Lee, Jae Kyun Kwon, Sung-Yoon Jung, and Young-Hoon Kwon, "Evaluation of visible light communication channel delay profiles for automotive applications." EURASIP Journal on Wireless Communications and Networking (1), 2012, 1–8.

[10] Sang-Yub Lee, Jae-Kyu Lee, Duck-Keun Park, and Sang-Hyun Park, "Development of automotive multimedia system using visible light communications." In Multimedia and Ubiquitous Engineering, pp. 219–225. Springer, 2014.

[11] S.-H. Yu, Oliver Shih, H.-M. Tsai, and R. D. Roberts, "Smart automotive lighting for vehicle safety." Communications Magazine, IEEE 51, (12), 2013, 50–59.

[12] Shun-Hsiang You, Shih-Hao Chang, Hao-Min Lin, and Hsin-Mu Tsai, "Visible light communications for scooter safety." In Proceeding of the 11th Annual International Conference on Mobile Systems, Applications, and Services, 509–510, ACM, 2013.

[13] Zabih Ghassemlooy, Wasiu Popoola, and Sujan Rajbhandari, Optical Wireless Communications: System and Channel Modelling with Matlab®. CRC Press, 2012.

[14] Alin Cailean, Barthelemy Cagneau, Luc Chassagne, et al., "Visible light communications: Application to cooperation between vehicles and road infrastructures." In Intelligent Vehicles Symposium (IV), 1055–1059, IEEE, 2012.

[15] Ryosuke Murai, Tatsuo Sakai, Hajime Kawano, et al., "A novel visible light communication system for enhanced control of autonomous delivery robots in a hospital." In System Integration (SII), 2012 IEEE/SICE International Symposium, 510–516, IEEE, 2012.

[16] Seyed Sina Torkestani, Nicolas Barbot, Stephanie Sahuguede, Anne Julien-Vergonjanne, and J.-P. Cances, "Performance and transmission power bound analysis for optical wireless based mobile healthcare applications." In Personal Indoor and Mobile Radio Communications (PIMRC), 22nd International Symposium, 2198–2202, IEEE, 2011.

[17] Yee Yong Tan, Sang-Joong Jung, and Wan-Young Chung, "Real time biomedical signal transmission of mixed ECG signal and patient information using visible light communication." In Engineering in Medicine and Biology Society (EMBC), 35th Annual International Conference of the IEEE, 4791–4794, IEEE, 2013.

[18] Nils Ole Tippenhauer, Domenico Giustiniano, and Stefan Mangold, "Toys communicating with leds: Enabling toy cars interaction." In Consumer Communications and Networking Conference (CCNC), 48–49, IEEE, 2012.

[19] Stefan Schmid, Giorgio Corbellini, Stefan Mangold, and Thomas R. Gross, "LED-to-LED visible light communication networks." In Proceedings of the fourteenth ACM international symposium on Mobile ad hoc Networking and Computing, 1–10, ACM, 2013.

[20] Richard D. Roberts, "Undersampled frequency shift ON-OFF keying (UFSOOK) for camera communications (CamCom)." In Wireless and Optical Communication Conference(WOCC), 645–648, IEEE, 2013.

[21] Etai Rosenkrantz, and Shlomi Arnon, "Modulating light by metal nanospheres-embedded PZT thin-film." Nanotechnology, IEEE Transactions on 13, (2), 222–227, March 2014.

[22] Etai Rosenkrantz and Shlomi Arnon, "An innovative modulating retro-reflector for free-space optical communication." In SPIE Optical Engineering +Applications, p. 88740D. International Society for Optics and Photonics, 2013.

[23] Rob Otte, Low-Power Wireless Infrared Communications. Springer-Verlag, 2010.

[24] YuanquanWang, YiguangWang, Chi Nan, Yu Jianjun, and Shang Huiliang, "Demonstration of 575-Mb/s downlink and 225-Mb/s uplink bi-directional SCM-WDM visible light communication using RGB LED and phosphor-based LED." Optics Express 21, (1), 2013, 1203–1208.

[25] Ahmad Helmi Azhar, T. Tran, and Dominic O'Brien, "A gigab/s indoor wireless transmission using MIMO-OFDM visible-light communications." Photonics Technology Letters, IEEE 25, (2), 2013, 171–174.

[26] Wen-Yi Lin, Chia-Yi Chen, Hai-Han Lu, et al., "10m/500Mbps WDM visible light communication systems." Optics Express 20, (9), 2012, 9919–9924.

[27] Fang-Ming Wu, Chun-Ting Lin, Chia-Chien Wei, et al., "3.22-Gb/s WDM visible light communication of a single RGB LED employing carrier-less amplitude and phase modulation." In Optical Fiber Communication Conference, OTh1G-4. Optical Society of America, 2013.

[28] Giulio Cossu, Raffaele Corsini, Amir M. Khalid, and Ernesto Ciaramella, "Bi-directional 400 Mb/s LED-based optical wireless communication for non-directed line of sight transmission." In Optical Fiber Communication Conference, p. Th1F–2. Optical Society of America, 2014.

[29] Dima Bykhovsky and Shlomi Arnon, "Multiple access resource allocation in visible light communication systems." Journal of Lightwave Technology 32, (8), 2014, 1594–1600.

[30] Dima Bykhovsky and Shlomi Arnon, "An experimental comparison of different bit-andpower-allocation algorithms for DCO-OFDM." Journal of Lightwave Technology 32, (8), 2014, 1559–1564.

[31] Joon-ho Choi, Eun-byeol Cho, Zabih Ghassemlooy, Soeun Kim, and Chung Ghiu Lee,"Visible light communications employing PPM and PWM formats for simultaneous data transmission and dimming." Optical

and Quantum Electronics 1–14, May 2014.

[32] Nan Chi, Yuanquan Wang, Yiguang Wang, Xingxing Huang, and Xiaoyuan Lu, "Ultra-highspeed single red-green-blue light-emitting diode-based visible light communication system utilizing advanced modulation formats." Chinese Optics Letters 12, (1), 2014, 010605.

[33] Liane Grobe, Anagnostis Paraskevopoulos, Jonas Hilt, et al., "High-speed visible light communication systems." Communications Magazine, IEEE 51, (12), 2013, 60–66.

[34] Shlomi Arnon, "The effect of clock jitter in visible light communication applications." Journal of Lightwave Technology 30, (21), 2012, 3434–3439.

[35] Etai Rosencrantz and Shlomi Arnon, "Tunable electro-optic filter based on metal-ferroelectric nanocomposite for VLC," Optics Letters 39, (16), 2014, 4954–4957.

第2章　照明约束下的调制技术

VLC 系统的物理层设计由于涉及新的约束条件，即光照约束，因此具有与标准 RF 通信完全不同的特性。这种约束主要是需要控制光发射的平均强度和闪烁程度。当光脉冲以 200Hz 或更高频率闪烁时，人眼几乎无法感知到光闪烁，因此本章主要讨论平均强度约束。虽然这种约束通常在无线光通信中以不等式给出，但它在 VLC 中以等式表示。此外，与射频通信相比，VLC 中信号功率（信号电平的平方值）通常会受到约束，强度、信号电平本身也会受到约束。换句话说，照明约束是相对于信号的平均值（一阶矩）而不是方差（二阶矩）定义的。因此，这种以调整光亮为目标的新约束引出了一种现有通信介质中很少考虑的系统设计新领域。

在本章中，讨论了满足平均约束条件的几种信息传送方式。本章介绍远没有做到全面详细，但采取了几种比较有效的方法以实现这一目标。为了满足以平均值表示的照明约束，提出了几种解决方法，它们可以分为信号电平移位法、时域强度差异补偿法和符号电平重布法。这些方案中的有些实现简单，有些可提高吞吐量。

第一，信号电平移位法是最简单方法之一。由于等概率分布二进制符号的典型的非归零（Non-Return-to-Zero，NRZ）开关键控（OOK）信号的平均强度为最大强度的 50%。因此，对于 75%调光的照明约束，一种简单的解决方案是将 OFF 符号电平由 0%强度变为 50%强度，该方法即为模拟调光。尽管这在概念上是简单的，但是 LED 的非线性特性造成了一些技术难题，并且较小的电平间隔使检测性能下降。

第二，时域强度差异补偿是另一种可简单实现的方法。对于平均强度为 50%即符号概率相等的一般数据传输，当调光的照明约束目标为 75%时，补偿与数据传输时间长度相同的伪 ON 符号传输时间以实现这一调光目标。如果调光目标低于 50%，则补偿伪 OFF 符号传输时间间隔来实现目标。这些伪传输可以附加在每个数据帧之后或插在每个符号之间。前者的示例是 IEEE 标准中采用的时间复用 OOK[2,3]。后者的典型示例是脉冲宽度调制（Pulse Width Modulation，PWM）。基于 PWM 的研究[4-6]提出了一些提供边际速率增强的简单解决方案。PWM 还可以叠加 OOK 和脉冲位置调制（PPM）用于支持调光[7,8]目标。可变脉冲位置调制（VPPM）[2]是另一种使用 PWM 的方法。结合 2-PPM 和 PWM 用于调光控制的示例如图 2.1 所示。脉冲双斜率调制[10]是 VPPM 的一种变体，可实现闪变的缓解。

第三，符号电平重布法采用额外的速率增强，是一种复杂的方法。逆源编码（Inverse Source Coding，ISC）[11,12]将均匀分布的 ON 符号和 OFF 符号电平变换为 75%ON 符号和 25%OFF 符号，以实现具有 75%调光目标的二进制 OOK。该方法也可以拓展到多进制调制，并且可得出在近似无噪声环境中理论数据传输速率的下限。多 PPM（Multiple-PPM，MPPM）[3,13,14]是此类方法中的另一种方案。这使用指定间隔内的 ON 符号和 OFF 符号的所有可能组合来表示不同的消息，通过调整 ON 符号和 OFF 符号的比率来满足调光目标。虽然 ISC 和 MPPM 在低噪声信道中可提供高吞吐量，但是仍然需要克服一些困难，以实现与高噪声信道中的信道编码共存。为此，已经提出了几种适用于可调 VLC 中信道编码的实用方案[15-18]。

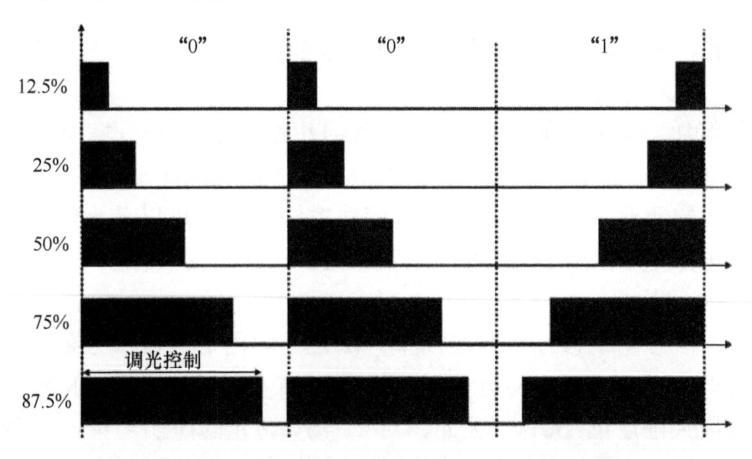

图 2.1 采用调光控制的 PPM（经许可转载自文献[9]）

典型的 LED 灯提供白色照明。然而，一些应用需要多色 LED，如光疗、显示器和具有高显色指数的照明。在这些应用中，照明需求不再是简单地给出平均强度的范围，而是包括颜色和强度的平均值向量。这里讨论两种处理彩色情况的方法：一种方法，颜色频移键控（Color Shift Keying，CSK）[2,19,20]分开考虑颜色和强度，强度被固定到目标值，而使用颜色的瞬时变化来实现数据传输，如图 2.2 所示，信号星座位于相同强度的二维颜色空间中；另一种方法，颜色强度调制（Color Intensity Modulation，CIM）[21]同时改变颜色和强度，因此可提供超过 CSK 方法的吞吐量。

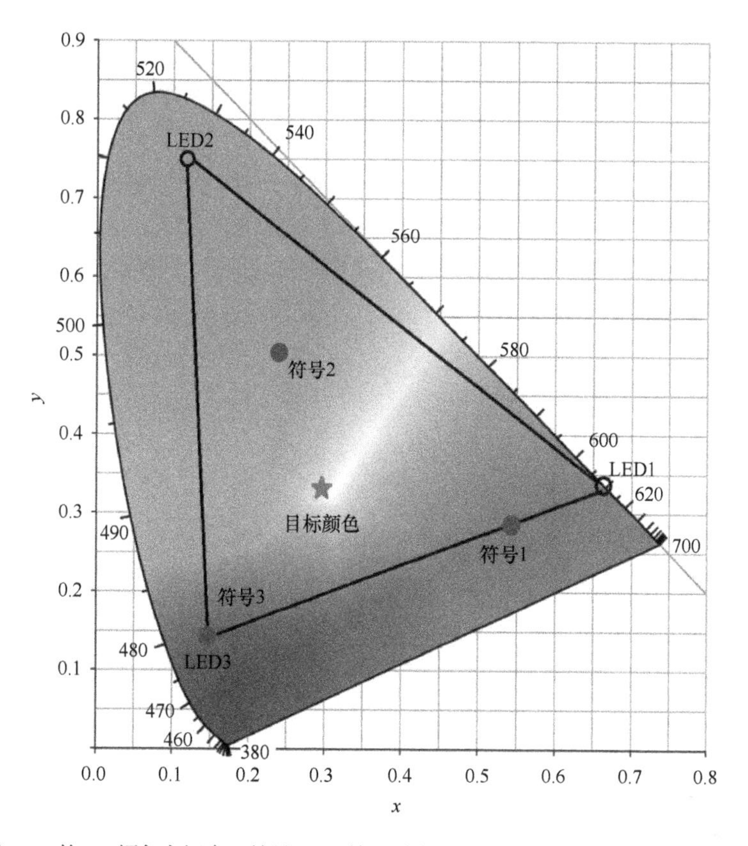

图 2.2　在 CIE 的 *XY* 颜色空间中三符号 CSK 符号星座（经许可转载自文献[21]，©2012 IEEE）

下文介绍了 ISC、多电平方法和 CIM 3 种方案的细节。同时，在系统的实施中还应考虑另一个物理因素，也就是 VLC 需要照明的瞬变以避免人眼的感知。因此，当符号的变化足够快时可确保没有闪烁。此外，还应注意 LED 照明的物理色温和色度偏移。这种偏移主要是由于 LED 的输入电流和温度变化导致，且多电平方法易受该偏移的影响。

2.1　可调光 VLC 中的逆源编码

2.1.1　NRZ-OOK 的 ISC

首先介绍二进制调制的 ISC 方案，令 d 表示调光目标。为了实现该目标，应当分别使用以 d 和 $1-d$ 比例的 ON 符号和 OFF 符号来实现 OOK 调制。如果使用这种调制实现通信，则数据传输速率上界为二进制熵，并由下式给出：

$$E_{\mathrm{p}} = -d\log_2 d - (1-d)\ \log_2(1-d) \tag{2.1}$$

因此，为了实现可调光目标为 d 的最大传输效率（数据传输速率），应当调整消息符号的组成，使得在单个数据帧中 ON 符号和 OFF 符号分别以概率 d 和 $1-d$ 出现。因为信源编码（压缩）操作通过改变符号的组成实现尽可能均匀，以达到熵的最大化，所以可以应用其逆操作将符号的组成调整为任意比例。因此，该操作称为逆源编码（或调光编码），并且可以并入如图 2.3 所示的 VLC 系统的发射机中。由于输入二进制符号的比例为偶数，因此在输入消息的符号组成不均匀的情况下，可以应用二进制加扰操作以保持均匀输入概率。二进制加扰可以通过将随机二进制序列添加到消息符号的流之后进行符号模 2 操作来实现。

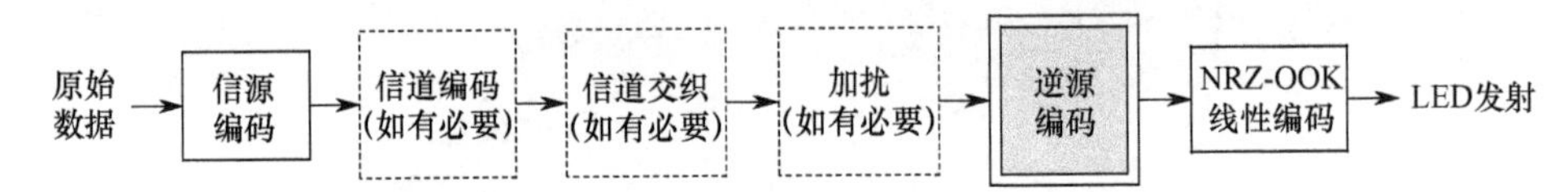

图 2.3　采用逆源编码 VLC 发射机（经许可转载自文献[11]，©2010 IEEE）

图 2.4 所示为在基于时分复用调光方案中采用 ISC 技术提高的传输效率。E_p 表示 ISC 的传输效率，与现有方案改进的传输效率（由 E_0 表示）效果一致，并且在 d 为 0、0.5 和 1 时两者变得相等。此外，传输效率 E_p/E_0 的增加可表示为

$$\frac{E_p}{E_0}=\frac{-d\log_2 d-(1-d)\log_2(1-d)}{2d} \tag{2.2}$$

如图 2.4 所示，当调光目标偏离 0.5 时，传输效率改善增大。当调光目标为 29%（或 71%）时，传输效率提高 50%；当调光目标为 16%（或 84%）时，传输效率提高 100%。

下面，举例说明霍夫曼编码 ISC 的实现。设调光目标 d 为 0.7，即 ON 符号和 OFF 符号的比例分别为 70%和 30%。因此，首先针对该条件进行霍夫曼编码。因为 ON 符号的概率大于 OFF 符号的概率，所以 ON 符号与连续符号一同考虑。因此，新符号“0”“10”和“11”的结果概率如表 2.1 所列。表 2.1 中的最右边一列列出了由霍夫曼码编码的码字。未编码和编码符号的平均长度分别为 1.7 和 1.51。因此，压缩比为 1.51/1.7≈0.888。因为熵可以评估为（$-0.3\log_2 0.3-0.7\log_2 0.7$）≈ 0.881，因此与最大可实现的压缩比相比，获得了大于 94%（$>\frac{1-0.888}{1-0.881}$）的压缩比。反向霍夫曼编码用于将均匀二进制符号数据流转换为 ON 符号占 70%的数据流。如表 2.2 所列，可简单地通过表 2.1 中给出映射的逆来实现霍夫曼逆编码。未编码和霍夫曼逆编码的码元的平均长度分别为 1.5 和 1.75。因此，减压比为 1.75/1.5≈1.17≈1/0.857。得到的调光率为

$$\frac{0\times\frac{1}{4}+\left(1\times\frac{1}{4}+0\times\frac{1}{4}\right)+\left(1\times\frac{1}{2}+1\times\frac{1}{2}\right)}{1\times\frac{1}{4}+2\times\frac{1}{4}+2\times\frac{1}{2}}=\frac{1.25}{1.75}=0.714 \tag{2.3}$$

结果接近 $d=0.7$ 的调光目标。采用更多符号的精确霍夫曼编码及相关的霍夫曼逆编码可使结果更加接近调光目标。

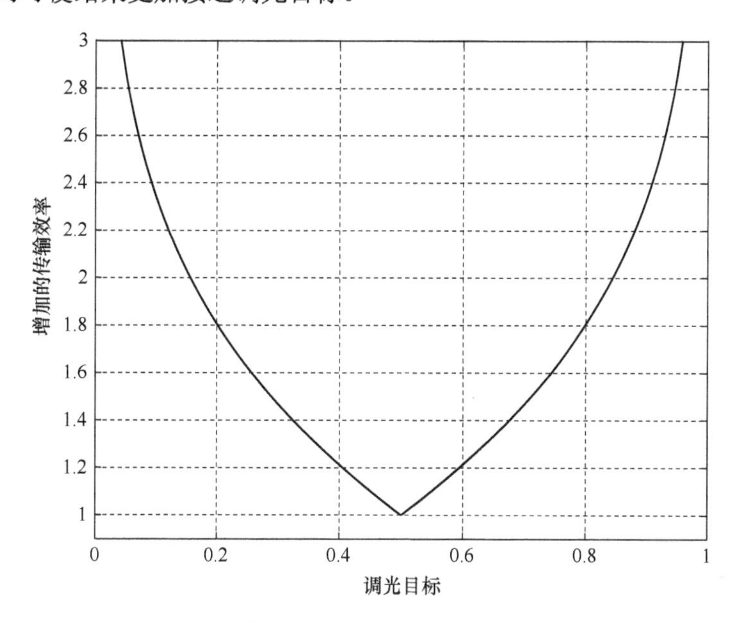

图 2.4　采用 ISC 提高的传输效率（经许可转载自文献[11]，©2010 IEEE）

表 2.1　霍夫曼编码（经许可转载自文献[11]，©2010 IEEE）

符号/长度	概率	码字/长度
0/1	0.3	00/2
10/2	0.21	01/2
11/2	0.49	1/1

表 2.2　霍夫曼逆编码（经许可转载自文献[11]，©2010 IEEE）

符号/长度	概率	码字/长度
00/2	0.25	0/1
01/2	0.25	10/2
1/1	0.5	11/2

最后，讨论信道编码和逆源编码之间的冲突。以序列 00 01 1 01 1 为例，说明霍夫曼逆编码。其编码操作的流程如下。

（1）输入序列：00 01 1 01 1。

（2）霍夫曼逆编码序列：0 10 11 10 11。

（3）由错误信道损坏的序列：0 00 11 10 11。

（4）用于恢复的序列：0 0 0 11 10 11。

（5）恢复的序列：00 00 00 1 01 1。

在该示例中，符号的数量增加 2，并且第 4 个符号“1”被解码为三元组符号“000”。因此，得到的信道编码极可能无法恢复原始序列。这表明普通反向源代码似乎不能与通常的信道编码一起工作。因此，对于 VLC 差错信道的传输，ISC 的方案中还有两个问题要解决：一是现有 ISC 编码如何与信道编码相匹配，二是为适应调光目标，如何设计 ON 和 OFF 符号均匀分布的信道编码方案。

2.1.2 多进制 PAM 的 ISC

在 OOK 调制的 ISC 中，调光目标通过调整数据帧的占空比（ON 符号和 OFF 符号的比例）直接确定二进制符号概率。然而，非二进制调制，如脉冲幅度调制，需采用支持调光的各种替代方案，其中每种方案均有不同的光谱效率值。在这种情况下，可考虑采用使光谱效率最大化的非二进制符号的分布。对于光谱效率，可以考虑熵的计算。M-PAM 的熵可由下式给出，即

$$-\sum_{i=1}^{M} p_i \log_2 p_i \tag{2.4}$$

式中：p_i 为 PAM 的第 i 级的概率。

在等距 M-PAM 中，两个相邻级之间的间隔相等，则调光目标为

$$d=\sum_{i=1}^{M}\frac{i-1}{M-1}p_i \tag{2.5}$$

由于第 i 级的最大电平为 $\dfrac{i-1}{M-1}$，d 为电平的归一化平均值。在式（2.5）约束下，通过优化公式（2.4）可获得符号概率分布$\{p_i\}$。由于这种优化是凹优化，因此可以获得全局最大值。为了获得优化的封闭形式的解，对偶公式[1]可表示为

$$\mathcal{L}\left(\{p_i\},\lambda_1,\lambda_2\right)=-\sum_{i=1}^{M}p_i\log_2 p_i-\lambda_1\sum_{i=1}^{M}p_i-\lambda_2 A\sum_{i=1}^{M}\frac{i-1}{M-1}p_i \tag{2.6}$$

式中：λ_1 和 λ_2 为拉格朗日乘子。

通过代数运算，调光目标可表示为

$$d=\frac{2^{-a}}{(1-r)(M-1)}\left(\frac{r\left(1-r^{M-1}\right)}{1-r}-(M-1)r^{M}\right) \tag{2.7}$$

式中：$a=1/\ln 2+\lambda_1$；$r=2^{\lambda_2 A/(1-M)}$。

因此，选择可行的（λ_1，λ_2）对，可获得明确的分布$\{p_i\}$并且使熵最大化。为了获得此分布，可以使用霍夫曼逆编码。图 2.5 显示了 3，4，8-PAM ISC 和时间复用调光的归一化熵。对于任意调制阶数，ISC 始终优于时间复用调光方案。对于 M-PAM ISC，无论 M 是多少，归一化的熵都具有相似的变化趋势。因此，对于任意的 M，ISC 仍然有效。

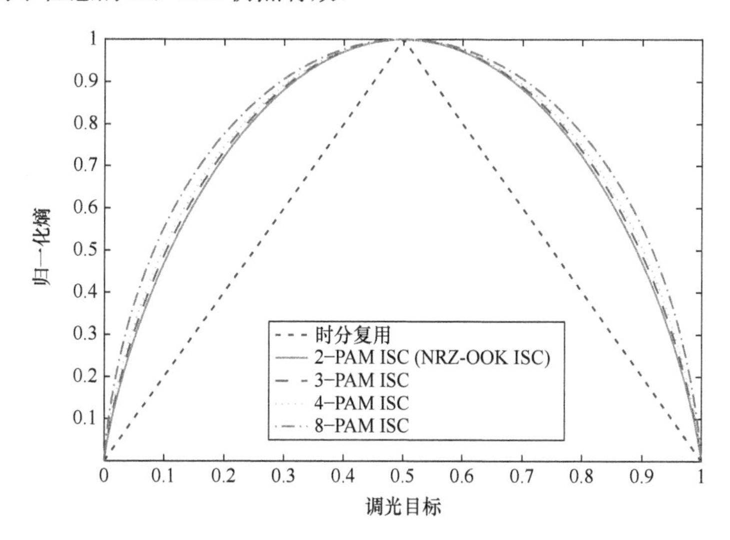

图 2.5　归一化熵（经许可转载自文献[12]，©2012 IEEE）

2.1.3　可调光容量的比较

下面，对 ISC、模拟调光及其混合方法进行比较。模拟调光方法改变了符号的强度，如果调光目标大于 0.5，则提高了符号的强度；如果调光目标小于 0.5，则降低了符号强度。强度位于区间[0,A]内，并且符号间隔是等距的，则符号强度的最大偏移为 $2A(d-0.5)$。混合调光可实现模拟调光小于 $2A\,|d-0.5|$的强度偏移，再用 ISC 调整距调光目标的剩余偏移。模拟调光的熵对于调光目标保持恒定。由于 3-PAM 混合调光的熵曲线由 3-PAM ISC 的熵曲线水平缩放获得，因此 3-PAM 混合调光具有与任意调光目标（50%调光）相同的最大熵。注意，为了便于说明，在本章中采用了 3-PAM 和 6-PAM 之类的 PAM，但是在实际中使用 2^n-PAM。由于在噪声通道中，95%调光比 50%调光的预期数据速率更低。因此，与模拟调光或混合调光相比较时，需要特别注意由噪声引起的性能劣化。考虑符号之间的最小距离，如果最小距离相同，则可以假设性能劣化的等级相同。因此，当符号之间的最小距离相同时，可以比较不同调光方法的熵。图 2.6 描绘了具有相同最小距离的 4-PAM ISC 和 3-PAM 混合调光的熵。4-PAM ISC 始终优于 3-PAM 混合调光，这个结果很明显，因为 3-PAM 混合调光的符号集$\{S_2, S_3, S_4\}$是 4-PAM ISC 的符号集$\{S_1, S_2, S_3, S_4\}$中 S_1 的概率为零的特

殊情况。因此，当 $M>N$ 且具有相同的最小距离时，M-PAM ISC 的性能优于或等于 N-PAM 混合调光的性能。然而，对于不同的最小距离，ISC、模拟调光和混合调光并不能直接比较得出结果。因此，引入调光容量对不同最小距离的调光方法进行比较。

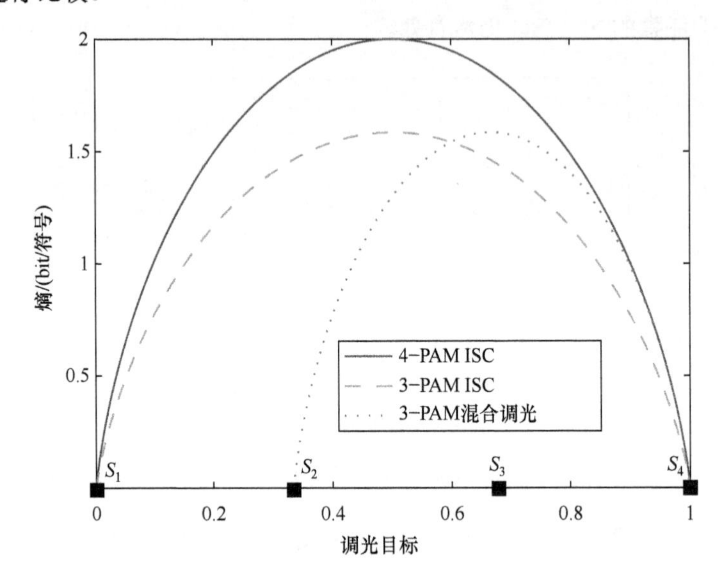

图 2.6 ISC 和混合调光的熵（经许可转载自文献[12]，©2012 IEEE）

在加性白高斯噪声（AWGN）下调光策略的比较：

$$Y = X + Z \tag{2.8}$$

式中：X 为发射信号；Y 为接收信号；Z 为具有零均值和方差 σ^2 的 AWGN。

调光容量由 $C_\mathrm{d} \approx I(X;Y)$表示，定义为在受调光约束 $E[X]/A=d$ 条件下 X 和 Y 之间的互信息量。调光容量 $I(X;Y)$可定义为

$$I(X;Y) = -\int_{-\infty}^{\infty} f_Y(y)\log_2 f_Y(y)\,\mathrm{d}y - \frac{1}{2}\log_2\left(2\pi e\sigma^2\right) \tag{2.9}$$

式中：$f_{\cdot}(\cdot)$ 为概率分布函数，可定义为

$$f_X(x) = \sum_{i=1}^{M} p_i \delta\left(x - b_i\right) \tag{2.10}$$

$$f_Y(y) = \sum_{i=1}^{M} p_i f_Z\left(y - b_i\right) \tag{2.11}$$

其中

$$b_i = \begin{cases} \dfrac{(A-D_\mathrm{s})(i-1)}{M-1} + D_\mathrm{s} & d \geqslant 0.5 \\ \dfrac{(A-D_\mathrm{s})(i-1)}{M-1} & \text{其他} \end{cases} \tag{2.12}$$

式中：D_s为模拟和混合调光的电平偏移。因此，根据调光目标，强度范围[0, A]可以改变为[0, $A-D_s$]或[D_s, A]。

2，3，4，8-PAM对调光目标为0.5的ISC调光容量如图2.7所示，图中曲线为实现最大容量的最佳调制阶数相对于信道质量测量值A/σ的变化。由于在给定的调光目标下无法自由调整平均功率，因此模拟调光可以降低的强度范围仅为[0，A]。因此，在图2.7中可直接看出，A/σ沿水平轴向左变化时，模拟调光的调光容量下降量。例如，使用3-PAM并且调光目标从0.5变化到0.8。为了满足0.8的模拟调光目标，强度范围从[0，A]变化到[0.6A，A]，其中范围仅限于原始范围的40%。这导致3.98dB≈4.0dB的水平偏移。如果A/σ为9dB，则对于模拟调光，这相当于5dB。并且，对于模拟调光目标为0.8，调光容量对应于从1.47减小到0.69，如图2.7中两个实方框所示。

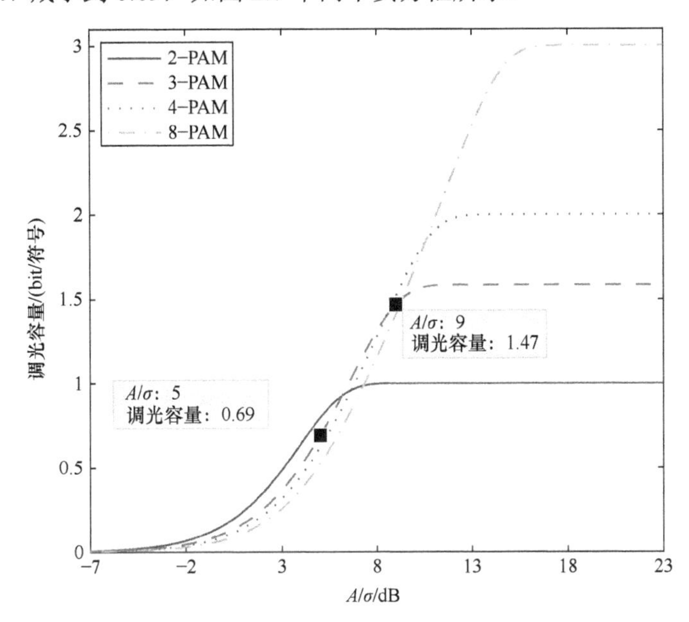

图2.7　调光目标为0.5时M-PAM的调光容量（经许可转载自文献[12]，©2012 IEEE）

下面对ISC、模拟调光和混合调光之间的性能进行比较。调制级数限制为2，3，4，8-PAM和16-PAM。图2.8描述了相对于A/σ和调光目标的调光容量的变化。产生最大容量的调光方法如图2.9所示。根据图2.9，对于给定的A/σ和调光目标，可选择出最佳调光方法。当归一化DC偏移（强度偏移）分别为0和1时，选择ISC和模拟调光。混合调光可应用于中间值。除了当A/σ大于20dB或当调光目标为97%且A/σ约为11.5dB时，ISC才具有更好的性能。对于A/σ大于20dB的区域，如果A/σ允许更高的调制，则ISC仍然是最好的调光方法。另一个特例是当A/σ在11.5dB附近时，不允许4-PAM到8-PAM之间的调制。当A/σ为11.5dB并且调光目标为97%时，根据图2.10可确定图2.9

中的 y 轴坐标。最大调光容量出现在 6-PAM 和 ISC。如果不允许 6-PAM，具有轻微 DC 偏移（混合调光）的 4-PAM 产生最大值。然而，在这种情况下，在 4-PAM 中的 ISC 和混合调光之间的能力差异可以忽略。因此，当所有调制级别都可用时，ISC 是最好的方法，并且当仅允许调制级数的子集可用时，ISC 的性能优于或者类似于其他调制级数。

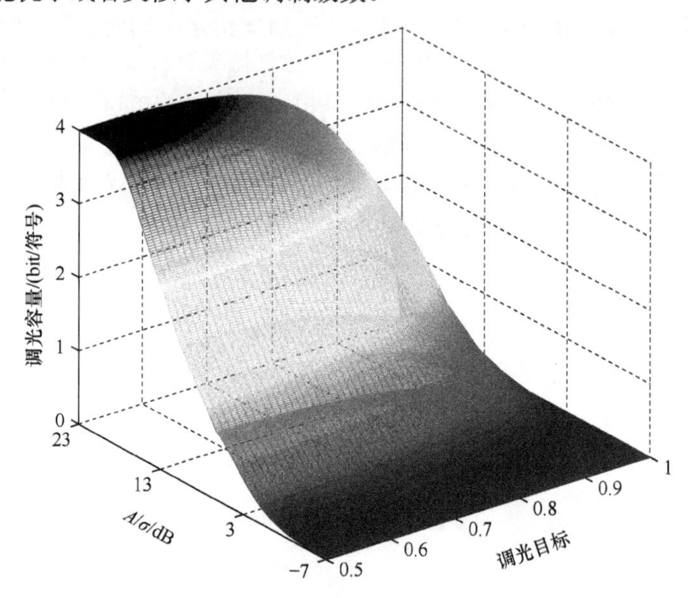

图 2.8　2，3，4，8-PAM 和 16-PAM 的调光容量（经许可转载自文献[12]，©2012 IEEE）

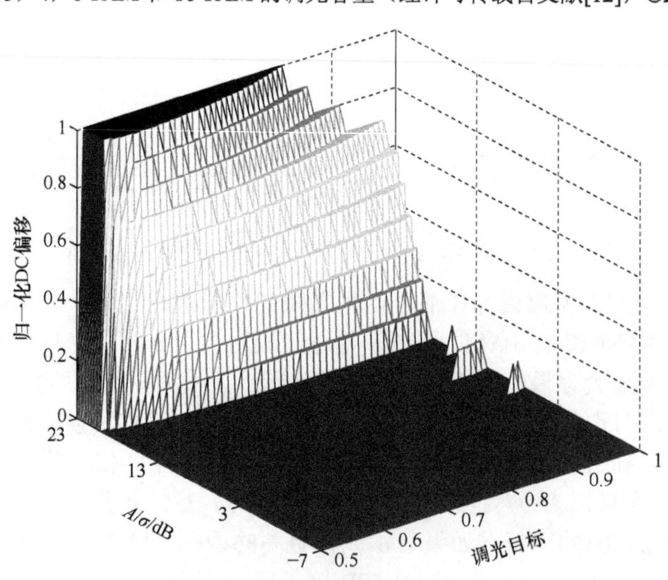

图 2.9　调光方法选择（经许可转载自文献[12]，©2012 IEEE）

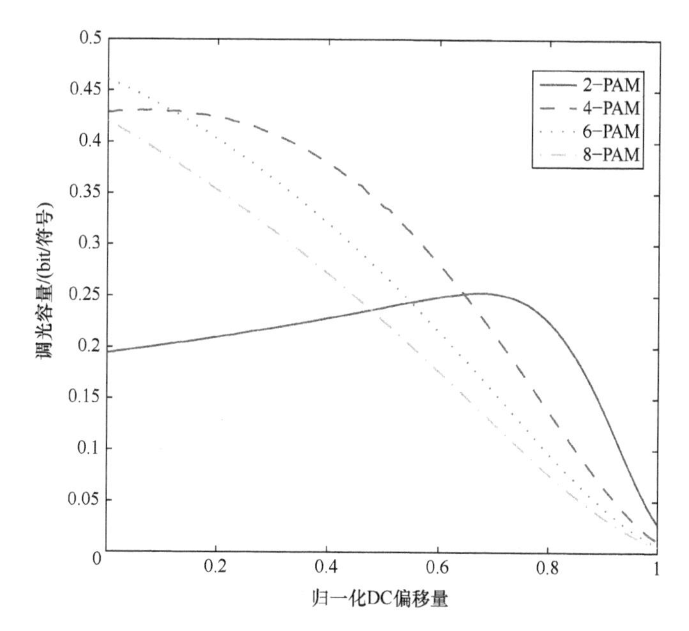

图 2.10 当 A/σ 为 11.5dB 和调光目标为 97%时的调光方法选择（经许可转载自文献[12]，©2012 IEEE）

2.2 可调光支持的 VLC 多级传输

在本节中，提出了用于可调光支持的 VLC 系统中的多级传输方案。为了提供多级调制的调光控制，不同脉冲幅度调制符号的级联用于产生平均幅度与调光要求匹配的整体信号。该方案还旨在通过调整连接的不同调制符号来实现任意调光目标。为此，将问题建模为线性规划，优化目标为满足调光要求的数据传输速率最大化。

为改进光谱效率，采用多级调制（如 PAM），对适应于调光要求的多级传输方案设计提出了新的挑战。

为此，本节提出了一种实用的多级传输方法。该方法使用级联码，其中每个分量码被编码并且用不同的调制来构造。为了以简单的代码结构获得高纠错能力，使用一组线性码并级联。然而，线性码仅可以生成统一数量符号的码字集合。使用峰值电平强度 A 的 PAM 的线性码字的平均强度电平总是等于 $A/2$，其对应于 0.5 的调光要求。换句话说，线性分量代码的直接连接无法适应于非普通的调光要求。因此，有效传输方案的设计通过调整不同 PAM 线性编码、调制符号的比例及级联这些符号以满足调光要求。由于线性码的比例被任意调整，因此可以实现任意调光要求。在下面，介绍并求解了用于确定最高频谱效率线性编码符号最优组成的线性优化公式。

2.2.1 多级传输方案

首先介绍一个多级传输方案模型，并且引入线性优化以获得该方案的最佳配置。对于该方案，构成单个数据帧的 N 个消息符号由 $M-1$ 个不同的 PAM（2～M-PAM）之一调制或压缩。对于所有调制，层级之间的间隔是均匀的。也就是说，PAM 的任何两个相邻电平之间的差异是相同的。不失一般性，调光目标 d 在[0,0.5]内，即 $d\in[0,0.5]$。这种多级传输方案如图 2.11 所示。水平轴和垂直轴分别表示符号配置（或符号顺序）和发送信号的强度。以不同调制方式调制的消息符号被串行连接。因此，在每个符号期间发送 M 个 PAM 之一的调制消息符号。然而，消息符号不能按此顺序发送，因为以这种方式的符号发送导致数据帧信号强度周期性地逐渐减小，这导致严重的闪烁效应。因此，以发射机和接收机都事先已知的随机方式对符号进行交织，使得强度级别的顺序被随机化，从而将闪烁均匀化。不同 PAM 的电平取齐。例如，对于 $i\leqslant j<k$，j-PAM 的第 i 电平具有与 k-PAM 的第 i 电平相同的强度。在图 2.11 中，垂直轴的单位电平是统一的。因此，传输方案可以认为是具有非均匀符号电平概率的 M 个 PAM 或为 $M-1$ 个不同 OOK 调制的叠加。不同 PAM 调制消息具有不同的有效功率值，因为平均符号功率随着 PAM 的级别的增加而增加。如果消息是随机的并且在$(i+1)$-PAM 中调制，则 PAM 符号中的每个电平以均匀概率 $1/(i+1)$出现，并且平均符号电平等于 $i/2$ 倍单电平强度。通过改变在 M 个不同 PAM 调制的比例，可以将调光率调整到任意目标值。第 $i(i = 0, 1, \cdots, M-1)$电平的比例和第$(i+1)$字母符号电平比例分别由 p_i 和 q_i 表示，并且定义 $q_{M-1}=p_{M-1}$，可得

$$q_i=\begin{cases}p_i-p_{i+1} & i=0,1,\cdots,M-2\\ p_{M-1} & i=M-1\end{cases} \tag{2.13}$$

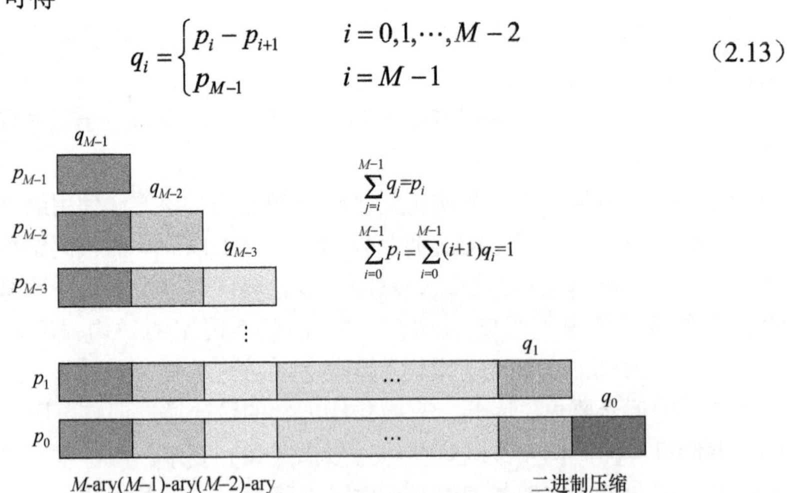

图 2.11 多级传输方案（经许可转载自文献[15]，©2013 IEEE）

注意，$p_i=\sum_{j=i}^{M-1}q_j$，并且$\{p_i\}$的和等于 1。同样可得

$$\sum_{i=0}^{M-1}p_i=\sum_{i=0}^{M-1}\sum_{j=i}^{M-1}q_j=\sum_{i=0}^{M-1}(i+1)q_i=1 \tag{2.14}$$

即$(i+1)$-PAM 占的比例为$(i+1)q_i$，其对应于图 2.11 中的第 i 列的比例。在$(i+1)$-PAM 调制符号中，每个符号具有 $\log_2(i+1)$比特的信息量。由于调光目标与平均强度相关联，因此可以选择$\{p_i\}$合适的分布以满足调光目标。满足调光目标的$\{p_i\}$分布为

$$d=\sum_{i=0}^{M-1}\frac{i}{M-1}p_i \tag{2.15}$$

当 $d\in(0.5,1]$时，根据对称性可以将分布$\{\overline{p}_i\}$重新定义为$p_i=p_{M-i-1}$。可得$(i+1)$-PAM 的比例 q_i，并使得总光谱效率最大化。由于$(i+1)$-PAM 符号可以传送 $\log_2(i+1)$比特，因此选择光谱效率（或熵）作为优化的目标函数，由下式给出：

$$E(\{q_i\})\equiv\sum_{i=0}^{M-1}((i+1)\log_2(i+1))q_i \tag{2.16}$$

由于与$\{p_i\}$和$\{q_i\}$相关联的所有表达式都是线性的，因此优化结果可由线性凸优化公式得出，即线性规划。通过合并式（2.13）～式（2.15），得到线性优化模型和式（2.16）所示的最大化目标函数：

$$\max_{\overline{q}_i\geqslant 0}\sum_{i=0}^{M-1}(\log_2(i+1))\overline{q}_i$$

约束条件为

$$\sum_{i=0}^{M-1}\overline{q}_i=1$$

$$\sum_{i=0}^{M-1}i\overline{q}_i=2(M-1)d$$

$$\overline{q}_i=\begin{cases}(i+1)(p_i-p_{i+1}) & i=0,1,\cdots,M-2\\ Mp_{M-1} & i=M-1\end{cases} \tag{2.17}$$

为了获得闭合形式的解，导出对偶公式[1]，因为只有两个（对偶）变量是必需的，并且比原始公式更容易求解。因此，式（2.17）重新表示为

$$\min_{\lambda,\mu}\lambda+2(M-1)d\mu$$

约束条件为

$$\lambda+i\mu\geqslant\log_2(i+1)\quad i=0,1,\cdots,M-1 \tag{2.18}$$

考虑采用式（2.17）的拉格朗日函数[1]，由于存在两个约束，引入两个拉格朗日乘数，分别由 λ 和 μ 表示。由于拉格朗日函数给原始公式提供一个凹的上界，因此该对偶公式求解的是边界的最小值，以便匹配到原始公式边界的最大值。为了实现该目标，可以相对于 M 个变量$\overline{q}_i$扩展拉格朗日函数。然后，

在此最小化中，此 M 个变量的系数变为负值，从而产生相应的 M 个不同的约束，并且与变量无关的其余项提供给式（2.18）的目标函数。目标函数取决于序号 M 和调光目标 d。此外，每个约束与 M 个 PAM 中的每一个 PAM 相关联。由于两个公式都是简单的线性规划，满足强对偶性的 Slater 条件[1]。换句话说，两个公式的最优化结果相同。对偶公式也可以用几何方法解释，如图 2.12 所示。M 个不同约束在（λ，μ）平面上产生凸的可行区域。另外，目标函数与跨可行区域的线相关联，其斜率为 $1/(2(M-1)d)$，其 x 轴截距等于目标值。因此，对偶问题变为确定连接可行区域点并具有最小 x 轴截距的直线。根据式（2.18）中的约束，有 M 条不同的斜率逐渐减小的直线定义平面中可行区域的边界。因此，在可行区域的边界上有 $M-1$ 个交叉点。因为可行区域是凸的，所以与目标函数相关的线仅与可行区域的单个点相交。通过比对，解出现在式（2.18）中两个约束保持相等的点上。因此，考虑这些点和与目标函数关联的线的交集。通过松弛性互补，与严格不等式相关联的所有变量 $\bar{q}_i$ 具有零值，即对于 i，$\bar{q}_i=0$ 使得 $\lambda+i\mu>\log_2(i+1)$。因此，最多两个原始变量 $\bar{q}_i$ 可以取非零值，并且对于最优传输仅需要两个（连续的）PAM。在此，有效调制参数定义为 $\bar{m}\equiv\lfloor 2(M-1)d\rfloor$。最终，其解可表示为

$$\lambda^*=\log_2\frac{(\bar{m}+1)^{\bar{m}+1}}{(\bar{m}+2)^{\bar{m}}}，\quad \mu^*=\log_2\frac{\bar{m}+2}{\bar{m}+1} \tag{2.19}$$

相应的目标值由下式给出，即

$$E\left(\lambda^*,\mu^*\right)=\log_2\left(\bar{m}+1\right)\left(\frac{\bar{m}+2}{\bar{m}+1}\right)^{2(M-1)d-\bar{m}} \tag{2.20}$$

此外，获得相关的分布为

$$\bar{q}_i^*=\begin{cases}1-\left(2\left(M-1\right)d-\bar{m}\right) & i=\bar{m}\\ 2\left(M-1\right)d-\bar{m} & i=\bar{m}+1\\ 0 & \text{其他}\end{cases} \tag{2.21}$$

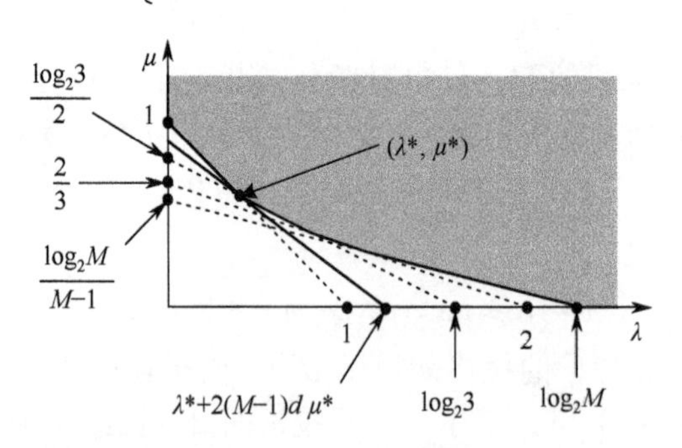

图 2.12　对偶问题的几何解释（经许可转载自文献[15]，©2013 IEEE）

这意味着在最优传输中仅使用$(\bar{m}+1)$-PAM 和$(\bar{m}+2)$-PAM 两种调制。这表明一般设置允许在 PAM 序号的任意子集而不是所有序号（1～M-PAM）中考虑。由于式（2.18）中的单个约束与不同的调制相关联，因此对于 PAM 中的任何变化，对偶公式及其几何解释是完整的。由于消息符号的数量实际上按 2 倍功率选择，因此通常选择 $2k$-PAM（k 为正整数）。例如，仅使用 1，2，4 和 8-PAM。然后，相应的可行区域变成具有最多 4 个顶点的多边形。表 2.3 列出了交叉点和相应的数据速率以及调光率的有效范围。上三角形部分（即在表格对角线上方）列出与对应于行和列索引的两个 PAM 相关联的交叉，下三角部分表示相应的目标值。最后一行和一列对应于调光目标可实现的下限和上限。例如，在仅使用 2-PAM 和 4-PAM 的情况下，在（λ，μ）平面上与目标函数相关联的线穿过点（1/2,1/2）。对于 $d\in[1/14,3/14]$，对应的目标值为$(1+14d)/2$。

为了确保$(i+1)$-PAM 符号的所有电平均匀地出现，可以在将$(i+1)$-PAM 符号加扰随机序列之后，进行符号模 $i+1$ 运算。例如，使用 4-PAM，并且假设发射符号为 0 1 1 2 2 2 3 1。因此，符号电平概率是不均匀的。另外，加扰序列被给出为 3 2 1 0 3 2 1 0。在加扰之后获得的符号为 3 3 2 2 5 4 4 1 mod 4 = 3 3 2 2 1 0 0 1，从而使发射符号均匀。为了在接收机处检索原始符号，从接收的符号中减去加扰序列，从而恢复的符号为 0 1 1 2 –2 –2 –1 1 mod 4 = 0 1 1 2 2 2 3 1。令 N_i 是$(i+1)$-PAM 调制的数据帧中的符号数量。也就是说，N_i 是 $N\bar{q}_i$ 最接近的整数。最终，整体调光率为随机变量 D，使得 $E[D]=d$，则 D 由下式给出，即

$$D=\frac{\sum_{i=0}^{M-1}\sum_{j=0}^{N_i-1}\frac{A}{M-1}U_{ij}}{\sum_{i=0}^{M-1}\sum_{j=0}^{N_i-1}A} \tag{2.22}$$

式中：U_{ij} 为均匀分布在区间$[0,i]$上的离散随机变量，表示在$(i+1)$-PAM 中调制的第 j 个符号。

此外，A 为 M-PAM 的最大电平，并且两个相邻电平之间的间隔等于 $A/(M-1)$。因此，D 的方差 var$[D]$由下式给出，即

$$\mathrm{var}[D]=\frac{1}{N(M-1)^2}\sum_{i=0}^{M-1}\frac{i(i+2)}{12}\bar{q}_i \tag{2.23}$$

因为最优传输只有$(\bar{m}+1)$-PAM 和$(\bar{m}+2)$-PAM 两种调制，所以简单地得出方差为

$$\mathrm{var}[D]=\frac{(\bar{m}+1)(\bar{m}+3)-(2\bar{m}+3)\bar{q}_{\bar{m}}^{*}}{12N(M-1)^2}\leqslant\frac{(M+1)}{12N(M-1)} \tag{2.24}$$

当 $d = 0.5$ 时，式（2.24）等式成立。由于光的最低时钟速率为 200kHz[22]，因此对于 $M = 8$，通过取数据帧长度 N 大于 1000，变化可以控制在 1%以内。由于可见光的亮度改变速度远大于 150～200 Hz[2]，因此闪烁不会发生。

表 2.3　1,2,4 和 8-PAM 系统的解决方案（经许可转载自文献[15]，©2013 IEEE）

（PAM，PAM）	1	2	4	8	B
1		(0, 1)	$(0, \frac{2}{3})$	$(0, \frac{3}{7})$	0
2	$14d$		$(\frac{1}{2}, \frac{1}{2})$	$(\frac{2}{3}, \frac{1}{3})$	$\frac{1}{14}$
4	$\frac{28d}{3}$	$\frac{1+14d}{2}$		$(\frac{5}{4}, \frac{1}{4})$	$\frac{3}{14}$
8	$6d$	$\frac{2+14d}{3}$	$\frac{5+14d}{4}$		$\frac{1}{2}$
A	0	$\frac{1}{14}$	$\frac{3}{14}$	$\frac{1}{2}$	$d \in [A,B]$

2.2.2　渐变性能

多级传输方案的性能在各种配置中可以求出，如所有连续序号字母和 2 个幂序号字母。为了公平比较，将$(i+1)$-PAM 的每个符号的平均比特位数除以 $\log_2(i+1)$，来评估归一化容量，如图 2.13 所示。引入相应的相对数据传输速率，以便比较具有不同数据速率的各种传输方案。ML-$(i+1)$PAM 表示连续的 $i+1$ 种不同的 PAM（1～$(i+1)$-PAM）的多级传输方案，rML-4PAM 表示传输方案只使用 1-PAM 和 4-PAM。虽然 ISC[12]建立了理论上限，但是还没找到接近该容量上限的实际方案。M-PAM ISC 的频谱效率随着序号字母 M 的增大而缓慢提高。方案的性能随着序号字母的增大以分段线性方式逼近上限，因此 ML-MPAM 的上限如图 2.13 所示。ML-MPAM 分段曲线斜率变化的第 k 个点位于 $\{k/2(M-1), \log_2(k+1)/\log_2 M\}$。随着序号 M 的增大，对应点数相应地增加，并且连接相邻点的线段的集合给出了 ML-MPAM 的近似曲线。因此，所有点 $\{(k/2(M-1), \log_2(k+1)/\log_2 M) \mid k = 0, 1, \cdots, M-1\}$ 在曲线 $f_M(x)=\log_2(1+2(M-1)x)/\log_2 M$ 上。值得注意的是，当 $x \in (0,0.5]$时，因为 M 趋于无穷大，所以曲线变为 $f_M(x)=1$ 的情形。

rML-$(i+1)$PAM$(1,i+1)$的性能改进如图 2.14 所示。随着调光率接近 0.5，性能改进逐渐减小。针对各种调光率的 PAM 最佳构成如图 2.15 所示。与优化的结果一致，结果中最优传输最多选择两个 PAM。由于允许 8 个不同的 PAM（1～8-PAM），对应与 k-PAM 和$(k+1)$-PAM 相关联的两条线在区间 $[(k-1)/14, k/14]$（$k=1, 2, \cdots, 7$）上交叉，即有 7 个不同点。与此对应，在 rML-

8PAM（1,2,4,8）中有 3 个交叉点。因此，此图被用来图形化地确定最佳传输方案。一旦预先知道目标调光率，发射机和接收机都能立即找到调光的最佳组合。

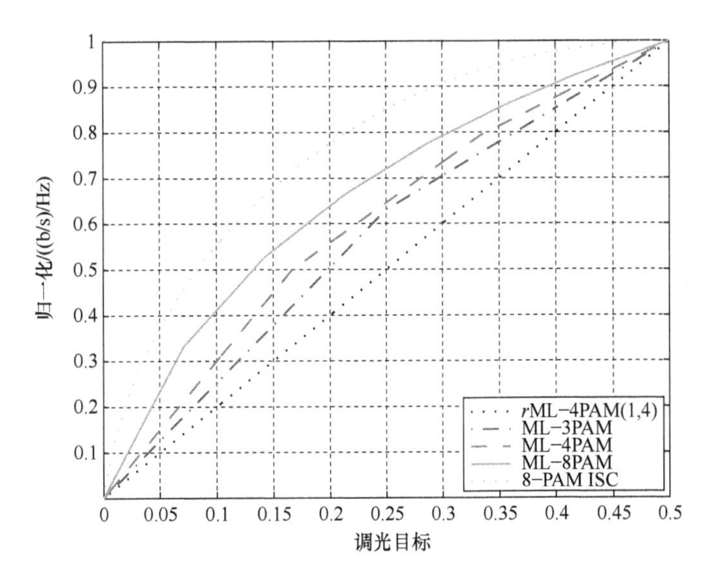

图 2.13　归一化频谱效率（信道容量）（经许可转载自文献[15]，©2013 IEEE）

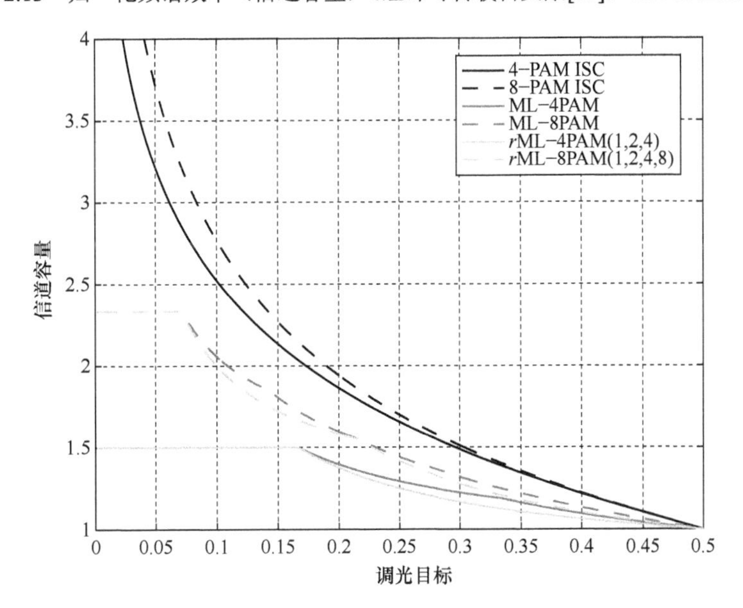

图 2.14　信道容量提高（经许可转载自文献[15]，©2013 IEEE）

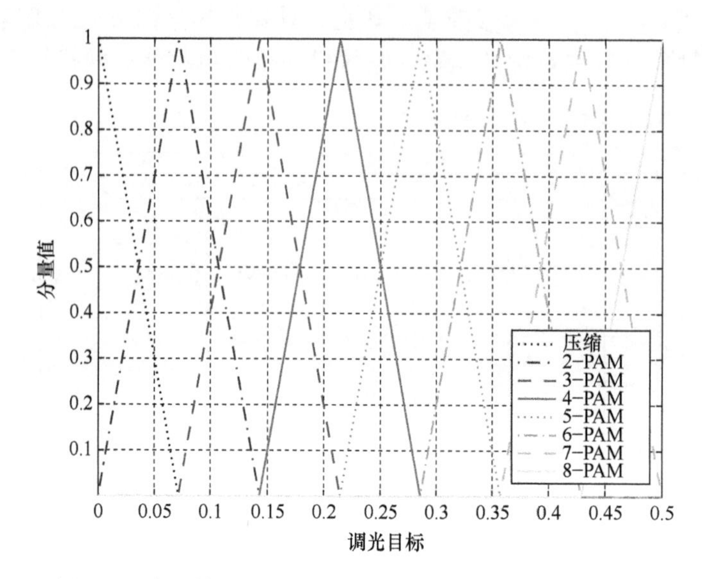

图 2.15　电平构成（经许可转载自文献[15]，©2013 IEEE）

2.2.3　仿真结果

下面给出了未编码和已编码的传输方案的仿真结果。令 A 和 M 分别为最大电平和 PAM 字母序号的最大序号，即 A 是 M-PAM 的第 M 电平的强度。假设 PAM 符号电平均匀，$(i+1)$-PAM 的第 k 级可表示为 $kA/(M-1)$。因此，未编码$(i+1)$-PAM 的误符号率为

$$P_{\text{err}}^{(i+1)}=\frac{2i}{i+1}Q\left(\frac{1}{2(M-1)}\frac{A}{\sigma}\right)=\frac{2i}{i+1}Q_M\left(\frac{A}{\sigma}\right) \tag{2.25}$$

式中：$\mathcal{Q}_M(x)\approx Q(x/2(M-1))$；$\sigma^2$ 为高斯噪声功率。

使用信号强度—噪声振幅比衡量信道质量。在无线光通信中，LED 通过强度调制和直接检测来调制与输入电流信号成比例的瞬时光强度[23]。这两个转换步骤的组合确保了式（2.25）在 VLC 中的有效性。因此，总的误符号率为

$$\overline{P}_{\text{err}}=\sum_{i\in\mathcal{M}}\overline{q}_i\frac{2i}{i+1}\mathcal{Q}_M\left(\frac{A}{\sigma}\right) \tag{2.26}$$

式中：$\mathcal{M}$ 为在数据帧中所有 PAM 的最大级别（[0，$M-1$]）的集合，即 $\mathcal{M}=\{i\in[0,M-1]|q_i>0\}$。由于式（2.21）中的最优方案仅使用两个相邻的 PAM，因此误符号率为

$$\overline{P}_{\text{err}}^{*}=2\frac{(\overline{m}+1)^{2}-\overline{q}_{\overline{m}}^{*}}{(\overline{m}+1)(\overline{m}+2)}\mathcal{Q}_{M}\left(\frac{A}{\sigma}\right)\leqslant 2\frac{\overline{m}+1}{\overline{m}+2}\mathcal{Q}_{M}\left(\frac{A}{\sigma}\right) \tag{2.27}$$

误码性能取决于 $\overline{m}$ 和 $\overline{q}_{\overline{m}}^{*}$ 两个参数，因此取决于调光率 d 和调制阶数 M。当 $\overline{q}_{\overline{m}}^{*}=0$ 时，等式（2.27）成立，即 $d=\frac{\overline{m}+1}{2(M-1)}$，$\overline{m}=0, 1, \cdots, M-2$，并且当 $d=0$ 时，不发送信息，此时误差边界值显然变为零。很明显，误符号率随着发送符号量的增加而增大。因此，如果仅使用 M-PAM 并且 d=0.5，则误差边界值被最大化。对于非零 ε，如果 $P_{\text{err}}^{(i+1)}>\varepsilon$，光谱效率 $R^{(i+1)}$以 $O((1-\varepsilon\overline{q}_{i})^{N})$ 的速率减小到零。因此，每个 PAM 应使用最佳的信道编码以获得高光谱效率。得到的光谱效率表示为

$$\begin{aligned}\overline{R}^{*}=&\overline{q}_{\overline{m}}^{*}\left(1-2\frac{\overline{m}}{\overline{m}+1}\mathcal{Q}_{M}\left(\frac{A}{\sigma}\right)\right)^{N\overline{q}_{\overline{m}}^{*}}\log_{2}(\overline{m}+1)\\&+\left(1-\overline{q}_{\overline{m}}^{*}\right)\left(1-2\frac{\overline{m}+1}{\overline{m}+2}\mathcal{Q}_{M}\left(\frac{A}{\sigma}\right)\right)^{N\left(1-\overline{q}_{\overline{m}}^{*}\right)}\log_{2}(\overline{m}+2)\end{aligned} \tag{2.28}$$

由于 $\overline{m}$ 和 $\overline{q}_{\overline{m}}^{*}$ 是调光目标的函数，因此光谱效率也如式（2.28）所示。

考虑编码方案的性能，只有通过仿真才能获得误符号率 $P_{\text{err}}^{(i+1)}$（$i\in\mathcal{M}$）。如果信息以码率 R 编码并被调制到 N 个 PAM 符号中，则式（2.28）的两个指数分别被 $NR\overline{q}_{\overline{m}}^{*}$ 和 $NR(1-\overline{q}_{\overline{m}}^{*})$ 替换。Turbo 码用于编码性能的评估，因为实际编码方案的使用保证了传输方案的可行性，并且 Turbo 码容量逼近极限性能。此外，Turbo 码对适配任意调光目标的编码压缩所引起的性能劣化是稳健性的。图 2.16 和图 2.17 分别比较了调光目标 d 为 0.1 和 0.4 的光谱效率。设置单个码元压缩率为 1/3，可以获得几个不同的编码率 R 为 1/3, 1/2, 3/4。为了便于比较，讨论了满足调光要求的其他传输方案（使用 8-PAM 或 $(\overline{m}+2)$-PAM）的结果。对于未编码的方案，通过计算可行集 $\{\overline{q}_{i}\}$ 的平均值来呈现随机方案的结果。对于不同的调光目标，多级传输方案的吞吐量性能普遍优于其他传输方案，并且其相应地选择不同的 PAM 对，例如，d=0.1 时为（2，3）-PAM，d=0.2 时为（3，4）-PAM，d=0.3 时为（5，6）-PAM，d=0.4 时为（6，7）-PAM。在使用压缩编码的两种情况之中，使用 $(\overline{m}+2)$-PAM 的方案优于使用最大阶 PAM（8-PAM）的方案。在低调光状态下它们之间的性能差异较大，因为对于 8-PAM，在较小的 d 值情况下，大量符号被压缩，因此总信息量低于 $(\overline{m}+2)$-PAM。

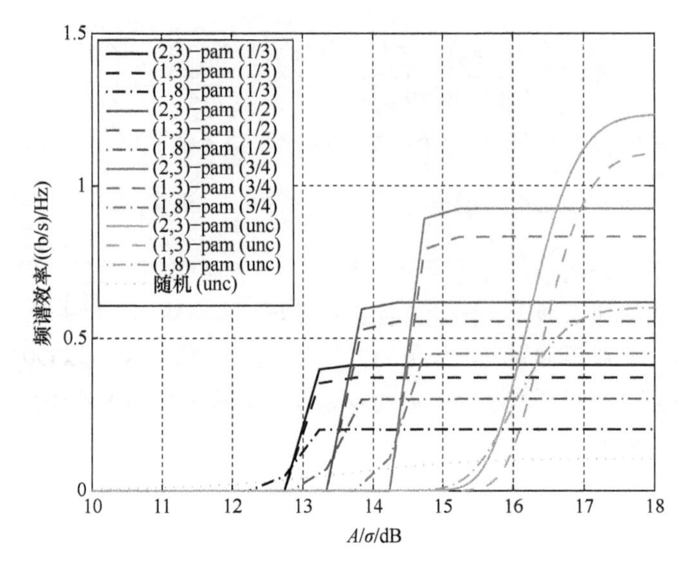

图 2.16 调光目标 d 为 0.1 的频谱效率（经许可转载自文献[15]，©2013 IEEE）

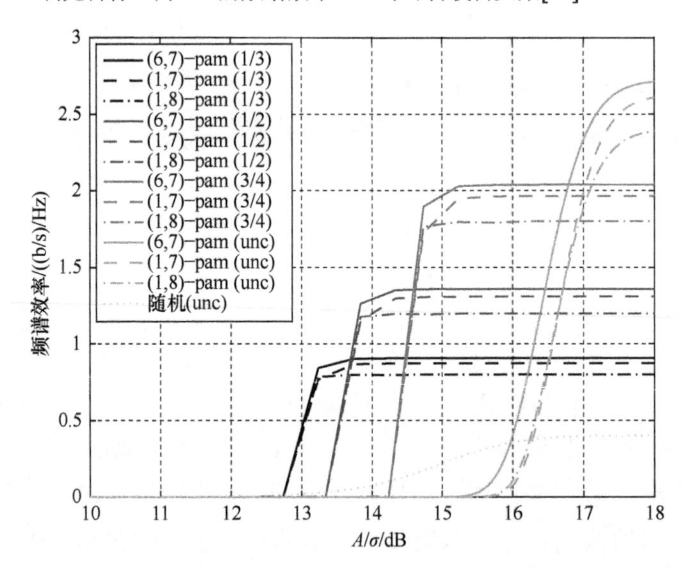

图 2.17 调光目标 d 为 0.4 的频谱效率（经许可转载自文献[15]，©2013 IEEE）

2.3 多颜色 VLC 的颜色强度调制

2.3.1 颜色空间和信号空间

下面介绍颜色空间的特性，并考虑与信号空间的差异。为此，首先简单描述多色系统模型，系统采用 N 个具有不同波长特性的 LED 和相应的光电检测器（PD）。令 $I_i(\lambda)$和 $r_j(\lambda)$分别表示第 i 个 LED 的强度和第 j 个 PD 的响应度。接收机处的总强度为 $I(\lambda)=\sum_{i=1}^{N} I_i(\lambda)$。设 $\overline{x}(\lambda)$、$\overline{y}(\lambda)$ 和 $\overline{z}(\lambda)$ 是与人眼颜色感知能力相关的标准化的颜色匹配函数[24]。光刺激的 3 个分量为 $X=\int\overline{x}(\lambda)I(\lambda)\mathrm{d}\lambda$、$Y=\int\overline{y}(\lambda)I(\lambda)\mathrm{d}\lambda$ 和 $Z=\int\overline{z}(\lambda)I(\lambda)\mathrm{d}\lambda$。这些参数可以表征在人眼视觉指示的 CIE *XYZ* 颜色空间[24]中。单个颜色与通过 CIE *XYZ* 颜色空间中原点的每条线相关联，如图 2.18 所示，并且其对应的强度由线上的点与原点之间的距离表示。为了在颜色匹配和调光约束下表征 VLC 特征，采用 CSK[22]。CSK 将符号星座放置在 CIE *XY* 颜色空间中目标颜色的周围，使得与符号相关联颜色的平均值与目标颜色值相同。同时，控制 LED 输出的强度以满足调光要求。使用 3 个 LED 实现的 CSK 示例如图 2.2 所示，分别由 LED1、LED2 和 LED3 表示。消息符号可以放置在与那 3 个 LED 相关联颜色的 3 个顶点构成的三角形内，使得总平均值与对应于目标颜色的点一致。同时，消息符号应彼此间尽可能地远相距放置以使检测误差最小化。信号的检测在信号空间中进行。因此，接收信号由 N 维向量 $\boldsymbol{S}=[S_1, \cdots, S_N]^{\mathrm{T}}$ 表示，其中第 i 个分量，即第 i 个光电检测器的输出 $S_i=\int r_i(\lambda)I(\lambda)\mathrm{d}\lambda$。在颜色空间中考虑颜色匹配和调光约束条件，通信特征光谱效率（或互信息量）可在信号空间中处理。因此，两个目标不会直接在单个空间中同时考虑。

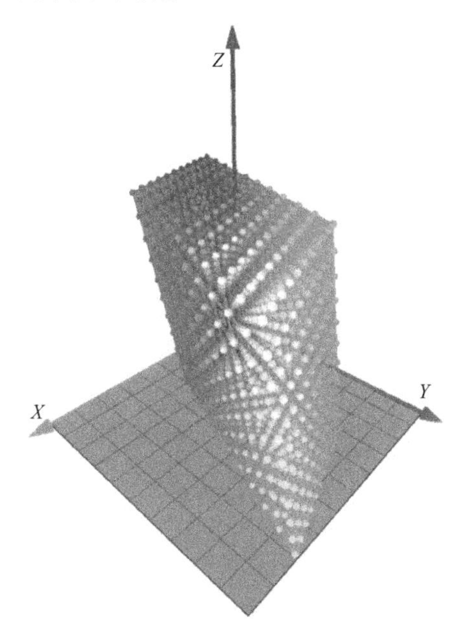

图 2.18　CIE *XYZ* 颜色空间

2.3.2 颜色强度调制

为了克服以上问题并提高给定约束下的光谱效率，提出了颜色强度调制（CIM）。为此，选择一个与满足颜色约束颜色子空间相关联的信号空间子空间（或一个点）。对于信号空间的子空间，在此子空间符号加权平均的约束条件下，通过最大化光谱效率以确定符号的位置。由于 PAM 无论平均强度大小都有相同的带宽，为了控制符号的平均强度，因此选择使用 PAM。当使用 M-PAM ISC[12]实现平均强度时，可以采用两种不同的方法：一种方法是调整符号概率和采用固定的等距符号；另一方法为同时控制位置和概率。在图 2.19 和图 2.20 中，分别说明了在 A/σ 为 8dB 和调光目标为 0.8 时的两种方法。第二种方法通过同时控制消息符号的位置和概率，性能提高了 1.3%。

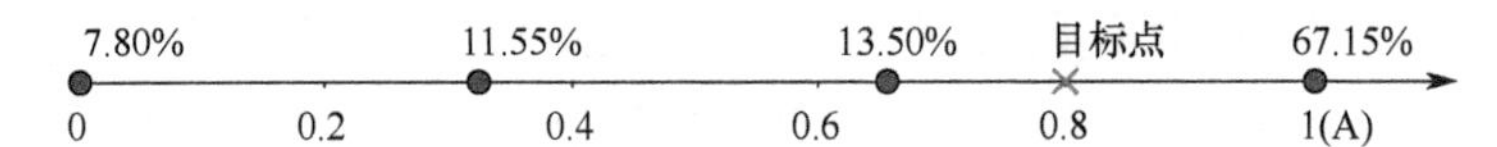

图 2.19　当 A/σ 为 8dB 且调光目标为 80%时，互信息量为 0.9373bit/符号的最佳等距符号（经许可转载自文献[21]，©2012 IEEE）

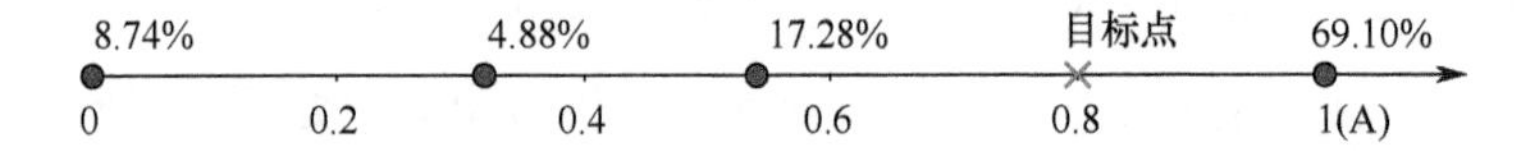

图 2.20　当 A/σ 为 8dB 且调光目标为 80%时，互信息量为 0.9494bit/符号的最佳调整符号（经许可转载自文献[21]，©2012 IEEE）

下面考虑采用多颜色 LED 的多维信道。可采用波分复用（Wavelength Division Multiplexing，WDM）对光信道进行独立和并行控制。ISC 为 WDM 的每个光信道匹配颜色和调光率进行控制。另外，即使是非正交信道，CIM 也不会出现信道间干扰。在非正交信道中，CIM 产生了比普通 WDM 和采用 ISC 的 WDM 更高的频谱效率。下面对 CSK、WDM 和 CIM 的概念进行归纳总结。首先，CSK 仅使用二维区域（平面的一部分），在三维中具有特定的强度，如图 2.18 所示。该平面在每个轴上具有正截距。另外，WDM 和 CIM 采用整个三维区域，区别在于 WDM 分别使用三维区域中的每个信道，而 CIM 同时利用整个三维区域。如果三维信道彼此正交并且可以无干扰地分离，则采用 ISC 的 WDM 的性能与 CIM 相同，否则 CIM 优于 WDM。为分析光谱效率，考虑具有完全正交的光学信道为加性高斯噪声信道，因此每个接收机可以区分其对应的信号，即 $S_i = \int r_i(\lambda)I(\lambda)\mathrm{d}\lambda$ 。然后，接收信号矢量 $\boldsymbol{V}=[V_1, \cdots, V_N]^{\mathrm{T}}$ 可以表示为 $\boldsymbol{V}=\boldsymbol{S}+\boldsymbol{W}$，其中 $\boldsymbol{W}$ 为加性高斯噪声矢量。根据照明约束条件，$\boldsymbol{S}$ 的加权平均属于信号空间的子空间，特别的是当 $N = 3$ 时，其缩小为具有 3 个颜色信道的点。

A/σ 和调光约束的单维互信息量如图 2.21 所示。当在子空间中选择最优点时，$I(S_i; V_i)$的和为 CIM 的容量的上限。此外，A/σ 为 8dB 和 6dB 的二维示例如图 2.22 所示，并且每个维度的调光目标分别为 0.8 和 0.5。两个轴表示在相应的发射机和接收机之间传送的信号。因此，互信息量为 0.9494 + 0.9385 = 1.8879bit/符号，符号数为 4×3 = 12。因此，容量的上限为 1.8879。三维扩展如图 2.23 所示，附加维度中照明约束 A/σ 为 5 dB，调光目标为 0.3。因此，互信息量为 0.9494 + 0.9385 + 0.6945 = 2.5824bit/符号。

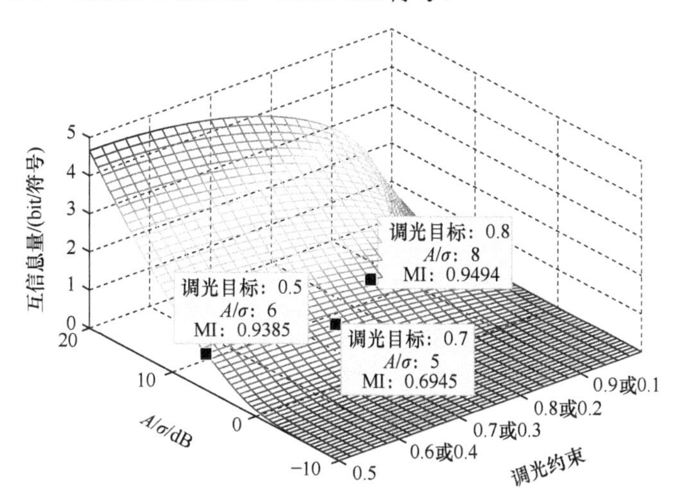

图 2.21 A/σ 和调光约束的一维互信息量（转载自文献[21]）

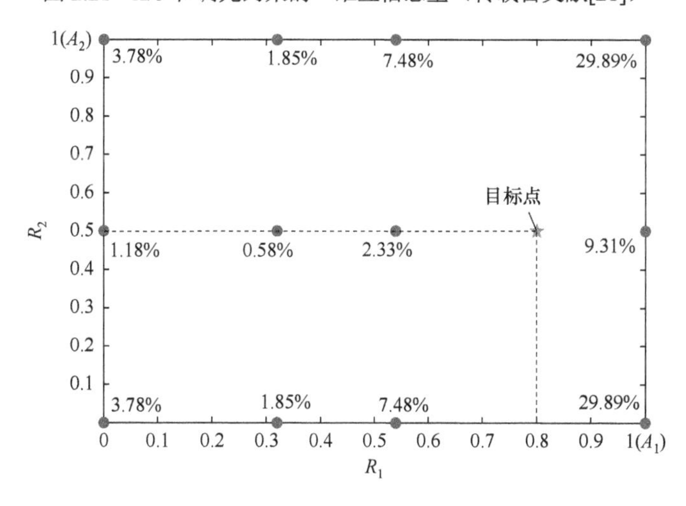

图 2.22 二维单空间中正交信道的 CIM 符号星座：R_1 轴(A/σ,调光率)=(8dB,80%)，R_2 轴(A/σ,调光率)=(6dB,50%)（转载自文献[21]）

表 2.4 比较了 CIM 和 CSK 的互信息量。除了第一个信道 R_1 中调光目标由

0.8 调整为 0.2，其他信道条件与图 2.23 中所示情况相同。CSK1 和 CSK2 的结果分别为没有考虑和考虑了信道增益情况下 3 个符号之间最小距离的最大化。以下 3 种 CIM 方案以不同的方式在三维空间中放置符号。CIM1 将 8 个等概符号置于目标点中心，使符号集形成长方体。CIM2 将 8 个不同概率的符号定位在长方体的角上，如图 2.23 所示。CIM3 表示图 2.23 所示的方案。因此，其信号星座对应于图 2.23 沿 R_1 轴的镜像。

表 2.4 CIM 和 CSK 的性能比较（经许可转载自文献[21]，©2012 IEEE）

调制方案	互信息量/（bit/符号）
CSK1-通用	1.4768
CSK2-最优	1.5043
CIM1-模拟调光	2.0070
CIM2-二进制	2.3247
CIM3-最优	2.5824

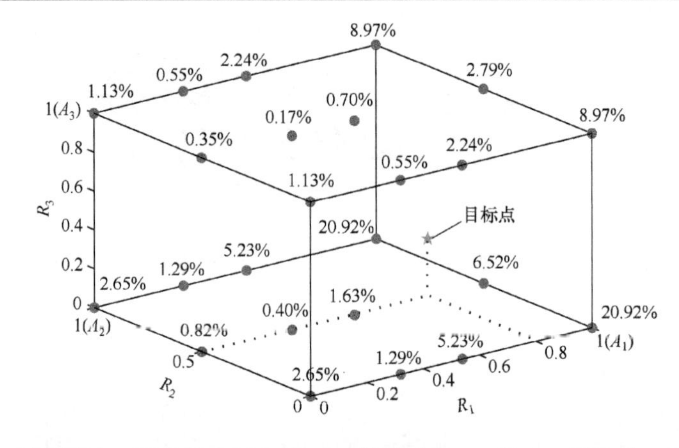

图 2.23 正交信道的三维信号空间中的 CIM 符号星座：R_1 轴(A/σ,调光率)=(8dB,80%)，R_2 轴(A/σ,调光率)=(6dB,50%)，R_3 轴(A/σ,调光率)=(5dB,30%)（转载自文献[21]）

最后，考虑非正交多色信道。由于在接收机处接收的信号不是独立的，因此得到的信号子空间在二维和三维信号空间中分别形成平行四边形和平行六面体。图 2.24 说明了第一个接收机可能响应第二个发射机的情况。因此，第一接收机的接收机信号形成 $R_1'=R_1+R_2$。另外，第二接收机可以区分来自第二发射机的信号。由于在 R_1 和 R_2 之间有 2dB 的差异，因此来自 R_1' 的最大可实现的数据速率为 $1+10^{-0.2}\approx1.63$，而不是 2。相应的互信息量为 1.9258bit/符号，并且在符号之间没有发现任何有意义的几何模式。图 2.25 表示了第二个接收机响应第一个发射机一半响应率（$R_2'=R_2+0.5R_1$）的情况，因此，对应的互信息量为 2.0458bit/符号。

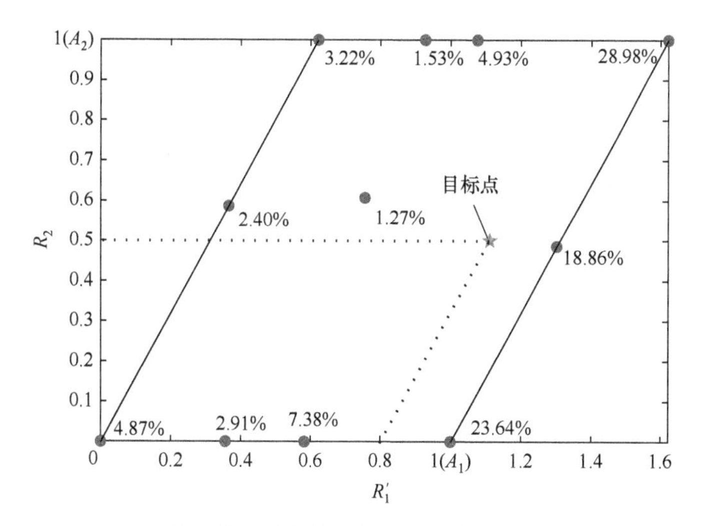

图 2.24 $R_1' = R_1 + R_2$ 的二维非正交信号空间，R_1 轴(A/σ,调光率)=(8dB,80%)，R_2 轴(A/σ,调光率)=(6dB,50%)（转载自文献[21]）

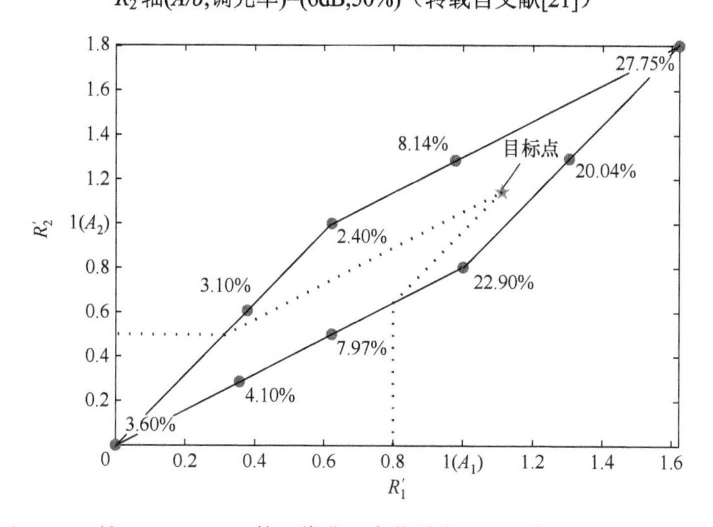

图 2.25 $R_1' = R_1 + R_2$ 且 $R_2' = R_2 + 0.5R_1$ 的二维非正交信号空间，R_1 轴(A/σ,调光率)=(8dB,80%)，R_2 轴(A/σ,调光率)=(6dB,50%)（转载自文献[21]）

参 考 文 献

[1] S. Boyd and L. Vandenberghe, Convex Optimization, Cambridge University Press, 2004.

[2] S. Rajagopal, R. D. Roberts, and S.-K. Lim, “IEEE 802.15.7 visible light communication: Modulation schemes and dimming support,” IEEE Commun. Mag., 50, (3), 72–82, 2012.

[3] K. Lee and H. Park, “Modulations for visible light communications with dimming control,” IEEE Photon. Technol.

Lett., 23, (16), 1136–1138, 15 Aug. 2011.

[4] G. Ntogari, T. Kamalakis, J. W. Walewski, and T. Sphicopoulos, "Combining illumination dimming based on pulse-width modulation with visible-light communications based on discrete multitone," IEEE/OSA J. Opt. Commun. Netw., 3, (1), 56–65, 2011.

[5] W. O. Popoola, E. Poves, and H. Haas, "Error performance of generalised space shift keying for indoor visible light communications," IEEE Trans. Commun., 61, (5), 1968–1976, 2013.

[6] Z. Wang, W.-D. Zhong, C. Yu, et al., "Performance of dimming control scheme in visible light communication system," Opt. Express, 20, (17), 18861–18868, 13 Aug. 2012.

[7] E. Cho, J.-H. Choi, C. Park, et al., "NRZ-OOK signaling with LED dimming for visible light communication link," in Proc. 16th European Conference on Networks and Optical Communications (NOC), Newcastle-Upon-Tyne, UK, July 2011, pp. 32–35.

[8] H.-J. Jang, J.-H. Choi, Z. Ghassemlooy, and C. G. Lee, "PWM-based PPM format for dimming control in visible light communication system," in Proc. 8th International Symposium on Communication Systems, Networks & Digital Signal Processing (CSNDSP), Poznan, Poland, July 2012.

[9] S. Arnon, et al., Advanced Optical Wireless Communication Systems, Cambridge University Press, 2012.

[10] M. Anand and P. Mishra, "A novel modulation scheme for visible light communication," in Proc. 2010 Annual IEEE India Conference INDICON, Kolkata, India, Dec. 2010.

[11] J. K. Kwon, "Inverse source coding for dimming in visible light communications using NRZ- OOK on reliable links," IEEE Photon. Technol. Lett., 22, (19), 1455–1457, 1 Oct. 2010.

[12] K.-I. Ahn and J. K. Kwon, "Capacity analysis of M-PAM inverse source coding in visible light communications," IEEE/OSA J. Lightw. Technol., 30, (10), 1399–1404, 15 May 2012.

[13] A. B. Siddique and M. Tahir, "Joint brightness control and data transmission for visible light communication systems based on white LEDs," in Proc. IEEE Consumer Communications and Networking Conference, Las Vegas, NV, Jan. 2011, pp. 1026–1030.

[14] J. Kim, K. Lee, and H. Park, "Power efficient visible light communication systems under dimming constraint," in Proc. 23rd IEEE International Symposium on Personal Indoor and Mobile Radio Communications (PIMRC), Sydney, Australia, Sept. 2012, pp. 1968–1973.

[15] S. H. Lee, K.-I. Ahn, and J. K. Kwon, "Multilevel transmission in dimmable visible light communication systems," IEEE/OSA J. Lightw. Technol., 31, (20), 3267–3276, 15 Oct. 2013.

[16] S. H. Lee and J. K. Kwon, "Turbo code-based error correction scheme for dimmable visible light communication systems," IEEE Photon. Technol. Lett., 24, (17), 1463–1465, 1 Sept. 2012.

[17] S. Kim and S.-Y. Jung, "Novel FEC coding scheme for dimmable visible light communication based on the modified Reed–Muller codes," IEEE Photon. Technol. Lett., 23, (20), 1514–1516, 15 Oct. 2011.

[18] S. Kim and S.-Y. Jung, "Modified RM coding scheme made from the bent function for dimmable visible light communications," IEEE Photon. Technol. Lett., 25, (1), 11–13, 1 Jan. 2013.

[19] P. Das, B.-Y. Kim, Y. Park, and K.-D. Kim, "A new color space based constellation diagram and modulation scheme for color independent VLC," Advances in Electrical and Computer Engineering, 12, (4), 11–18, Nov. 2012.

[20] B. Bai, Q. He, Z. Xu, and Y. Fan, "The color shift key modulation with non-uniform signaling for visible light communication," in Proc. 1st IEEE International Conference on Communications in China Workshops (ICCC), Beijing, China, Aug. 2012, pp. 37–42.

[21] K.-I. Ahn and J. K. Kwon, "Color intensity modulation for multicolored visible light com- munications," IEEE Photon. Technol. Lett., 24, (24), 2254–2257, 15 Dec. 2012.

[22] IEEE Standard for Local and Metropolitan Area Networks–Part 15.7: Short-Range Wireless Optical Communication Using Visible Light, IEEE Standard 802.15.7–2011, Sept. 2011.

[23] S. Hranilovic and F. R. Kschischang, "Optical intensity-modulated direct detection channels: Signal space and lattice codes," IEEE Trans. Inf. Theory, 49, (6), 1385–1399, 2003.

[24] Y. Ohno, "CIE fundamentals for color measurements," Proc. of IS&T NIP16 Intl. Conf. on Digital Printing Technologies, Vancouver, Canada, Jan. 2000. pp. 540–545.

第 3 章　室内可见光通信系统性能增强技术

3.1 引　言

与传统的白炽灯和荧光灯相比，LED 具有高性能和高能效的特点，在照明领域得到了广泛的应用[1]。此外，LED 还具有高频率响应、免频谱许可和高安全性等优点，可以通过可见光接入互联网，使其成为一种非常有前景的无线通信手段。对于室内高数据传输速率 VLC 系统的开发已有大量的研究成果[1-11]。实验表明，VLC 系统的数据传输速率已经达到每秒兆比特级[12,13]。此外，在 VLC 系统中引入空间调制等先进的调制方案[14-17]，也大大提高了数据传输速率。2011 年，Haas 引入了可见光无线通信（Light-Fidelity，Li-Fi）概念[18]，演示了 VLC 系统可以作为 Wi-Fi 的替代品访问网络资源。尽管过去 10 年在 VLC 方面取得了很大的进展，但是要在更大的范围内实现和部署 VLC 系统[19]，仍然存在有一些挑战。其中最主要的两个挑战是上行传输方式的选择和长距离节能接收机的设计。在本章中，讨论了一些最近提出的增强室内 VLC 系统性能的技术及相关的结果[20-25]，其中包括用于提高信噪比（Signal-to-Noise Ratio，SNR）和误码率（Bit Error Rate，BER）性能的接收机平面倾斜技术[21]和 LED 灯布局技术[22,23]，以及可调光控制下的 VLC 系统性能评估[20,24]。

3.2 利用接收机平面倾斜技术改进 VLC 系统性能

在 VLC 系统中，接收机也许离 LED 灯较远，导致 SNR 比那些靠近灯的地方小得多，这是因为 SNR 是随着距离和入射角的增加而减小。本节介绍一种接收机平面倾斜技术[21]，用于提高整个房间的 VLC 系统性能。假设房间的大小为 5m（长）×5m（宽）×3m（高），对有/无倾斜接收平面的 SNR 进行了分析比较。为了简单起见，在分析信噪比时没有考虑墙壁的反射，因为来自直射（Line-Of-Sight，LOS）的光线占主导地位。

3.2.1 单 LED 灯 VLC 系统性能分析

图 3.1 所示为在天花板上装有 1 个 LED 灯的室内 VLC 系统的几何结构图。本章涉及的 VLC 系统参数如表 3.1 所列。假设 LED 灯位于天花板中央，坐标位置为[2.5 m, 2.5 m, 3.0 m]，光电探测器（接收机）放在距地面 0.85 m 的书桌上。设 φ 为相对于与 LED 灯表面（平面）垂直轴线的辐射角。根据文献[1,8]，设 LED 辐射光满足朗伯辐射模式：

$$R(\varphi)=\frac{(m+1)\cos^m\varphi}{2\pi} \tag{3.1}$$

式中：m 为朗伯辐射阶数，该阶数与发射机在功率半角 $\varphi_{1/2}$ 有关，$m=\ln(1/2)/\ln(\cos\varphi_{1/2})$。

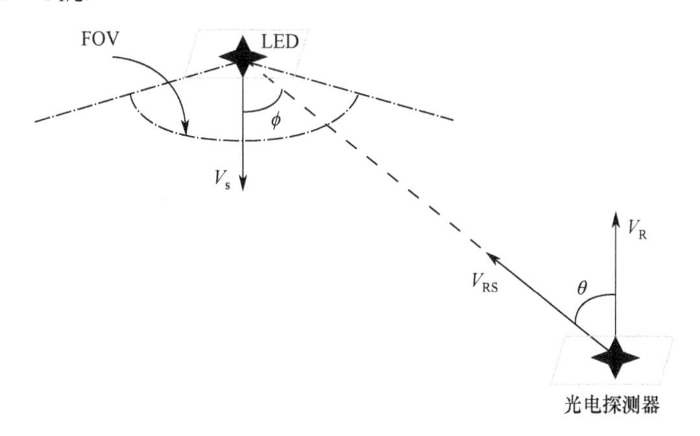

图 3.1　VLC 系统中 LED 灯和光探测器（接收机）的几何结构

在本章中，假设在信号调制带宽范围内 LED 灯和光电探测器的频率响应是平坦的。仅考虑 LOS 传输路径情况下信道的直流增益为[1,27]

$$H(0)=R(\varphi)\frac{A}{d^2}\cos\theta=\frac{(m+1)\cos^m\varphi A}{2\pi d^2}\cos\theta \tag{3.2}$$

式中：d 为 LED 灯与接收机之间的距离；A 为光电探测器的物理面积；θ 为相对于 LED 灯所在桌面平面法线方向的入射角。φ 和 θ 与 LED 灯和接收机的位置或坐标有关。

设 $[X_S,Y_S,Z_S]$ 和 $[X_R,Y_R,Z_R]$ 分别为发射机和接收机的位置（坐标）。参照图 3.1，辐射角 φ 取决于：

$$\cos\varphi=\frac{Z_S-Z_R}{\left\|[X_S,Y_S,Z_S]-[X_R,Y_R,Z_R]\right\|} \tag{3.3}$$

式中：$\|X\|$ 为 X 的范数。由式（3.3）可知，对于给定的发射机、接收机位

置，辐射角 φ 为常数。入射角 θ 的取值不仅取决于发射机和接收机的位置，还取决于接收机平面与接收机所在的桌面平面之间的二面角。如图 3.1 所示，设 $\boldsymbol{v}_{\mathbf{RS}}$ 为从接收机到发射机的向量，$\boldsymbol{v}_{\mathbf{R}}$ 为接收机向量，则入射角 θ 可表示为

$$\cos\theta=\frac{\left(\boldsymbol{v}_{\mathbf{R}},\boldsymbol{v}_{\mathbf{RS}}\right)}{\left\|\boldsymbol{v}_{\mathbf{R}}\right\|\cdot\left\|\boldsymbol{v}_{\mathbf{RS}}\right\|} \tag{3.4}$$

式中：$\left(\boldsymbol{v}_{\mathbf{RS}},\boldsymbol{v}_{\mathbf{R}}\right)$ 为 $\boldsymbol{v}_{\mathbf{RS}}$ 和 $\boldsymbol{v}_{\mathbf{R}}$ 的内积。

将式（3.4）代入式（3.2）可得信道直流增益为[21]

$$H(0)=\frac{(m+1)}{2\pi d^2}A\cos^m\varphi\frac{\left(\boldsymbol{v}_{\mathbf{R}},\boldsymbol{v}_{\mathbf{RS}}\right)}{\left\|\boldsymbol{v}_{\mathbf{R}}\right\|\cdot\left\|\boldsymbol{v}_{\mathbf{RS}}\right\|} \tag{3.5}$$

假设 LED 灯的调制信号为 $f(t)$，LED 灯输出的光信号可以用 $p(t)=P_{\mathrm{t}}\left(1+M_{\mathrm{I}}f(t)\right)$ 来表示，P_{t} 为 LED 灯的发射光功率，M_{I} 为调制系数[28]，设为 0.2，则 P_{r} 接收光功率可表示为

$$P_{\mathrm{r}}=H(0)P_{\mathrm{t}} \tag{3.6}$$

在光电转换后，考虑到被检测信号的直流分量在接收机中被滤波，则输出电信号为

$$s(t)=RP_{\mathrm{r}}M_{\mathrm{I}}f(t) \tag{3.7}$$

式中：R 为光电探测器响应度。因此，输出电信号的 SNR 可以表示为[5]

$$\mathrm{SNR}=\frac{\overline{s(t)^2}}{P_{\mathrm{noise}}}=\frac{\left(RH(0)P_{\mathrm{t}}M_{\mathrm{I}}\right)^2\overline{f(t)^2}}{P_{\mathrm{noise}}} \tag{3.8}$$

式中：$\overline{s(t)^2}$ 为输出电信号的平均功率；P_{noise} 为噪声功率。

噪声功率由散弹噪声和热噪声组成，其方差为[1]

$$\sigma^2{}_{\mathrm{shot}}=2q\left[RP_{\mathrm{r}}\left(1+\left(\overline{M_{\mathrm{index}}\mathrm{f}(t)^2}\right)\right)+I_{\mathrm{bg}}I_2\right]B \tag{3.9}$$

$$\sigma^2{}_{\mathrm{thermal}}=8\pi kT_K\eta AB^2\left(\frac{I_2}{G}+\frac{2\pi\Gamma}{g_{\mathrm{m}}}\eta AI_3B\right) \tag{3.10}$$

式中：$P_{\mathrm{r}}\left(1+\overline{\left(M_{\mathrm{index}}f(t)\right)^2}\right)$ 为总的接收光功率；q 为电荷电量[13]；B 为等效噪声带宽；k 为玻耳兹曼常数；T_{K} 为绝对温度。式（3.1）～式（3.10）所用参数及其他 VLC 系统所用参数如表 3.1 所列。

根据式（3.8），可以计算出位于桌面上高度为 0.85 m 接收机的 SNR 分布，所用参数如表 3.1 所列。图 3.2 所示为 LED 灯发射功率为 5W 时的 SNR 分布情况，LED 位于天花板中心。如图 3.2 所示，当接收机位于 LED 灯正下方时，SNR 为最大值 28.94 dB；当接收机位于房间墙角时，SNR 为最小值

6.23 dB。因此，峰谷信噪比差为 22.70 dB。注意，图中右侧的 SNR 垂直着色条表示 SNR 值与颜色之间的关系（黑色表示 SNR 的最小值；白色为 SNR 最大值）。房间内 SNR 的较大变化会显著降低系统的整体性能[21]。SNR 差异大，不仅是由于 LED 灯与接收机之间的距离，还因为接收机端的光非法线入射。对于给定的 LED 灯与接收机，它们之间的距离是无法改变的。然而，可以通过调整光的入射角减少 SNR 的变化。

表 3.1 本章中用到的 VLC 系统参数[1,20-22]

房间尺寸（长×宽×高）	5m×5m×3m
接收机所处位置的桌面高度	0.85m
发射机的功率半角（$\varphi_{1/2}$）	60°
光探测器的物理面积（A）	10^{-4}m^2
接收机视场角（FOV）	170°
接收机灵敏度（R）	1A/W
背景电流（I_{bg}）	5000μA
噪声带宽因子（I_2）	0.562
场效应晶体管跨导（g_m）	30mS
FET 沟道噪声因子（Γ）	1.5
固定电容（η）	112pF/cm^2
开环电压增益（G）	10
在表示电路噪声中用到的定积分（I_3）	0.0868

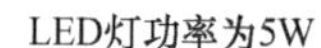

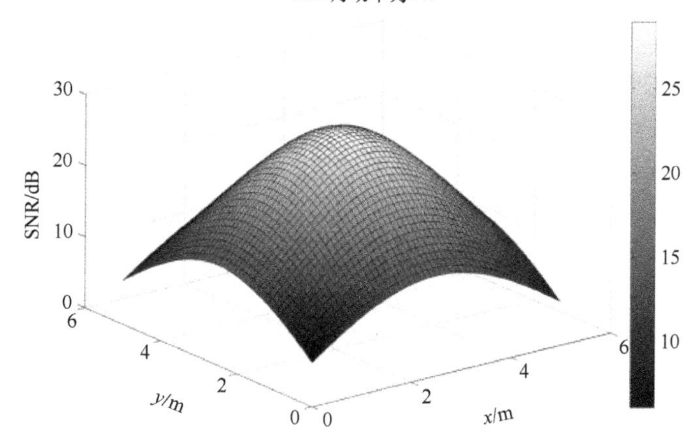

图 3.2 一个 LED 灯位于天花板的中心的单个房间中 VLC 系统的信噪比分布

3.2.2 用于减少 SNR 变化的接收机平面倾斜技术

如上所述，光线的非法线入射会导致房间内的信噪比变化较大。入射角 θ

由向量 $\boldsymbol{v}_{\mathbf{R}}$ 和 $\boldsymbol{v}_{\mathbf{RS}}$ 决定。注意，向量 $\boldsymbol{v}_{\mathbf{R}}$ 总是垂直于接收机平面，当给定的发射机和接收机位置时，$\boldsymbol{v}_{\mathbf{RS}}$ 为常数。根据式（3.4），当向量 $\boldsymbol{v}_{\mathbf{R}}$ 和 $\boldsymbol{v}_{\mathbf{RS}}$ 互相平行时，$\cos\theta$ 为最大值，如当接收机平面面向发射机时。当接收机不在天花板发射机正下方的桌子上时，特别是当接收机位于房间的一个墙角时，最大信道直流增益会随着入射角的增加而大大降低。然而，通过旋转接收机平面，使得向量 $\boldsymbol{v}_{\mathbf{R}}$ 和 $\boldsymbol{v}_{\mathbf{RS}}$ 互相平行时，$\cos\theta$ 达到最大值，从而使得信道直流增益在某些特殊位置也达到最大值，就只与传输距离 d 和辐射角 φ 有关[21]。

向量 $\boldsymbol{v}_{\mathbf{RS}}$ 可以表示为 $\boldsymbol{v}_{\mathbf{RS}}=[a,b,c]=[X_{\mathrm{R}},Y_{\mathrm{R}},Z_{\mathrm{R}}]-[X_{\mathrm{S}},Y_{\mathrm{S}},Z_{\mathrm{S}}]$，这里假设倾斜接收平面不会改变接收位置。在球面坐标系中，选择接收机的位置作为原点。在倾斜接收机平面前，$\boldsymbol{V}_{\mathbf{R}}$ 为[0, 0, 1]，这表示接收机指向天花板。当接收机朝向 LED 灯光旋转后，$\boldsymbol{V}_{\mathbf{R}}$ 变为 $[\sin\beta\cdot\cos\alpha,\ \sin\beta\cdot\sin\alpha,\ \cos\beta]$ $[\sin\beta\cdot\cos\alpha,\sin\beta\cdot\sin\alpha,\cos\beta]$，$\beta$ 为倾斜角[29]，等于接收机倾斜的角度。如图 3.3 所示，方位角 α 由接收机的位置和光源在桌子上的投影决定。在以接收机为原点的笛卡儿坐标系中，方位角 α 由下式给出：

$$\alpha=\begin{cases}\arctan\left(\left|(Y_{\mathrm{S}}-Y_{\mathrm{R}})/(X_{\mathrm{S}}-X_{\mathrm{R}})\right|\right) & \text{光源在第1象限投影}\\ \pi-\arctan\left(\left|(Y_{\mathrm{S}}-Y_{\mathrm{R}})/(X_{\mathrm{S}}-X_{\mathrm{R}})\right|\right) & \text{光源在第2象限投影}\\ \pi+\arctan\left(\left|(Y_{\mathrm{S}}-Y_{\mathrm{R}})/(X_{\mathrm{S}}-X_{\mathrm{R}})\right|\right) & \text{光源在第3象限投影}\\ 2\pi-\arctan\left(\left|(Y_{\mathrm{S}}-Y_{\mathrm{R}})/(X_{\mathrm{S}}-X_{\mathrm{R}})\right|\right) & \text{光源在第4象限投影}\end{cases} \tag{3.11}$$

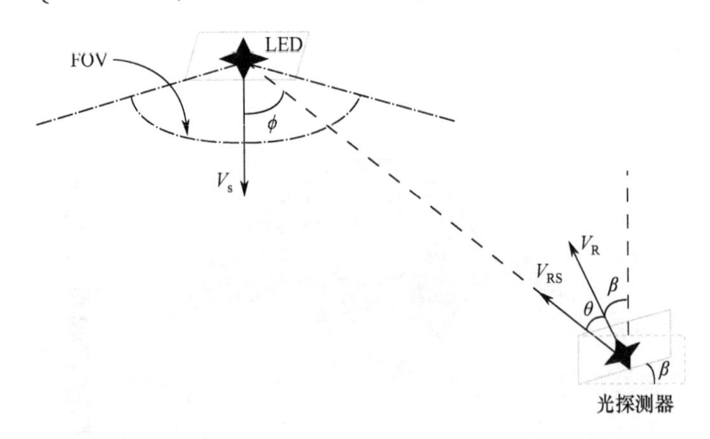

图 3.3　倾斜接收平面后的 LED 灯和光电探测器的几何结构

式（3.4）中的 $\cos\theta$ 可表示为

$$\cos\theta=\frac{(\boldsymbol{v}_{\mathbf{R}},\boldsymbol{v}_{\mathbf{RS}})}{\|\boldsymbol{v}_{\mathbf{R}}\|\cdot\|\boldsymbol{v}_{\mathbf{RS}}\|}=\frac{a\sin\beta\cos\alpha+b\sin\beta\sin\alpha+c\cos\beta}{\sqrt{a^2+b^2+c^2}} \tag{3.12}$$

将式（3.12）代入式（3.5），旋转后的信道直流增益表示为

$$f(\beta)=\frac{(m+1)\cos^m\varphi A}{2\pi d^2\sqrt{a^2+b^2+c^2}}(a\sin\beta\cos\alpha+b\sin\beta\sin\alpha+c\cos\beta)\qquad(3.13)$$

由于接收机位于桌面，因此初始倾斜角为 0°。该接收机平面倾斜可通过电机完成。当倾角增加时，$\boldsymbol{v}_{\mathbf{R}}$ 和 $\boldsymbol{v}_{\mathbf{RS}}$ 两个向量相互平行，从而接收光功率增加，直到接收光功率不再增加，电机才会停止改变倾角。

牛顿法（一种快速找到 $f(\beta)$ 最大值的算法[30]）可以用来寻找最佳倾斜角 β。通过牛顿法求出最佳倾斜角后，就可得到各个位置的最大接收光功率。图 3.4 为改进后的信噪比分布，最大信噪比保持 28.94 dB 不变，而房间每个角落的最小信噪比增加到 11.92 dB，与不倾斜接收平面的情况相比，峰谷信噪比差异改进了 5.69 dB。

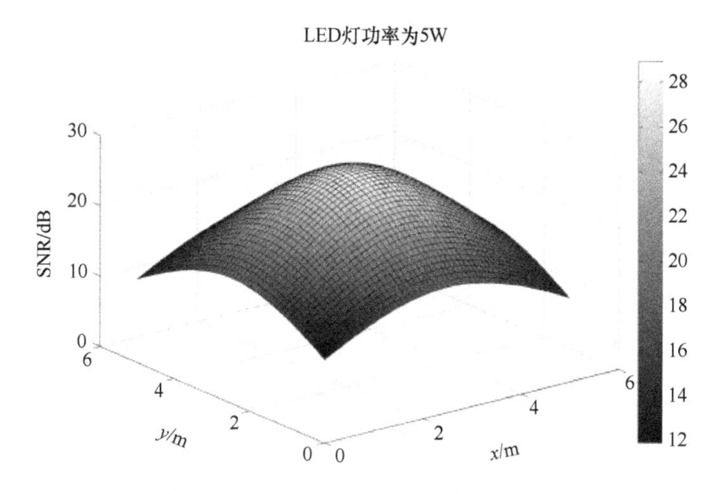

图 3.4　一个 LED 灯位于天花板的中心的单个房间中 VLC 系统倾斜接收平面后的信噪比分布

3.2.3　多 LED 系统中的接收机平面倾斜技术

为了进一步降低 SNR 的起伏，可以在接收机平面倾斜技术中使用多个 LED 灯[21]。以 4 个 LED 灯为例，分别位于天花板[1.5 m, 1.5 m, 3.0 m]，[1.5 m, 3.5 m, 3.0 m]，[3.5 m, 1.5 m, 3.0 m]，[3.5 m, 3.5 m, 3.0 m]4 个位置。

接收机接收来自 4 个 LED 灯的光信号，式（3.2）中的信道直流增益可修正如下：

$$H(0)=\sum_{i=1}^{4}\frac{(m+1)A\cos^m\varphi_i}{2\pi d_i^{\,2}}\cos\theta_i\qquad(3.14)$$

式中：下标 i 为第 i 个 LED 灯，此时 4 个 LED 灯的总发射功率保持在 5W 不

变，即将每个 LED 灯的发射功率减至 3.2.2 节所述的一个 LED 灯的 1/4。

图 3.5（a）所示为 4 个 LED 灯在不采用接收机平面倾斜技术时的 SNR 分布，最大和最小 SNR 分别为 22.72 dB 和 8.95dB。即在不倾斜接收平面的情况下，峰谷信噪比差为 13.77dB。同时还注意，在桌面 LED 灯投影的区域内，SNR 分布几乎是恒定的，因此在这个区域内不需要调整 SNR 分布[21]。

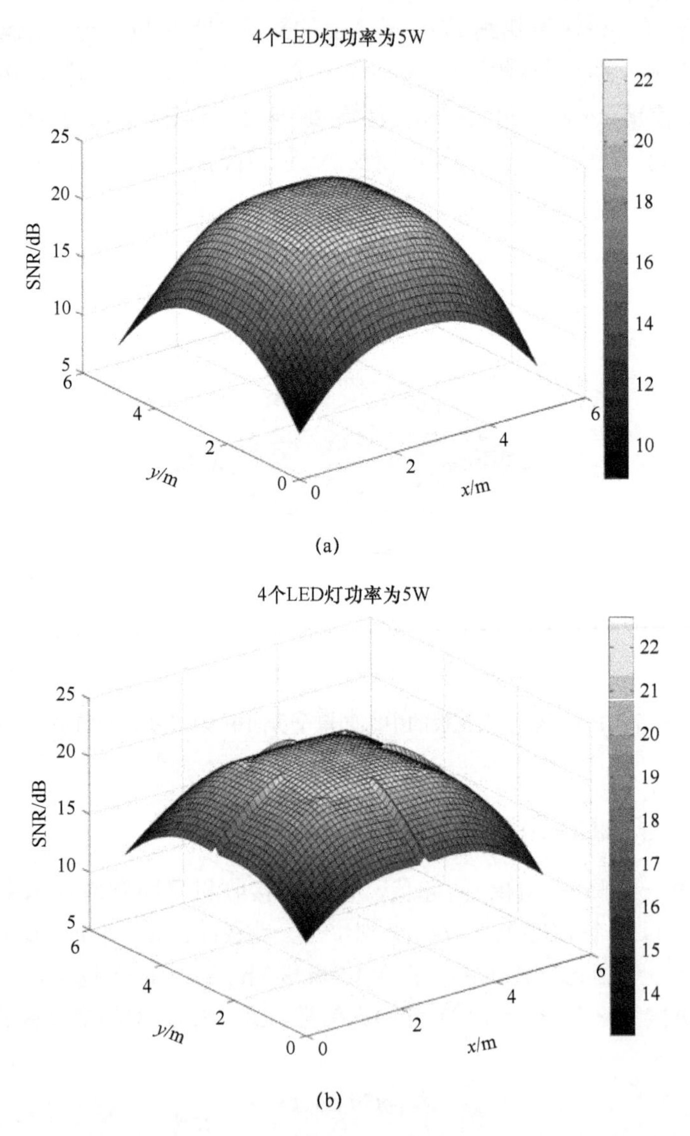

图 3.5 天花板上安装 4 个 LED 灯的单个房间中 VLC 系统的信噪比分布

（a）倾斜接收平面前；（b）倾斜接收平面后（文献[21]）。

然而，4 个 LED 灯在桌子平面外的投影区域 SNR 的变化是相当大的。在这种情况下，可以通过倾斜接收平面降低 SNR 差异，方法与一个 LED 灯的情况相同。

当接收机相对于任意两个 LED 灯不等距时，4 个 LED 灯中距它最近的一个确定了方位角 α 的大小。当接收机距两个 LED 灯相等时，它朝向它们的中间。接收机平面倾斜后得到的总信道 DC 表示为 $f(\beta)$，由下式给出，即

$$f(\beta)=\frac{(m+1)A\cos^m\varphi}{2\pi d^2\sqrt{a^2+b^2+c^2}}(a\sin\beta\cos\alpha+b\sin\beta\sin\alpha+c\cos\beta) \tag{3.15}$$

在单个 LED 灯的情况下，牛顿法可以得到最优的倾斜角 β。图 3.5（b）所示为改进后的接收机倾斜技术的 SNR 分布，最大 SNR 仍为 22.72 dB，而最小 SNR 增加到 13.09 dB。即峰谷信噪比差从 13.77 dB 降低到 9.63 dB。换句话说，峰谷信噪比差改进了 4.14 dB。在 4 个 LED 灯的情况下，研究表明牛顿算法只需要 3 个搜索步骤就能收敛到最优值[21]。

3.2.4　频谱效率

倾斜接收机平面使获得最优 SNR（分布）成为可能。每个符号的 SNR 越高，表示 BER 性能越好。如上所述，房间内的 SNR 可能变化很大，与射频无线通信类似，可以采用 M 进制正交幅度调制（M-ary Quadrature Amplitude Modulation，M-QAM）正交频分复用（Orthogonal Frequency Division Multiplexing，OFDM）等自适应高级调制格式来提高传输能力[31]。

本节讨论采用自适应 M-QAM OFDM 的单用户 VLC 系统的频谱效率。图 3.6 所示为自适应 M-QAM OFDM 的 VLC 系统框图，其中 M 的值表示信号星座中的点个数，可以根据 SNR 变化。这里假设采用红外（Infrared，IR）或另一种无线技术提供信道反馈和上行传输。

根据文献[32,33]，对 M-QAM 信号的映射采用灰色编码，得到 M-QAM OFDM 信号的误码率为

$$\mathrm{BER}\approx\frac{4}{\log_2(M)}\left(1-\frac{1}{\sqrt{M}}\right)Q\left(\sqrt{\frac{3\log_2(M)}{M-1}\frac{E_\mathrm{b}}{N_0}}\right) \tag{3.16}$$

式中：$Q(\cdot)$ 为 Q 函数。

注意，每符号 SNR（E_s/N_0）和每比特 SNR（E_b/N_0）之间的关系由 $E_\mathrm{s}/N_0=\log_2(M)\times E_\mathrm{b}/N_0$ 确定[33]。

如图 3.6 所示，当 M-QAM OFDM 光信号到达光电探测器时，通过倾斜接收平面探测功率后通过红外反馈通道将其发送回天花板上的发射机。基准 BER 设为 10^{-3}，即采用前向纠错（FEC）码可满足无差错传输的要求[34]。在低 SNR

的位置，应选择较小的 M 值以获得 10^{-3} 量级的 BER。而在高 SNR 的位置，应选择较大的 M 值，可以在保持 10^{-3} 稳定 BER 的同时，获得更高的数据传输速率。值得注意的是，在光传输中 M-QAM OFDM 信号的值需为实数（可通过应用厄米特对称实现[4]），从而导致频谱效率降低 50%[35,36]。利用式（3.16），对于给定的 M 值，可以计算出 BER 达到 10^{-3} 的 SNR 阈值，如表 3.2 所列，符号速率为 50/s。

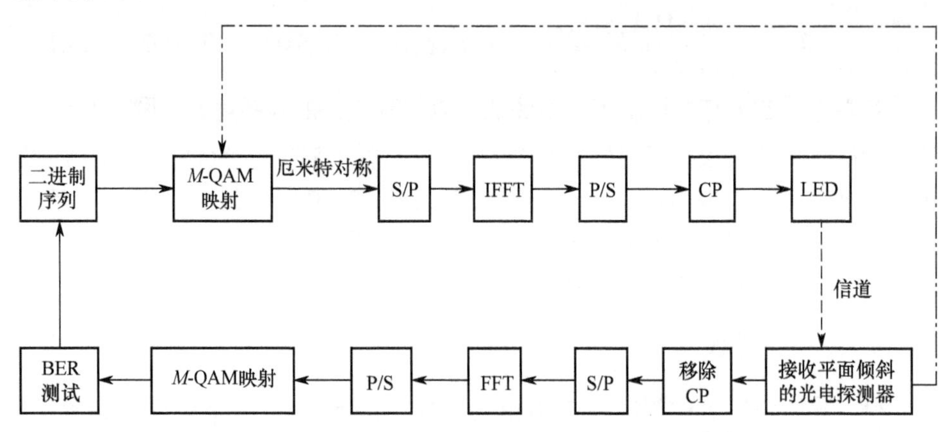

图 3.6 采用自适应 M-QAM OFDM 的 VLC 系统框图

CP：循环前缀，P/S：并行到串行，S/P：串行到并行（摘自文献[21]）

表 3.2 在 M-QAM 中不同 M 值，为达到 10^{-3}BER 而被计算的 SNR/符号阈值

在 M-QAM 中的 M 值	4	16	64	256	1024
SNR（dB）/符号阈值	9.8	16.5	22.5	28.4	34.2

设 N 为 OFDM 中使用的子载波数。假设脉冲形状为矩形，频谱效率（Spectral Efficiency，SE）以（b/s）Hz 为单位，M-QAM OFDM 信号的 SE 可以表示为[37]

$$\mathrm{SE}=\frac{1}{2}\log_2(M)\frac{N}{N+1}\approx\frac{1}{2}\log_2(M) \tag{3.17}$$

式中：$1/2$ 为由于应用厄米特对称导致的 SE 减少。在采用自适应 M-QAM OFDM 的单用户 VLC 系统中，M 值随着 SNR 的变化而变化。整个房间的平均 SE 可以表示为

$$\overline{\mathrm{SE}}=\frac{1}{2}\sum_i\log_2(M_i)p(M_i) \tag{3.18}$$

式中：$p(M_i)$ 为 M_i-QAM 的概率，可以使用房间的 SNR 分布计算获得。

图 3.7（a）和（b）分别显示了一个 LED 灯和 4 个 LED 灯配置下的平均

SE。平均 SE 值随着 LED 总功率的增大而增大。这是因为 SNR 随着 LED 总功率的增大而增大，从而增大了在自适应 M-QAM 调制中使用较大 M 值的概率。图 3.7（a）和（b）还显示了通过倾斜接收平面获得的平均 SE 提高。在一个 LED 灯的情况下，平均提高约为 0.36（b/s）Hz。当 LED 灯功率为 9W 时，最大提高 0.47（b/s）Hz。在 4 个 LED 灯的情况下，平均提高量为 0.18（b/s）Hz。当 LED 灯总功率为 19W 时，最大提高量为 0.23（b/s）Hz。

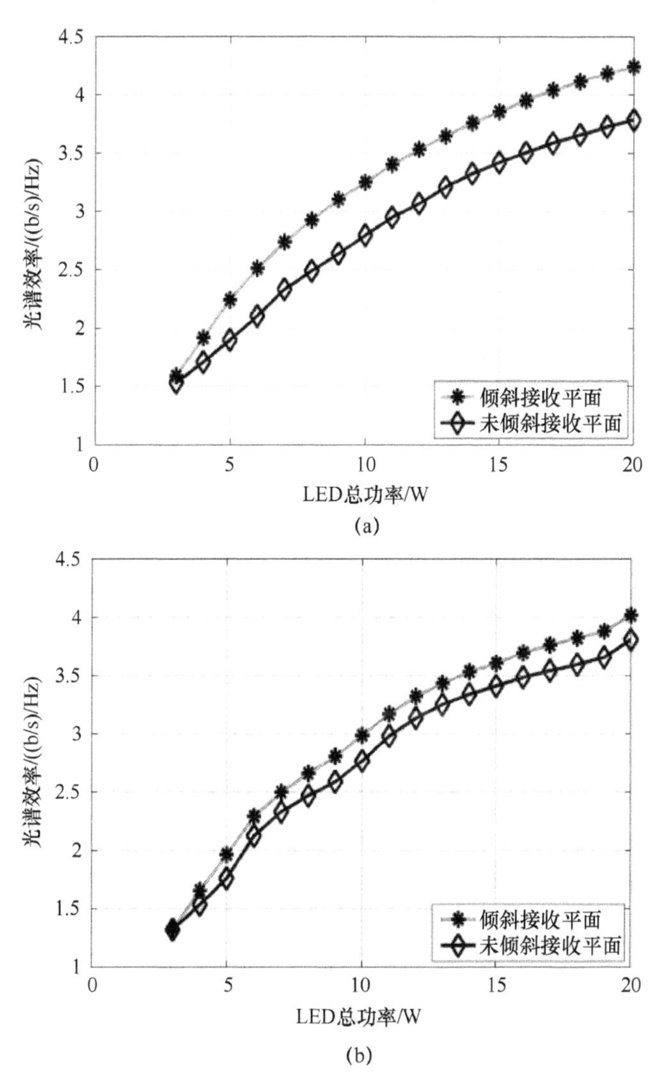

图 3.7　以下两种情况下的平均光谱效率

（a）一个 LED 灯；（b）4 个 LED 灯，倾斜和没有倾斜的接收平面。（摘自文献[21]）。

3.3 通过 LED 灯布局提高 VLC 系统的性能

对于室内 VLC 系统，在 SNR 和 BER 方面整个房间的达到同等的信号质量是非常重要的，特别是当房间里有多个用户时。如 3.2 节所讨论的，在一个典型的房间里，LED 灯通常位于天花板的中心（称为中心 LED 灯布局）。这种中心 LED 灯的布局使得不同位置的 SNR 相差很大[1,21]，整个房间接收信号的质量都有较大的影响。3.2 节分析和讨论了倾斜接收平面技术对室内 VLC 系统性能的改进。倾斜接收机平面可以在一定程度上减小 SNR 的变化，但是也会大大增加接收机设计的复杂度。本节描述了文献[22]中介绍的一种有效的 LED 灯布局，它可以显著降低 SNR 的变化，从而提高整个房间 VLC 系统的 BER 性能，并且使多个用户可以接收到几乎相同质量的信号，而不管它们的位置。

3.3.1 LED 灯阵列布局

为了验证 LED 灯布局的有效性，首先考虑这样一种情况：在天花板的中心有 16 个相同的 LED 灯，相邻 LED 灯间距为 0.2m，每个 LED 灯发光功率为 125mW，因此 16 个 LED 灯的总功率为 2W。VLC 系统的其他参数如表 3.1 所列。对房间里 100 个位置的数据进行采样，这些采样位置均匀分布在光电探测器所在的一个平面上。为了评估房间内各个位置接收到的信号的质量，引入了一个参量 Q_{SNR}，定义为

$$Q_{\mathrm{SNR}} = \frac{\overline{\mathrm{SNR}}}{2\sqrt{\mathrm{var}(\mathrm{SNR})}} \tag{3.19}$$

式中：$\overline{\mathrm{SNR}}$ 为 SNR 均值；$\mathrm{var}(\overline{\mathrm{SNR}})$ 为 SNR 方差。Q_{SNR} 值越大，说明整个房间的 SNR 分布越均匀。图 3.8（a）所示为计算出的 SNR 分布，其中最大 SNR 变化约为 14.5 dB。在这种情况下，相关的 Q_{SNR} 约为 0.5 dB，这意味着整个房间的 SNR 差异很大，信号质量与用户的位置/坐标密切相关。在计算 SNR 分布时，这里没有考虑墙壁反射或 ISI，因为 LOS 光占主导地位。将在下面 BER 性能分析中介绍。

图 3.8（a）所示的低 SNR 分布是由 LED 中心灯的布置引起的，用户在房间角落与灯之间的距离远大于用户在房间中心与灯之间的距离。

如果 LED 灯分别对称布置在天花板的中心，由于用户与灯之间的距离差

减小了[22]，会对 SNR 分布有较大的改进。在文献[22]中，为了减小 SNR 的变化，提出了一种环形灯管结构。图 3.8（b）所示为 16 个 LED 灯的 SNR 分布情况，其中 LED 灯均匀地分布在天花板上一个半径为 2.5m 的圆形上，每个灯发出的功率与 16 个中心布局的 LED 灯发光功率相同。如图 3.8（b）所示，SNR 差异从 14.5 dB 减小到 2.4 dB，Q_{SNR} 从 0.5 dB 大幅增加到 9.3 dB。这说明圆形排列提供了更好的信号质量，从而改善了通信系统，与用户的位置关系不大[22]。

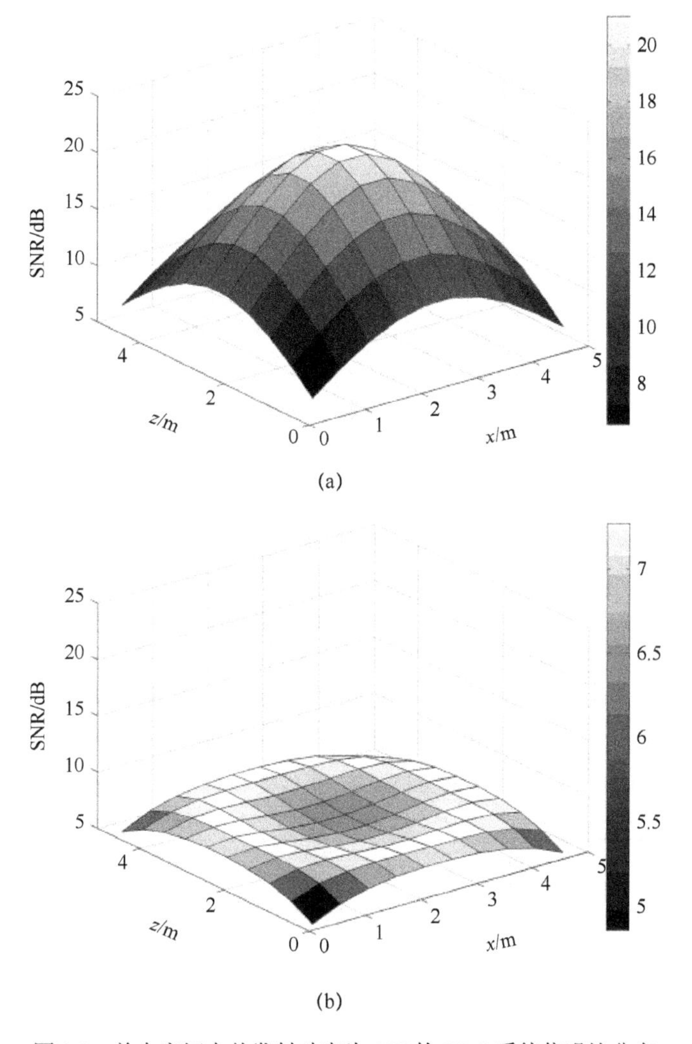

图 3.8　单个房间中总发射功率为 2W 的 VLC 系统信噪比分布

（a）16 个中心布局的 LED 灯；（b）16 个环形布局的 LED 灯。（摘自文献[22]）。

对于 LED 灯中心布局，Q_{SNR} 虽然高达 9.3 dB，4 个角落（距离相等）的 SNR 仍然是比在其他地方小，如图 3.8（b）所示。为了进一步提高 4 个角落的 SNR，新的方案是在每一个角落添加一个 LED 灯[22]。假设角落 LED 灯距离最近的墙均为 0.1 m，如图 3.9（a）所示。为了对等比较，LED 灯发光总功率仍然保持在 2W，将放置在圆内的 LED 灯数量减少到 12 个，这样 LED 灯的总数量保持不变。设 $P_{t,\text{circle}}$、$P_{t,\text{corner}}$ 分别为中心 LED 和角落 LED 灯的发射功率。通过调节 4 个角落布置的 LED 灯和 12 个均匀分布在圆上的 LED 灯的发光功率，可以使接收到的光功率 P_r 的方差最小[22]：

$$\min \operatorname{var}\left(P_{\mathrm{r}}\right)=\min E\left[\left(P_{\mathrm{r},j}-E\left(P_{\mathrm{r},j}\right)\right)^{2}\right] \tag{3.20}$$

式中：$E(\cdot)$ 为均值；$P_{\mathrm{r},j}$ 为第 j 个采样点的接收功率，可以表示为

$$P_{\mathrm{r},j}=\sum P_{t,\text{corner}} H(0)_{\text{corner}}+\sum P_{t,\text{circle}} H(0)_{\text{circle}} \tag{3.21}$$

下面，通过改变 LED 圆环的半径、角落 LED 灯与最近的墙之间的距离，得到最小的 SNR 起伏，结果如表 3.3 和表 3.4 所列。由表 3.3 可知，当角落 LED 灯与最近的墙面距离为 0.1m 时，LED 圆环的最佳半径为 2.2～2.3m，此时 Q_{SNR} 最大。由表 3.4 可知，当 LED 圆环半径为 2.2m 时，角落 LED 灯与最近的墙的最佳距离为 0.1m。此外，当每个角落 LED 灯和每个圆环上 LED 灯的功率分别为 238mW 和 87mW 时，Q_{SNR} 最大。改进后的 SNR 分布如图 3.9（b）所示，最大 SNR 差为 0.85dB，对应的 Q_{SNR} 为 12.2dB。上述结果表明，在表 3.1 中给定参数下，12 个圆环布局 LED 灯和 4 个角落布局 LED 灯，无论多用户在房间中的位置如何，都可以提供几乎相同的通信质量[22]。

表 3.3　12 个 LED 灯环布局和 4 个 LED 灯角落布局下的 SNR 和 Q_{SNR}，具有不同半径，且角落 LED 灯与最近的墙距是 0.1m [22]

半径/m	2.1	2.2	2.3	2.5
SNR 范围/dB[min，max]	[5.5, 6.4]	[5.6, 6.5]	[5.5, 6.5]	[5.3, 6.5]
Q_{SNR}/dB	12.1	12.2	12.2	11.5

表 3.4　12 个 LED 灯环布局和 4 个 LED 灯角落布局下的 SNR 和 Q_{SNR}，具有不同半径，且角落 LED 灯与最近的墙距为 2.2m [22]

距离/m	0.5	0.25	0.15	0.1
SNR 范围/dB[min，max]	[6.0, 7.4]	[5.9, 6.8]	[5.7, 6.6]	[5.6, 6.5]
Q_{SNR}/dB	10.7	11.7	12.1	12.2

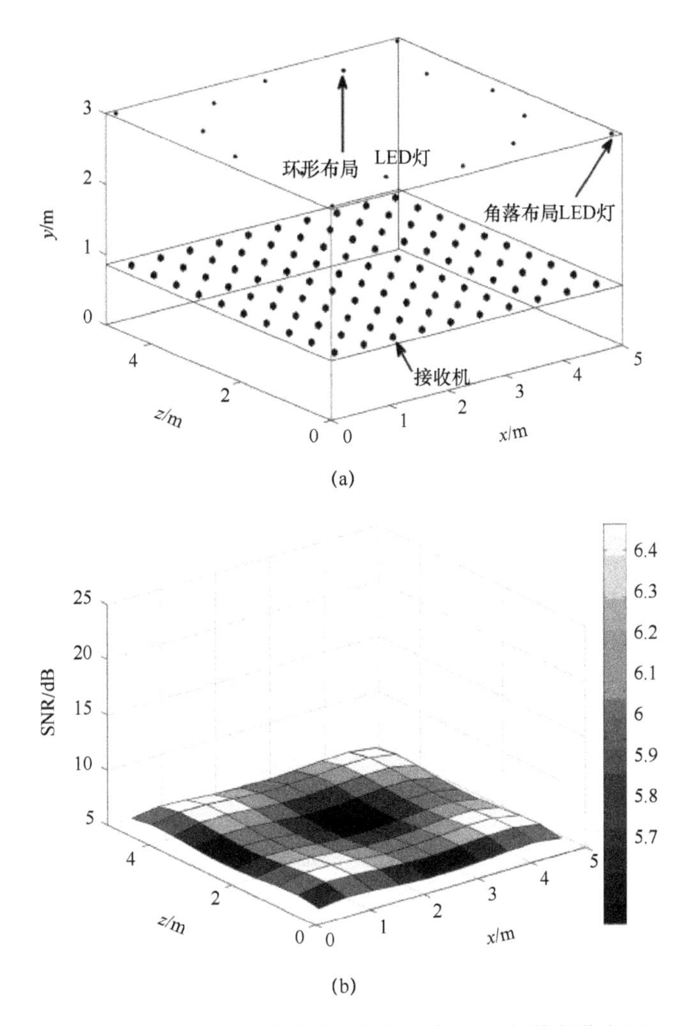

图 3.9　12 个 LED 灯的环形布局和 4 个 LED 灯的角落布局

（a）LED 灯的位置和 100 个接收机；（b）总发射功率为 2W 时的信噪比分布。（摘自文献[22]）

3.3.2　BER 性能分析

如上所述，不管用户在房间中处于什么位置，12 个圆环分布的 LED 灯和 4 个角落的 LED 灯的布局可以为用户提供几乎均匀分布的 SNR。然而，这可能会导致 ISI 的增加，因为光电探测器接收到的所有 LED 灯的信号到接收机的距离相差很大，这可能会显著降低 BER 性能。在不考虑反射的情况下，当接收机位于角落位置时[22]，12 个圆环布局的 LED 灯和 4 个角落布局的 LED 灯的最大光 TDOA 为 15.9ns；而 16 只 LED 灯位于天花板中央时，最大时间差仅为 2.34ns。在文献[22]中，对 100Mb/s 和 200Mb/s 双极 OOK 信号的 BER 性能进行了分析和评估。

本小节给出了在 12 个圆环布局 LED 灯和 4 个角落 LED 灯的布局下，100 Mb/s 双极 OOK 信号的 BER 分析。在 BER 分析中考虑了一阶反射。考虑最坏的情况下，即接收机被放置在一个位置为[0.25m, 0.25m, 0.85m]的角落，此处 ISI 是最严重的，反射率和调制指数分别为 0.7 和 0.2。

图 3.10（a）给出了 12 个圆环布局 LED 灯和 4 个角落 LED 灯的布局下接收到的比特“1”的脉冲形状（图 3.9（a））。如图 3.10（a）所示，接收到的比特“1”的持续时间超过 30 ns，超过比特周期 $T=$ 10 ns 3 倍。设 $h=[1 \quad a_1 \quad \cdots \quad a_k]$ 为归一化信道冲激响应。需要注意的是，$a_i\left(i=1,2,\cdots,k\right)$ 表示从当前比特到后续第 i 个比特的 ISI 贡献。设 I_m 为当前接收的比特，其幅度为 $\pm\sqrt{E_\text{b}}$，$I_{m-1},\cdots,I_{m-k}$ 为之前接收的 k 个比特。考虑到前 k 个比特的 ISI，当前接收信号 y_m 可表示为

$$y_m = I_m + \sum_{i=1}^{k} a_i I_{m-i} + n \tag{3.22}$$

式中：n 为加性高斯白噪声（Additive White Gaussian Noise，AWGN）；功率谱密度为 $N_0/2$。

设 $P\left(e\middle|I_m=\sqrt{E_\text{b}}\right)$ 为当前接收比特为“1”时的条件错误概率，$\sqrt{E_\text{b}}$ 为振幅，则 $P\left(e\middle|I_m=\sqrt{E_\text{b}}\right)$ 可以表示为[32]

$$P\left(e \mid I_m=\sqrt{E_\text{b}}\right)=\sum P\left(I_{m-1},\cdots,I_{m-k}\right)P\left(e \mid I_m=\sqrt{E_\text{b}},I_{m-1},\cdots,I_{m-k}\right) \tag{3.23}$$

式中：$I_{m-1},\cdots,I_{m-k}$ 为前面接收到的 k 个比特的组合，$I_{m-i}\left(i=1,2,\cdots,k\right)=\pm\sqrt{E_\text{b}}$，即之前接收到的 k 个比特的每一位都是 1 或 0。

注意，对于双极 OOK 信号，比特 0 映射为−1。$P\left(I_{m-1},\cdots,I_{m-k}\right)$ 为该组合的概率。$P\left(e\middle|I_m=\sqrt{E_\text{b}},I_{m-1},\cdots,I_{m-k}\right)$ 为当前接收位为 1 且出现前 k 个比特组合之一时的条件错误概率。例如，当前面所有 k 个接收比特和当前接收比特都为 1 时，式（3.23）中的条件错误概率为

$$\begin{aligned}
&P\left(e \mid I_m=\sqrt{E_\text{b}},I_{m-1}=I_{m-2}=\cdots=I_{m-k}=\sqrt{E_\text{b}}\right)\\
&=P\left(y_m<0 \mid I_m=I_{m-1}=I_{m-2}=\cdots=\sqrt{E_\text{b}}\right)\\
&=P\left(y_m=\sqrt{E_\text{b}}\left(1+\sum_{i=1}^{k}a_i\right)+n<0\right)\\
&=P\left(n<-\left(1+\sum_{i=1}^{k}a_i\right)\sqrt{E_\text{b}}\right)\\
&=Q\left(\left(1+\sum_{i=1}^{k}a_i\right)\sqrt{2E_\text{b}/N_0}\right)
\end{aligned} \tag{3.24}$$

式中：$Q(\cdot)$为Q函数。因为 1 和 0 出现的概率是相等的，所以总的条件错误概率为

$$\begin{aligned} P(e) &= P\left(I_m=\sqrt{E_\mathrm{b}}\right)P\left(e\,|\,I_m=\sqrt{E_\mathrm{b}}\right)+P\left(I_m=-\sqrt{E_\mathrm{b}}\right)P\left(e\,|\,I_m=-\sqrt{E_\mathrm{b}}\right) \\ &= P\left(e\,|\,I_m=\sqrt{E_\mathrm{b}}\right) \\ &= \sum P\left(I_{m-1},\cdots,I_{m-k}\right)P\left(e\,|\,I_m=\sqrt{E_\mathrm{b}},I_{m-1},\cdots,I_{m-k}\right) \end{aligned} \tag{3.25}$$

由于前k个比特造成 ISI，在不采用均衡接收技术情况下，BER 性能将显著劣化。目前，提出了几种信号均衡技术来减轻 ISI[32]。文献[32,38]提出使用时域迫零（Zero-Forcing，ZF）均衡来抑制 ISI。设$\{c_n\}$为 ZF 均衡器的系数，$\{q_n\}$为均衡器的输出。即$\{q_n\}$为$\{c_n\}$与信道冲激响应h的卷积，在理想情况下，$\{q_n\}$可表示为

$$q_n=\sum_{m=-\infty}^{\infty}C_m h_{n-m}=\begin{cases}1 & (n=0)\\ 0 & (n\neq 0)\end{cases} \tag{3.26}$$

对于抽头个数有限的非理想均衡器，当$n\neq 0$时，$q_n\neq 0$，即存在残余 ISI。用$\{q_n\}$替换式（3.22）中的$h=\begin{bmatrix}1 & a_1 & \dots & a_k\end{bmatrix}$，将$y_m$代入式（3.25），得到了时域 ZF 均衡后提高的 BER 性能。

图 3.10（b）所示为理论分析和蒙特卡罗（Monte-Carlo，MC）仿真在 ZF 均衡和不均衡情况下的 BER 性能。理论计算结果与仿真结果吻合较好（图中完全重叠）；采用 ZF 均衡后，BER 有了明显的改善。例如，在没有 ZF 均衡的情况下，实现5×10^{-4}的 BER 所需的 LED 灯发光总功率为 6.2W；而在 ZF 均衡的情况下，所需的 LED 灯发光总功率为 3.0 W。因此，ZF 均衡在降低功耗方面提供了 3.2 dB 的改进。同时，ZF 均衡后的 BER 性能与没有 ISI 时基本相同

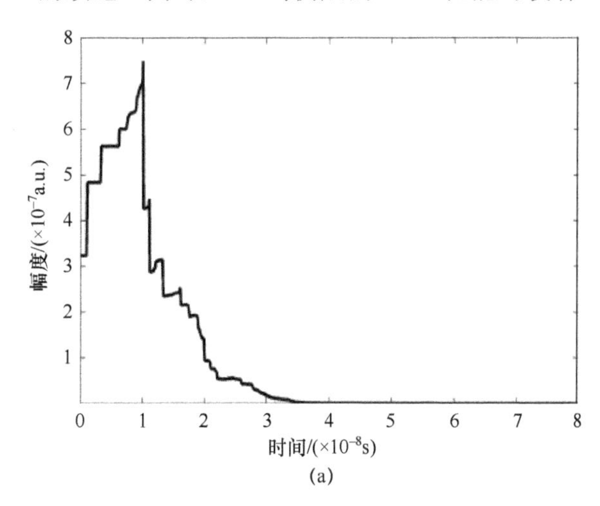

(a)

（两条曲线完全重叠）。这意味着可以通过 ZF 均衡完全缓解 ISI。通过应用 FEC 编码，可以在此 BER 条件下实现无差错传输。

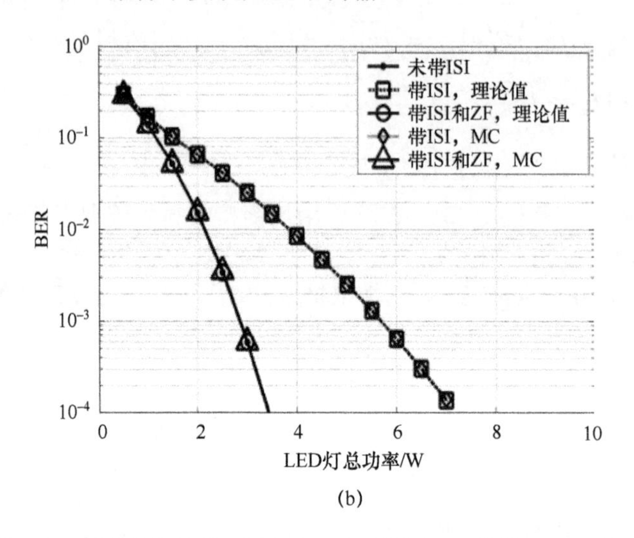

(b)

图 3.10 接收机位于角落时 100 Mb/s 双极 OOK 信号的 BER 性能

（a）带 ISI 时接收位“1”的脉冲形状；（b）当 LED 灯发光总功率为 2W 时，带 ZF 均衡和不带 ZF 均衡的 BER。（摘自文献[22]）

3.3.3 信道容量分析

对于噪声信道，信道容量定义为信道的输入和输出在输入分布上的最大互信息量[38]。对于一个离散输入连续输出的 VLC 信道，信道容量可表示为

$$\begin{aligned}C &= \max_{P_X(\cdot)} I(X;Y) \\ &= \max_{P_X(\cdot)} \sum_{x\in X} P_X(x)\int_{-\infty}^{\infty} f_{Y|X}(y\,|\,x)\log_2 \frac{f_{Y|X}(y\,|\,x)}{f_Y(y)}\mathrm{d}y\end{aligned} \tag{3.27}$$

式中：$P_X(\cdot)$ 为输入分布；x 为集合 X 的离散输入符号；$f_Y(y)$ 为连续输出信号 y 的概率密度函数；$f_{Y|X}(y|x)$ 为给定的输入信号 x 时 y 的条件概率密度函数。

假设输入离散信号是一个双极性的 OOK 信号，则 $f_{Y|X}(y|x)$ 可表示为

$$\begin{cases} f_{Y|X}(y\,|\,x=-1) = \dfrac{1}{\sqrt{2\pi}\sigma_N}\exp\left(-\dfrac{(y+1)^2}{2\sigma_N^2}\right) \\ f_{Y|X}(y\,|\,x=+1) = \dfrac{1}{\sqrt{2\pi}\sigma_N}\exp\left(-\dfrac{(y-1)^2}{2\sigma_N^2}\right) \end{cases} \tag{3.28}$$

式中：σ_N^2 为噪声方差。考虑到 3.3.2 节讨论的 ISI，式（3.28）中的条件概率密

度函数可以表示为

$$
\begin{aligned}
& f_{Y|X}\left(y_m \mid x_m\right) \\
& =\sum P\left(x_{m-1},\cdots,x_{m-k}\right) f_{Y|X}\left(y_m \mid x_m, x_{m-1},\cdots,x_{m-k}\right) \\
& =\sum \frac{P\left(x_{m-1},\cdots,x_{m-k}\right)}{\sqrt{2\pi}\sigma_N} \exp\left(-\frac{\left(y-\left[x_m, x_{m-1},\cdots,x_{m-k}\right]\left[1, a_1,\cdots,a_k\right]'\right)^2}{2\sigma_N^2}\right)
\end{aligned}
\tag{3.29}
$$

式中：$h=\left[1 \quad a_1 \quad \ldots \quad a_k\right]$为信道冲激响应；$x_m$ 为当前传输比特，$x_{m-1},\cdots,x_{m-k}$ 为前 k 个传输比特。将式（3.29）代入式（3.27），可以计算出 VLC 系统中 ISI 影响下的双极性 OOK 信号的信道容量。

图 3.11 显示了在 12 个圆环布局 LED 灯和 4 个角落 LED 灯的布置下，在 ZF 均衡和不均衡的情况下，100 Mb/s 双极 OOK 信号在不同 LED 灯发光总功率时的信道容量。如图 3.11 所示，ZF 均衡显著提高了信道容量。ZF 均衡最大信道容量提高了 0.17bit/符号，此时 LED 灯发光总功率为 2W。从图中还可以看出，在 ZF 均衡的情况下，信道容量与没有 ISI 的信道容量基本相同。作为参考，香农容量也如图 3.11 所示。

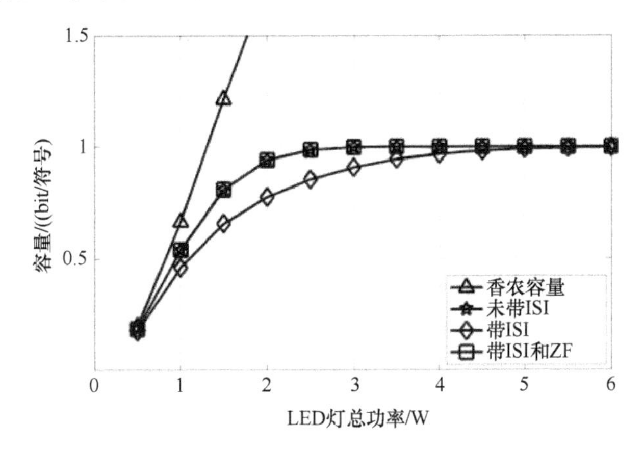

图 3.11　12 个 LED 环形布局和 4 个 LED 灯角落布局时 100 Mb/s 双极 OOK 信号的信道容量（摘自文献[22]）

3.4　可调光控制技术及其在 VLC 系统中的性能分析

照明和通信是 VLC 系统中 LED 灯的两大主要功能。LED 灯的亮度需要根据用户的要求和舒适度进行调节。此外，调节 LED 灯的亮度有助于节能[39]。PWM 作为一种调光控制技术被广泛应用[39,40]，该技术可以在不改变 LED 灯的电流的情况下，通过调节 PWM 信号占空比来改变 LED 灯的亮度[20]。

如图 3.12（a）所示，LED 灯的电流由一个 PWM 信号调制，通过改变整个周期的“开”的持续时间来控制其亮度。因此，可以在 PWM 信号的整个周期内进行调光。数据只调制到“开”的时间，在“关”的时间无数据传输，如图 3.12（b）所示。由于 LED 灯的电流保持不变，LED 灯的亮度随着 PWM 调光控制信号而改变，调光控制信号用于调整“开”的持续时间，“开”的时间只是整个周期的一小部分。

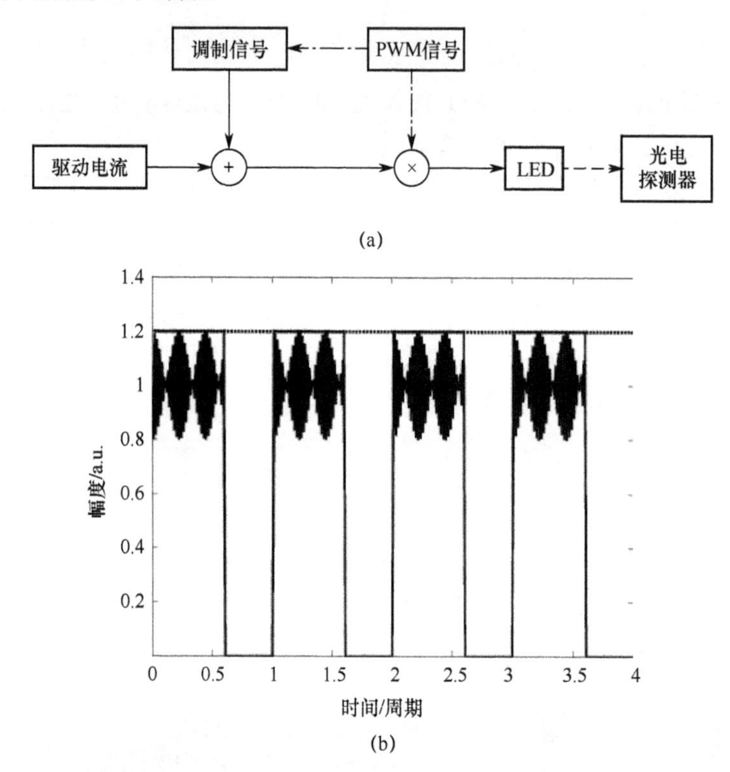

图 3.12 （a）调光控制；（b）调光控制信号波形，信号占空比为 0.6。（摘自文献[20]）。

当 PWM 信号占空比设置为 1 时，LED 灯发出所有的光，得到的光亮度最高。当占空比降低时，“关”持续时间内的 LED 灯不发光，实现了在 PWM 信号的整个过程中对 LED 灯进行调光。值得一提的是，需要较高的 PWM 信号频率，通常要高于 200Hz[41]，否则会引起光源闪烁，对人们的健康将产生不利的影响[42]。

3.4.1 可调光控制下的双极性 OOK 信号

如上所述，与没有调光控制的情况相比，采用调光控制可以减少一个 PWM 调光控制信号周期（T）内的数据传输时间。虽然对于给定的调制格式，PWM 调光控制信号“开”周期的 BER 性能没有改变，但整个 PWM 周期的传输比特数会减少，实际上降低了平均数据传输速率。为了解决这个问题，在 LED 灯调光的同时，需要相应提高数据传输速率，使传输的比特数保持不变。即需要满足下式条件：

$$R_1TD = R_0T \tag{3.30}$$

式中：R 为双极性 OOK 信号的比特率；D 为 PWM 调光控制信号占空比。式（3.30）中的下标“0”和“1”分别对应无调光控制和有调光控制的情况。调光控制下的自适应数据传输速率如图 3.13（a）所示，在接下来的分析中，假设没有调光控制的 OOK 信号的原始数据传输速率 R_0 为 10 Mb/s。如图 3.13（a）所示，在调光控制下，自适应数据传输速率与 PWM 调光控制信号占空比成反比，使数据传输速率不变。因此，自适应数据传输速率 R_1 高于原始数据传输速率 R_0，并且随着占空比的减小而增大。如当占空比为 0.1 时，自适应数据传输速率将是原始数据传输速率的 10 倍，这将使系统难以在原始电路上实现[20]。

根据文献[43]，双极性 OOK 信号的 BER 性能可表示为

$$\mathrm{BER} = Q(\sqrt{2\mathrm{SNR}}) \tag{3.31}$$

式中：$Q(\cdot)$ 为 Q 函数。

如上所述，改变占空比时信号功率保持不变；然而，当占空比减小时，噪声功率随着数据传输速率的增大而增大，这就降低了式（3.31）中 BER 性能。在调光控制下，采用 FEC 编码可以保证小于 10^{-3} 的 BER 达到无差错传输[34]。将式（3.7）代入式（3.31），得到

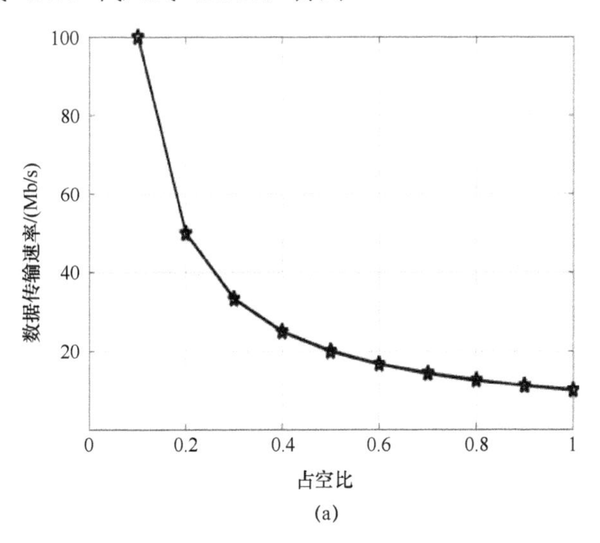

(a)

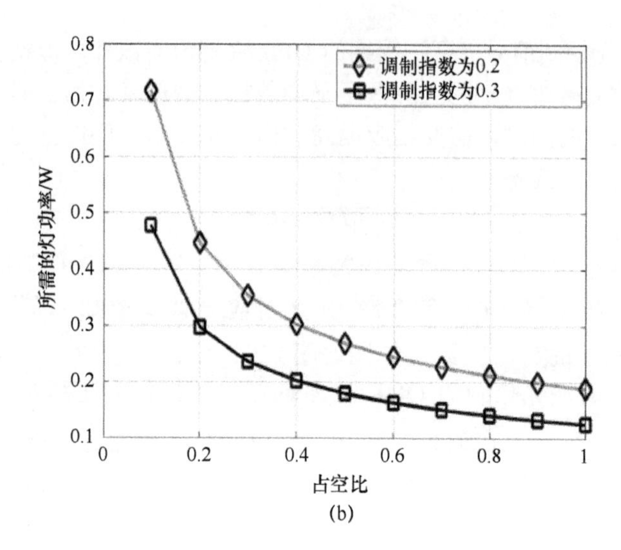

(b)

图 3.13 （a）不同占空比下的自适应数据传输速率；（b）不同占空比下，不采用调光控制的 OOK VLC 系统中获得 10^{-3} 的 BER 性能所需的 LED 灯发光功率。（摘自文献[20]）

$$\mathrm{BER} = Q(\sqrt{2\mathrm{SNR}}) = Q\left(\frac{\sqrt{2}RH(0)P_{\mathrm{t}}M_{\mathrm{I}}}{\sigma(P_{\mathrm{t}})}\right) \tag{3.32}$$

式中：双极性 OOK 信号的平均功率 $\overline{f(t)^2}$ 是归一化的，噪声方差 σ^2 与总的接收光功率 P_{r} 有关，P_{r} 受发射光功率 P_{t} 的限制。解式（3.32），可以得到没有调光控制时 BER 达到 10^{-3} 所需的 LED 灯发光功率，当 LED 灯和接收机位置固定时，与调制指数 M_{I} 和噪声方差 σ^2 有关。

在下面的场景中，假设 LED 灯和接收机的位置分别为[2.5 m, 2.5 m, 3.0 m]和[3.75 m, 1.25 m, 0.85 m]。此外，假设照度与 LED 灯的驱动电流成正比。需要注意，同样在调光控制下，实现 10^{-3} 的 BER 所需的 LED 灯发光功率应该保持不变[20]。图 3.13（b）给出了在不使用调光控制的情况下实现 10^{-3}BER 采用不同占空比时所需的 LED 灯的发光功率。当占空比由 1 变化至 0.3 时，即 LED 灯的照度降低到初始照度的 30%，当调制指数分别为 0.2 和 0.3 时，不进行调光控制时所需的 LED 灯的发光功率分别缓慢增加到 0.35 W 和 0.24 W。但是，随着占空比从 0.3 进一步降低到 0.1，即 LED 灯的照度仅为初始照度的 10%，当调制指数为 0.2 时，不进行调光控制所需的 LED 灯的发光功率从 0.35W 急剧增加到 0.72W；当调制指数为 0.3 时，所需发光功率从 0.24W 增加到 0.48W。由于 LED 灯的发光功率在调光控制时必须保持不变，为了在整个占空比范围（0.1～1）内达到 10^{-3} 的 BER，所需的 LED 灯的发光功率在调制指数为 0.2 时应设置为 0.72W，在调制指数为 0.3 时应设置为 0.48W。这样，在采用调光控制的同时，LED 灯的发光功率保持恒定，保证了平均数据传输速率和 10^{-3} 的 BER。上述结果表明，在一个采用调光控制的 OOK VLC 系统，数据传输速率和 LED 灯的发光功率都需要显著增大，才能在整个占空比范围（0.1～1）保证满足 BER 要求的通信质量需求。

3.4.2　可调光控制下的自适应 *M*-QAM OFDM 信号

本小节分析讨论了自适应 *M*-QAM OFDM 信号在调光控制下的性能，其中 M 表示信号星座中的点个数[44]。由于 *M*-QAM 信号的一个符号携带 $\log_2(M)$ 个比特，因此当使用更高级别的 *M*-QAM 时，可以通过增加符号速率或 M 的值保持传输的总比特数不变。设 M_0 为信号星座的初始点个数，M_1 为信号星座的自适应点个数，则

$$\log_2(M_1)R_1TD=\log_2(M_0)R_0T$$

$$R_1=\frac{\log_2(M_0)R_0}{\log_2(M_1)D} \tag{3.33}$$

式中：R_0 为无调光控制的 *M*-QAM 信号的原始码率；R_1 为有调光控制的 *M*-QAM 信号的自适应码率。

这里，假设 R_0 为 10M 符号/s。将式（3.8）中每个符号的 SNR 代入式（3.16），得到 *M*-QAM 信号不加调光控制的 BER 性能为

$$\mathrm{BER}\approx\frac{4}{\log_2(M)}\left(1-\frac{1}{\sqrt{M}}\right)Q\left(\sqrt{\frac{3}{M-1}\frac{\left(RH(0)P_tM_I\right)^2}{\sigma^2(P_t)}}\right) \tag{3.34}$$

式中：*M*-QAM 信号的平均功率 $\overline{f(t)^2}$ 也是归一化的。求解式（3.34），得到了在不对 *M*-QAM 信号进行调光控制的情况下，实现 10^{-3} 的 BER 所需的 LED 灯发光功率。注意，当 OFDM 应用于 VLC 系统时，由于应用了厄米特对称，带宽应该至少是符号速率的 2 倍。此外，式（3.16）和式（3.34）为矩形星座 *M*-QAM 的 BER 性能。对于非矩形星座的 *M*-QAM 利用 MC 仿真可以得到 BER 达到 10^{-3} 时每符号的 SNR 阈值。

根据式（3.33）和式（3.34），可以计算出不同占空比下 R_1 和 M_1 的值。表 3.5 为自适应调光 *M*-QAM 的 M_1 与占空比关系。正如预期的那样，M_1 的值随着占空比的减少而增加。图 3.14（a）所示为自适应码率 R_1 与占空比之间的关系。当占空比小于 0.3 时，自适应符号速率必须大幅提高才能满足通信质量的要求。当占空比为 0.1 时，最高的自适应率是原始符号速率的 2.5 倍，这与占空比为 0.4 时的 OOK 信号速率是一样的，如图 3.13（a）所示。因此，与

OOK 信号相比，*M*-QAM OFDM 信号符号速率的增长是减弱的。

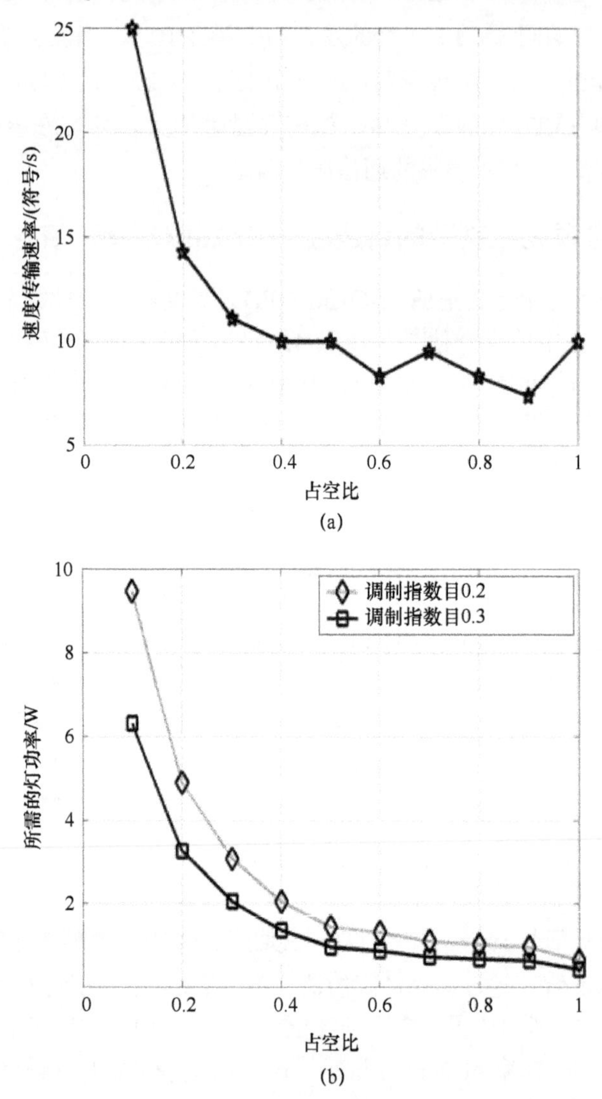

图 3.14 （a）不同占空比下的 *M*-QAM 信号自适应数据传输速率；（b）不同占空比下，不采用调光控制获得 10^{-3} 的 BER 性能所需的 LED 灯的发光功率。

图 3.14（b）所示为所需 LED 灯的发光功率与占空比的关系。当占空比大于 0.4 时，所需的 LED 灯的发光功率随着占空比的减小而缓慢增加。当占空比为 0.9 时，当调制指数分别为 0.2 和 0.3 时，不进行调光控制时所需的 LED 灯的发光功率分别为 0.97 W 和 0.65 W，大于占空比为 0.1 的 OOK 信号所需的 LED 灯的发光功率。然而，当占空比降低到 0.4 以下时，所需的 LED 灯的发

光功率迅速增加。当占空比为 0.1 时，*M*-QAM OFDM 信号在 0.2 和 0.3 的调制指数下所需要的 LED 灯的发光功率分别为 9.5 W 和 6.3 W，是 OOK 信号相应 LED 灯的发光功率的 13 倍以上。因此，当占空比大于 0.4 时，与调光控制相配合，自适应的发光 *M*-QAM OFDM 信号仍然是一个不错的选择。因为不采用调光控制所需的 LED 灯的发光功率约为 2W，自适应数据传输速率不大于原来的数据传输速率。

3.5 小　结

本章介绍了 3 种近期研究的提高 VLC 系统性能的方法。3.2 节讨论了一种减小房间内信噪比波动的接收机平面倾斜技术。该方案对 1 个 LED 灯和 4 个 LED 灯的峰谷 SNR 性能分别提高了 5.69 dB 和 4.14 dB。相应的最大频谱效率提高分别为 0.47（b/s）Hz 和 0.23（b/s）Hz。3.3 节描述了一种提高 SNR 和 BER 性能的 LED 灯布局技术。结果表明，将 12 个 LED 灯布置成圆环，将 4 个 LED 灯布置在墙角，可以获得比其他布局方式更好的性能。通过应用时域迫零均衡技术，这种 LED 灯的安排能够为整个房间在不同的位置的所有用户提供几乎相同的以 SNR 和 BER 衡量的通信质量。在 3.4 节中，讨论了可调光控制技术下的 VLC 系统在 OOK 和 *M*-QAM OFDM 两种不同调制格式下的性能。结果表明，当原始数据传输速率为 10Mb/s 时，OOK 信号的自适应数据传输速率始终大于原始数据传输速率，而所需 LED 灯的发光功率小于 1W。当占空比大于 0.4 时，*M*-QAM OFDM 信号的自适应数据传输速率不大于原始数据传输速率，但不进行调光控制所需的 LED 灯的发光功率总是大于 OOK 信号所需的发光功率。

参 考 文 献

[1] T. Komine and M. Nakagawa, “Fundamental analysis for visible-light communication system using LED lights,” IEEE Transactions on Consumer Electronics, 50, 100–107, 2004.

[2] D. C. O’Brien, G. Faulkner, K. Jim, et al., “High-speed integrated transceivers for optical wireless,” IEEE Communications Magazine, 41, 58–62, 2003.

[3] J. Vucic, C. Kottke, K. Habel, and K. D. Langer, “803 Mb/s visible lightWDMlink based on DMT modulation of a single RGB LED luminary,” in Optical Fiber Communication/National Fiber Optic Engineers Conference (OFC/NFOEC), 2011, pp. 1–3.

[4] H. Elgala, R. Mesleh, and H. Haas, “Indoor broadcasting via white LEDs and OFDM,” IEEE Transactions on

Consumer Electronics, 55, 1127–1134, 2009.

[5] J. M. Kahn and J. R. Barry, "Wireless infrared communications," IEEE Proceedings, 85, 265–298, 1997.

[6] K. D. Langer and J. Grubor, "Recent developments in optical wireless communications using infrared and visible light," in International Conference on Transparent Optical Networks (ICTON), 2007, pp. 146–151.

[7] S. Hann, J.-H. Kim, S.-Y. Jung, and C.-S. Park, "White LED ceiling lights positioning systems for optical wireless indoor applications," in European Conference and Exhibition on Optical Communication (ECOC), 2010, pp. 1–3.

[8] L. Zeng, D. O'Brien, L.-M. Hoa, et al., "Improvement of data rate by using equalization in an indoor visible light communication system," in International Conference on Circuits and Systems for Communications (ICCSC), 2008, pp. 678–682.

[9] G. Ntogari, T. Kamalakis, and T. Sphicopoulos, "Performance analysis of space time block coding techniques for indoor optical wireless systems," IEEE Journal on Selected Areas in Communications, 27, 1545–1552, 2009.

[10] D. Bykhovsky and S. Arnon, "An experimental comparison of different bit-and-powerallocation algorithms for DCO-OFDM," Journal of Lightwave Technology, 32, 1559–1564, 2014.

[11] D. Bykhovsky and S. Arnon, "Multiple access resource allocation in visible light communication systems," Journal of Lightwave Technology, 32, 1594–1600, 2014.

[12] G. Cossu, A. M. Khalid, P. Choudhury, R. Corsini, and E. Ciaramella, "3.4 Gb/s visible optical wireless transmission based on RGB LED," Optics Express, 20, B501–B506, 2012.

[13] D. Tsonev, H. Chun, S. Rajbhandari, et al., "A 3-Gb/s single-LED OFDM-based wireless VLC link using a gallium nitride μLED," IEEE Photonics Technology Letters, 26, 637–640, 2014.

[14] T. Fath, M. Di Renzo, and H. Haas, "On the performance of space shift keying for optical wireless communications," in IEEE GLOBECOM Workshops (GC Wkshps), 2010, pp. 990– 994.

[15] R. Mesleh, R. Mehmood, H. Elgala, and H. Haas, "Indoor MIMO optical wireless communication using spatial modulation," in IEEE International Conference on Communications (ICC), 2010, pp. 1–5.

[16] R. Mesleh, H. Elgala, and H. Haas, "Optical spatial modulation," IEEE/OSA Journal of Optical Communications and Networking, 3, 234–244, 2011.

[17] T. Fath and H. Haas, "Performance comparison of MIMO techniques for optical wireless communications in indoor environments," IEEE Transactions on Communications, 61, 733–742, 2013.

[18] http://www.ted.com/talks/harald_haas_wireless_data_from_every_light_bulb.html.

[19] J. Chen, C. Yu, Z. Wang, J. Shen, and Y. Li, "Indoor optical wireless integrated with white LED lighting: Perspective & challenge," in 10th International Conference on Optical Communications and Networks (ICOCN), 2011, pp. 1–2.

[20] Z.Wang,W. D. Zhong, C. Yu, et al., "Performance of dimming control scheme in visible light communication system," Optics Express, 20, 18861–18868, 2012.

[21] Z. Wang, C. Yu, W.D. Zhong, and J. Chen, "Performance improvement by tilting receiver plane in M-QAM OFDM visible light communications," Optics Express, 19, 13418–13427, 2011.

[22] Z. Wang, C. Yu, W.D. Zhong, J. Chen, and W. Chen, “Performance of a novel LED lamp arrangement to reduce SNR fluctuation for multi-user visible light communication systems,” Optics Express, 20, 4564–4573, 2012.

[23] Z. Wang, W. D. Zhong, C. Yu, and J. Chen, “A novel LED arrangement to reduce SNR fluctuation for multi-users in visible light communication systems,” in 8th International Conference on Information, Communications and Signal Processing (ICICS), 2011, pp. 1–4.

[24] Z. Wang, C. Yu, W.D. Zhong, J. Chen, and W. Chen, “Performance of variable M-QAM OFDM visible light communication system with dimming control,” in 17th Opto-Electronics and Communications Conference (OECC), 2012, pp. 741–742.

[25] Z. Wang, J. Chen, W. D. Zhong, C. Yu, and W. Chen, “User-oriented visible light communication system with dimming control scheme,” in 11th International Conference on Optical Communications and Networks (ICOCN), 2012, pp. 1–4.

[26] H. Kressel, Semiconductor Devices for Optical Communication, Springer-Verlag, 1982.

[27] J. R. Barry, Wireless Infrared Communications, Kluwer Academic Publishers, 2006.

[28] I. Neokosmidis, T. Kamalakis, J.W. Walewski, B. Inan, and T. Sphicopoulos, “Impact of nonlinear LED transfer function on discrete multitone modulation: Analytical approach,” IEEE Journal of Lightwave Technology, 27, 4970–4978, 2009.

[29] C. H. Edwards and D. E. Penney, Calculus, Prentice Hall, 2002.

[30] M. T. Heath, Scientific Computing – An Introductory Survey, McGraw-Hill, 2002.

[31] A. Svensson, “An introduction to adaptive QAM modulation schemes for known and predicted channels,” IEEE Proceedings, 95, 2322–2336, 2007.

[32] J. Proakis, Digital Communications, 3rd ed., McGraw-Hill, 1995.

[33] F. Xiong, Digital Modulation Techniques, 2nd ed., Artech House, 2006.

[34] R. J. Essiambre, G. Kramer, P. J. Winzer, G. J. Foschini, and B. Goebel, “Capacity limits of optical fiber networks,” IEEE Journal of Lightwave Technology, 28, 662–701, 2010.

[35] M. Z. Afgani, H. Haas, H. Elgala, and D. Knipp, “Visible light communication using OFDM,” in International Conference on Testbeds and Research Infrastructures for the Development of Networks and Communities (TRIDENTCOM), 2006, pp. 6–134.

[36] J. Armstrong, “OFDM for optical communications,” IEEE Journal of Lightwave Technology, 27, 189–204, 2009.

[37] U. S. Jha and R. Prasad, OFDM towards Fixed and Mobile Broadband Wireless Access, Artech House, 2007.

[38] A. Goldsmith, Wireless Communications, Cambridge University Press, 2005.

[39] H. Sugiyama, S. Haruyama, and M. Nakagawa, “Brightness control methods for illumination and visible-light communication systems,” in 3rd International Conference on Wireless and Mobile Communications (ICWMC), 2007, pp. 78–83.

[40] J.-H. Choi, E.-B. Cho, T.-G. Kang, and C. G. Lee, “Pulse width modulation based signal format for visible light communications,” in 15th Opto-Electronics and Communications Conference (OECC), 2010, pp. 276–277.

[41] S. Rajagopal, R. D. Roberts, and S.-K. Lim, "IEEE 802.15.7 visible light communication: Modulation schemes and dimming support," IEEE Communications Magazine, 50, 72–82, 2012.

[42] G. Ntogari, T. Kamalakis, J. Walewski, and T. Sphicopoulos, "Combining illumination dimming based on pulse-width modulation with visible-light communications based on discrete multitone," IEEE/OSA Journal of Optical Communications and Networking, 3, 56–65, 2011.

[43] J. Proakis and M. Salehi, Contemporary Communication Systems Using MATLAB, PWS Pub., 1998.

[44] A. J. Goldsmith and S.-G. Chua, "Variable-rate variable-power MQAM for fading channels," IEEE Transactions on Communications, 45, 1218–1230, 1997.

第4章　光定位系统

室内定位是 VLC 最有前景的应用之一，可以广泛应用到现实生活中的各个方面。例如，随着智能手机和平板计算机等移动计算设备的普及，基于位置的精确服务（Location-Based Services，LBS）得到了极大的发展，引起了越来越多研究者的兴趣。当前，VLC 技术的研究为商用高品质室内定位系统提供了一种新的途径。在本章中，首先列出了所有的应用，研究当前采用的微波频段的定位实现手段，并介绍了将室内定位的需求转移到可见光频谱的优点。本章对基于 VLC 的室内定位技术及相关工作进行了综述，最后讨论了面临的挑战和可能的解决方案。

4.1　室内定位技术和光定位技术的优点

对于许多行业和用户来说，室内定位是一个非常有用的关键技术。如图 4.1 所示，其应用包括大型仓库的内部货物管理和位置感知，博物馆或商场等大型建筑内针对行人的室内导航，基于位置定位的其他服务或者广告投放等。

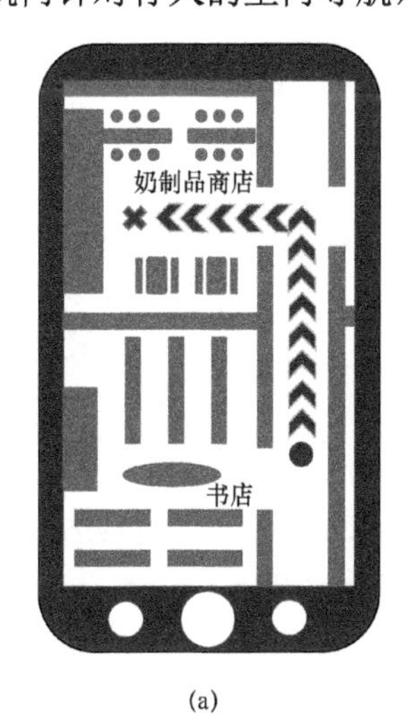

(a)

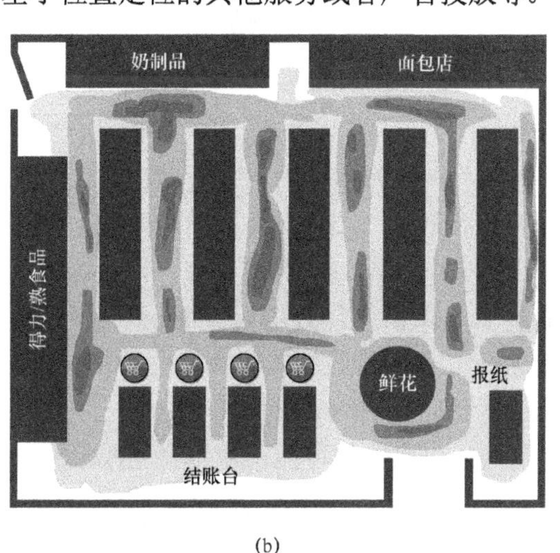

(b)

图 4.1　室内行人导航与基于室内定位的位置分析

2012 年联邦通信委员会的一份报告显示[1]，大部分研究都认为 2015 年的基于位置定位的服务市场规模会是 2012 年的 3 倍。该报告还声称，Foursqure 位置定位社交网络公司在 2012 年已经拥有 1 千万用户，并且在持续增长。文献[2]表明 2013 年用户数已经到 4 千万。有研究预测，总的移动位置定位服务市场规模在 2015 年已超过 100 亿美元[3]。

还有一点，或许是更重要的，随着移动网络行业里面微微蜂窝技术的标准化，在解决基站切换和资源分配的时候，对于用户位置的确定将会变得非常关键，接下来将讨论这个问题。

4.1.1 室内定位技术概述

尽管全球定位系统（Global Positioning System，GPS）设计优良并且能很好的应用于户外，但是由于卫星信号的覆盖能力有限，GPS 仍然很难在室内使用（图 4.2），最主要的原因是 GPS 微波信号的多径效应。

图 4.2 GPS 的室内信号覆盖问题

卫星发射的定位信号可能会在接收机附近的许多表面上进行反射，如树、天花板、墙体甚至人体。由于多径效应，这些信号会以一定的时延到达接收机，从而造成定位误差。对于室内环境来说，这种误差会增大到使定位质量变得不能接受。除了多径效应，还有潜在的人为干扰，不管是有意的还是无意的，都进一步地降低了定位精度。由于 GPS 表现不佳，目前室内定位系统的商业化进程还处在初级阶段，需要开发一种可靠准确的系统。到目前为止，能够提供精确室内定位的可能的技术有无线电波、声波和光[4-9]。

4.1.2 频谱冲突与未来移动系统

随着手机微波网络提供的多媒体服务越来越普及，包括像网络浏览、音视频等数据服务需求也不断在增加，当人们尝试连接到所有能利用的服务时，用户迟早会面临极端拥堵的问题。显示技术、电池技术、处理器能力等都在迅速发展，从而使得用户能够买得起且能随身携带的智能手机和平板计算机。因此，在进入一个“不间断连接”的时代，用户期望的无所不在的和无缝的语音、视频服务给现有的电信系统提出了巨大的挑战。这些多媒体服务投放到用户身上的前景如何将取决于低成本物理层信息传输机制[11]。目前，公认的是电磁波频谱越来越拥挤[12]，为了能够获得更多的带宽，移动电话采用的频率范围从第一代通信系统的 450～480MHz 到目前 4G 技术的 2.6～2.7GHz。

随着频率的增加，路径损耗也会增加，可能与频率成正比，也可能与频率的平方成正比，甚至会造成更高的功率衰减，这取决于环境。损耗不会随着频率增加而突然增大，对于非视距路径下提供高质量服务来说，会逐渐变得越来越困难。而随着基站间距的缩小，系统容量会增加，这个问题就不那么突出了，因此缩小基站间距是解决这个问题的最好方法。间距缩小 1/2，容量会增加 4 倍，即平方关系。随着基站间距的缩小，所需要克服的损耗也会减小，所以频率提升带来的路径损耗增加就会被较近的间距所抵消。给手机通信分配更多的带宽可以缓解带宽拥挤的问题，但是不足以解决主要问题，即便手机通信拥有 2 倍的可用带宽，但是作用并不会太明显。

所以，减小基站间距（增加基站密度）成了过去 20 年来提高业务容量的优先选择。无线通信业界一直在讨论的“微微蜂窝”可以用于实现高的回程带宽。但是，越来越小的小区使得从前不明显的问题成为问题，例如，更多的基站切换，更复杂的资源调度和重复利用等（图 4.3）。“微微蜂窝”就是用于室内环境下提供服务的，精确的室内定位技术有利于其进行总体网络管理。通过对用户位置信息的利用，基站能够更好地进行频率分配，从而无形中给用户提供了更多可用的带宽。同样，通过对用户位置信息的利用，可以更好地预测什么时候基站切换，从而实现无缝的网络服务。

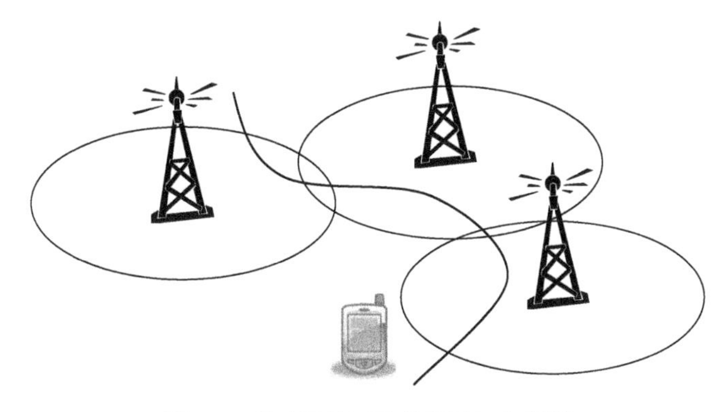

图 4.3　移动通信网络的基站切换预测

4.1.3 基于 VLC 定位的优势

VLC 技术拥有巨大的潜力，可以减轻高度拥挤的无线电波带宽的容量压力。首先，可见光能提供的理论频带宽度为 400THz（375～780nm），相对于无线电波技术来说，这是一个很大的带宽。并且，在光波长范围内的电磁波能够被限制在一个房间里，基本上不会穿透物体。所以，通过采用这种自我限制链路距离的方式可以很容易实现实用、易用的网络。拥有这种特性的系统称为“高带宽信息岛”。运营商之所以选择这种光网络来传送数据，是因为这样的话，在隔壁房间就能重复利用整个带宽资源，而且是互不干扰的。相对于无线电波，其可以提供额外多得多的通信容量，因此随着用户需求的与日俱增，无线光技术是面向未来的全面解决方案。

在不久的将来，LED 灯将会取代现在的照明用白炽灯和荧光灯。与传统的照明设备相比，LED 灯拥有较高的发光效率，较长的寿命，较高的环境适应性。由于 LED 灯是半导体材料的光源，除了照明之外，可以很容易地在其上调制信息用于其他方面，如室内宽带通信、智能照明等[11,12]。这个特点使得研究人员可以开发其用于解决室内定位问题的系统。最近，采用 LED 灯或者其他光源的 VLC 技术被认为是室内定位系统中最有吸引力的解决方案，这是因为它具有以下特点。

（1）更高的定位精度。目前，有很多现成的基于无线电波的室内定位解决方案。与之相关的无线技术包括无线局域网（WLAN）、射频认证（RFID）、智能手机、超宽带、蓝牙等[4-7,21]。如表 4.1 所列，这些方法可以提供的定位精度从几分米到几米[13]。而基于 VLC 的定位系统可以提供比无线电波方案更好的定位精度，因为可见光受多径效应和其他无线设备的影响更小，这些内容将在下面分别进行讨论。

表 4.1 采用无线电波技术的定位精度[13]

定位方法（技术）	精度/m
Sapphire Dart（UWB）	0.3
Ekahau（WLAN）	1
TOPAZ（Bluetooth+IR）	2
SnapTrack（AGPS）	5～50
WhereNet（UHF TDOA）	2～3
LANDMARC（RFID）	2

（2）不产生电磁波干扰。对许多室内应用来说，无线电波除了定位精度差之外，其引入的电磁波干扰也是一个重点关注的方面。一方面，这些技术所产

生的电磁辐射会占用本来已经拥挤有限的电磁频谱，会更进一步降低其他无线产品的性能；另一方面，因为无线电干扰能使得某些特定的医疗设备失效，造成不方便甚至意外伤害，在医院或其他有干扰问题的地方，无线电波被限制应用，甚至被禁止使用。

相反，用于通信或者定位目的的可见光通信系统并不产生任何无线电波干扰，所以在医疗设施内部使用是安全的。LED 灯可以用于携带多种不同格式的信息，例如，监控设备的生物医疗信息，病人给医护人员的文字信息等[14,15]。

（3）现有照明设施再利用。基于超声波或者其他声波的定位技术可以实现几分米的定位精度，但是需要一个密集的并且校准了的发射机网格，这就可能显著增加系统成本。相反，基于 VLC 的定位系统对现有的照明设施进行再利用，这就保证了其可以广泛的进行布设。并且，现有设施不需要或者只需要很小的改进就能够提供定位服务，所以说，基于 VLC 的系统能够为室内定位需求提供非常经济的解决方案。

4.2 定位算法

这部分内容里面研究列举了一些定位算法，目前可以将这些方法归为三角测量法、场景分析法和接近度法三大类。

4.2.1 三角测量法

三角测量法是采用几何中三角形特性进行位置估计的算法的统称。三角测量法有两个分支：距离测量法和角度测量法[13]。在距离测量法中，通过测量其与多个参考点之间的距离来估算目标位置。对于所有的基于 VLC 的室内定位系统来说，参考点是光源，目标是一个光接收机。这个距离是几乎不可能被直接测量得到的。但是，通过测量其他值可以计算得到这个距离，如通过测量接收信号强度（Received Signal Strength，RSS），信号到达时间（Tim-of-Arrival，TOA）或者到达时间差（Time-Difference-of-Arrival，TDOA）。另外，角度测量法通过测量目标点与几个参考点的相对角度（Angle-of-Arrival，AOA），然后通过寻找方向线与参考点的半径的交点来进行位置估计。

4.2.2 三角测量法——圆距测量法

圆距测量法主要使用两种测量值：TOA 或 RSS。因为光信号在空气中以特定速度传播，接收机与光源之间的距离与光信号的传输时间成正比。在基于 TOA 的系统中，需要对 3 个光源的到达时间进行测量来定位目标，在二维空间中给出 3 个圆的交点，在三维空间中给出 3 个球面的交点。GPS 就是利用信号到达时间来定位的一个非常好的例子。在 GPS 中，卫星发出的导航信息包含了时间信息（以测距码的形式）和星历信息（即所有卫星的轨道信息）。接收机接收超过 3 个卫星的导航信息后，就可以通过圆距离测量法（三边测量法）来确定接收机的位置。但是，发射机和接收机所用的时钟必须非常严格的同步才行。对于室内应用来说，定位精度需要在小于 1m 或者说分米级别，这就意味着，在利用信号到达之间来定位的系统里面，不同的时钟需要同步到若干纳秒甚至更高的水平才行。这就导致了这类系统的复杂性和成本比较高，所以，研究这种基于信号到达时间的定位算法的比较少，对于一个只考虑散粒噪声的基于信号到达时间的可见光通信定位系统来说，经克拉美罗边界分析后的结果表明，能够达到 2～5cm 的精度，精度大小取决于系统设置。

基于 RSS 的系统通过对接收信号强度的测量计算信号的传播损耗。通过采用合适的路径损耗模型来进行距离估算。TOA 系统里面，对目标位置的估计是通过圆距离测量法得来的，如图 4.4 所示。对于室内环境来说，由于可见光信道的可用性，基于 VLC 的 RSS 系统能够得到很好的结果。根据先前研究的模拟仿真结果来看[17]，目标能够定位的误差在 0.5mm 左右。在文献[18]中，考虑到接收机的旋转和移动速度，假设接收机在以典型速度移动，作者指出总的精度可以达到 2.5cm。在文献[19]中，考虑了 LED 灯可能存在的安装误差以及目标的定位角，结果表明，在间接阳光照射和正确安装 LED 灯的情况下，可以达到 5.9 cm 的精度，有 95%的置信度。

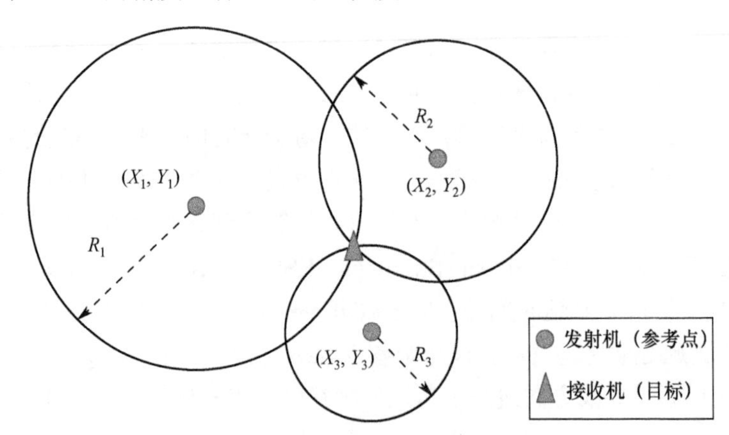

图 4.4 采用圆最小二乘法进行定位

下面推导二维空间场景下圆距离测量法的数学表达式，与三维空间类似。(X_i, Y_i) 表示第 i 个发射机（即参考点）位置，(x, y) 表示接收机（目标）位置。如果第 i 个发射机和接收机之间的距离测得为 R_i，如图 4.4 所示，该圆就

是该次测量得到的所有可能的接收机位置的集合，有

$$(X_i - x)^2 + (Y_i - y)^2 = R_i^2 \tag{4.1}$$

式中：$i=1,2,\cdots,n$，n 表示在距离测量中采用的第 n 个发送参考点。

在理论上，如果距离测量中没有噪声，通过式（4.1）得到的各个圆的交集应该是一个点。但是，在现实的测量中，这是很难达到的。带有噪声的距离测量结果导致式（4.1）产生多个解。在这种情况下，文献[20]，[21]中提到的最小平方解，提供了距离测量系统中的达到近似解的一个标准方法，即

$$\begin{aligned} R_i^2 - R_1^2 &= (x - X_i)^2 + (y - Y_i)^2 - (x - X_1)^2 - (y - Y_1)^2 \\ &= X_i^2 + Y_i^2 - X_1^2 - Y_1^2 - 2x(X_i - X_1) - 2y(Y_i - Y_1) \end{aligned} \tag{4.2}$$

式中：$i=1, 2, \cdots, n$。可以用矩阵形式重写上述方程，即

$$\boldsymbol{AX} = \boldsymbol{B} \tag{4.3}$$

其中

$$\boldsymbol{X} = [x \quad y]^{\mathrm{T}} \tag{4.4}$$

$$\boldsymbol{A} = \begin{bmatrix} X_2 - X_1 & Y_2 - Y_1 \\ \vdots & \vdots \\ X_n - X_1 & Y_n - Y_1 \end{bmatrix} \tag{4.5}$$

且

$$\boldsymbol{B} = \frac{1}{2}\begin{bmatrix} (R_1^2 - R_2^2) + (X_2^2 + Y_2^2) - (X_1^2 + Y_1^2) \\ \vdots \\ (R_1^2 - R_n^2) + (X_n^2 + Y_n^2) - (X_1^2 + Y_1^2) \end{bmatrix} \tag{4.6}$$

因此，最小平方解为

$$\boldsymbol{X} = (\boldsymbol{A}^{\mathrm{T}}\boldsymbol{A})^{-1}\boldsymbol{A}^{\mathrm{T}}\boldsymbol{B} \tag{4.7}$$

4.2.3 三角测量法——双曲线距离测量法

双曲线距离测量法常常采用 TDOA 测量。在 TDOA 系统中，不同的 LED 灯同时发出光信号。

由于这些 LED 灯距离很近，因此它们可以很容易地采用同样的时钟。接收机测量这些信号到达的时间。另外，接收机并不需要和发射机取得同步，因为它并不需要得到信号到达的绝对时间。

同采用 TOA 和 RSS 的系统一样，本方法也需要 3 个光源进行二维或者三维定位。因为采用两个光源进行单次 TDOA 测量可以确定二维空间的一条双曲线或者三维空间的一个双曲面。要确定目标需要两次 TDOA 测量才能进行

双曲线距离测量法（多点定位法）。另外，也可以不直接进行 TDOA 测量，通过其他测量来间接计算 TDOA 信息。在文献[22]中，两个 LED 灯的光信号中的正弦部分在接收机上产生干涉，这两个正弦信号是同频率的所以才能产生干涉，这样通过测量接收到的信号的峰峰值就可以变相得到 TDOA。在文献[23]中，通过测量 3 个不同频率信号的相位差别来得到 TDOA 信息。计算机仿真结果表明总体上可以实现 1.8m 的精度。

与之前所用的圆距离测量算法中所做的一样，在二维空间中的双曲线距离测量算法可以用数学公式表示。图 4.5 中的每一条双曲线是一次距离差测量所确定的所有探测器可能的位置集合，每一条双曲线可以表示为

$$D_{ij} = R_i - R_j = \sqrt{(X_i - x)^2 + (Y_i - y)^2} - \sqrt{(X_j - x)^2 + (Y_j - y)^2} \tag{4.8}$$

式中：D_{ij} 为两个距离值 R_i 和 R_j 的差值，两个距离值分别是与第 i 个和第 j 个参考点的距离，并且 $i \neq j$。

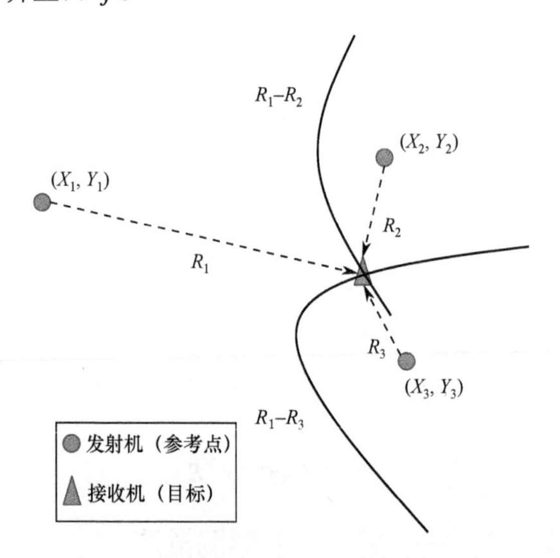

图 4.5　采用双曲线最小二乘法进行定位

注意：

$$(R_1 + D_{i1})^2 = R_i^2 \tag{4.9}$$

$$X_i^2 + Y_i^2 - X_1^2 - Y_1^2 - 2x(X_i - X_1) - 2y(Y_i - Y_1) - D_{i1} - 2D_{i1}R_1 = 0 \tag{4.10}$$

式中：$i = 1,2,\cdots,n$。式（4.10）可以采用矩阵形式描述如下：

$$\boldsymbol{AX} = \boldsymbol{B} \tag{4.11}$$

其中

$$\boldsymbol{X} = \begin{bmatrix} x & y & R_1 \end{bmatrix}^{\mathrm{T}} \tag{4.12}$$

$$A=\begin{bmatrix} X_2-X_1 & Y_2-Y_1 & D_{21} \\ \vdots & \vdots & \vdots \\ X_n-X_1 & Y_n-Y_1 & D_{n1} \end{bmatrix} \tag{4.13}$$

且

$$B=\frac{1}{2}\begin{bmatrix} (X_2^2+Y_2^2)-(X_1^2+Y_1^2)-D_{21}^2 \\ \vdots \\ (X_n^2+Y_n^2)-(X_1^2+Y_1^2)-D_{n1}^2 \end{bmatrix} \tag{4.14}$$

则可以得到系统的最小二乘解为

$$X=(A^{\mathrm{T}}A)^{-1}A^{\mathrm{T}}B \tag{4.15}$$

4.2.4　三角测量法——角度测量法

如图 4.6 所示，在采用角度测量法的系统里，接收机测量几个参考点信号到达接收机的相对角度，并能够通过方向线的交集来得到目标（接收机本身）的位置。在二维空间中，需要两束光线，在三维空间中需要三束。

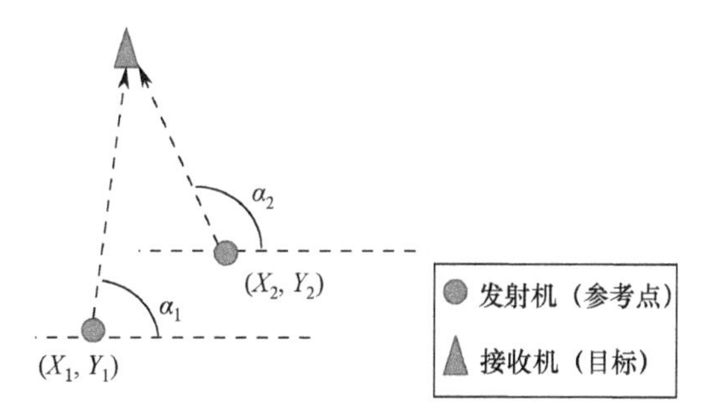

图 4.6　采用角度测量法进行定位

有趣的是，可以在传统的摄影技术找到相同点。采用 AOA 方法的系统最大的优点是不需要采用时间同步。另外一个优点是，相对于在无线电波中要采用复杂的天线阵列说，在光谱领域通过采用图像传感器就可以相对简单地探测到入射光线的角度。在智能手机和平板设备上广泛应用的前向摄像头本身就是图像传感器，使得该方法在移动消费电子领域的实现变得更加容易。但是，要想达到好的效果，需要调整系统结构，因为大部分的摄像头的 FOV 是非常有限的。同时，由于图像探测器空间分辨率的不足，当目标距离光源变得比较远时，采用 AOA 方法的系统的定位精度会下降。文献[25]报道了采用分辨率为 1296×964 的图像传感器可以达到 5cm 的定位精度。在文献[26]中，研究人员提出了一个同时采用 RSS 和 AOA 的两阶定位算法，考虑了反射造成的多径效应的影响，计算机仿真表明该方法可以达到13.95cm左右的精度。

为了得到 AOA 方法的最小平方解，假设α_i表示测得的第i个发射机的信号到达角度：

$$\tan\alpha_i = \frac{y - Y_i}{x - X_i} \tag{4.16}$$

式中：$i = 1, 2, \cdots, n$，则可以得到

$$(x - X_i)\sin\alpha_i = (y - Y_i)\cos\alpha_i \tag{4.17}$$

可以用矩阵形式描述：

$$\boldsymbol{AX} = \boldsymbol{B} \tag{4.18}$$

其中

$$\boldsymbol{X} = \begin{bmatrix} x & y \end{bmatrix}^{\mathrm{T}} \tag{4.19}$$

$$\boldsymbol{A} = \begin{bmatrix} -\sin\alpha_1 & \cos\alpha_1 \\ \vdots & \vdots \\ -\sin\alpha_n & \cos\alpha_n \end{bmatrix} \tag{4.20}$$

且

$$\boldsymbol{B} = \begin{bmatrix} Y_1\cos\alpha_1 - X_1\sin\alpha_1 \\ \vdots \\ Y_n\cos\alpha_n - X_n\sin\alpha_n \end{bmatrix} \tag{4.21}$$

则最小平方解可以通过下式得到

$$\boldsymbol{X} = (\boldsymbol{A}^{\mathrm{T}}\boldsymbol{A})^{-1}\boldsymbol{A}^{\mathrm{T}}\boldsymbol{B} \tag{4.22}$$

4.2.5 场景分析法

场景分析法是指将定场景里面的每一个参考节点（Anchor Point）与该参考点处的“指纹”（Fingerprints）关联进行定位的一种算法，如图 4.7 所示。然后通过实时测量得到的值与这些“指纹”比对定位目标位置。可以当作“指纹”的测量值可以是之前提到的任何一种方法，如 TOA、TDOA、RSS 和 AOA。RSS 是最常用的“指纹”。匹配所需要的时间通常会比三角测量法短，所以节省了很多用于计算的时间和能量。但是，场景分析方案也有一个明显的缺点：在一个新的场景里不能马上工作，因为它需要预先精确的校准系统。在4 个 LED 灯照射下，通过 RSS 作为“指纹”的场景分析方法可以达到 4.38cm的精度[27]。

图 4.7 运用场景分析进行定位

4.2.6 接近度法

接近度法需要一个密集的光源阵列，每一个光源都具有已知的位置和唯一的 ID。当接收机只从一个光源接收信号时，它就和这个光源同位置（图 4.8）。当接收到多个光源的信号时，会进行平均处理。从理论上，采用可见光通信的接近度法提供的精度范围不大于光源网格本身。需要注意的是，当采用密集的光源网格时，需要光源发出的光束窄一些，避免相互干扰和影响定位判决。在文献[9]中，展示了一套采用接近度法的室内定位实验系统。光源栅格采用可见光的 LED 灯源，而使用 ZigBee 无线网络来向主节点发送位置信息时，可以扩展系统的工作范围。

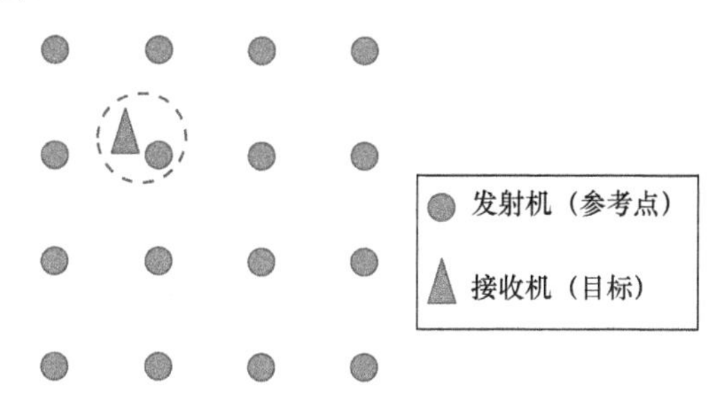

图 4.8 接近度法用于定位系统

4.2.7 几种定位方法的比较

为了比较上面提到的几种方法，我们采用下面几个性能参数来衡量：如精确度、空间维度和复杂度，如表 4.2 所列。

精确度常常是指平均定位误差值。这里，定位误差是指目标实际位置和计算位置之间的欧几里得距离。该距离越小，精确度越高。因此，这是衡量定位系统的最重要的一个因素。

表 4.2　几种方案的比较

参考文献编号	定位算法	精确度	空间维度	复杂度硬件/算法	备注
17	RSS	0.5mm（仿真结果）	2D/3D	适中/适中	可以实现三维定位
18	RSS	2.5cm（仿真结果）	2D	适中/适中	考虑了接收机的旋转和移动速度
19	RSS	5.9cm（仿真结果）	2D	低/适中	考虑了异步系统设计，LED灯具的安装误差，目标的朝向角度
23	TDOA	1.8mm（仿真结果）	2D	高/适中	采用了频分多址 FDMA 协议
25	AOA	4.6cm（实验结果）	3D	高/适中	采用了不同颜色来区别不同的 LED
26	RSS+AOA	13.95cm（仿真结果的中间值）	2D/3D	高/高	采用了高朗伯级数光源（m=30） 考虑了多径效应和接收机朝向因素
27	基于 RSS 的场景分析	4.38cm（实验结果的中间值）	2D	适中/低	需要预先校准
9	接近度法	房间尺度（实验结果）	2D	低/低	为了实现更好的光探测，采用了 4MHz 载波

空间维度是指一个定位系统能够提供的位置信息的维度。许多方案只能够提供水平方向的二维的位置信息，这就造成了当目标的高度发生变化时，定位精度就会降低。那些能够提供三维定位信息的系统能够提供更好的性能。

这里说的复杂度包含两个方面：一方面是系统对硬件的要求，如说需要多少设备，整个系统的配置多复杂。硬件复杂度很大程度上决定了室内定位系统的布设成本。另一个方面是定位算法的计算复杂度，或者说系统能够计算得到当前位置信息的延迟时间。在大部分系统里，数据处理是在目标终端这里完成的，如现实中用到的手机等。算法复杂度就很重要，因为尽管电池能够支持复杂计算，但是其待机时间目前来说还是大家很关注的一个方面（复杂的计算会消耗电量，降低待机时间——译者）。

4.3　挑战和解决方案

4.3.1　多径反射

前面已提到，在采用 RSS 进行定位的系统中采用了路径损耗模型。在当前的光信号路径损耗模型只考虑信号传播损耗，并不一定考虑像墙面之类的平面的反射造成的多径效应。将这些反射的光包含到光能量中会直接造成额外的定位误差，所以定位精度会降低。

一个可用的解决方法是采用复眼（fly-eye）接收机。因为一个图像接收机能够区分出来自不同方向的光，所以通过光信号探测之后的信号处理即可减少反射光的影响。更进一步，在 AOA 定位方法中，采用这种探测器可以得到角度信息，从而可以提高定位精度。

4.3.2 同步

在基于时间测量的系统中，如 TOA，TDOA，同步是造成定位误差的一个主要原因。在 TOA 方法中，要想使得所有的发射机和接收机精确的同步，即便不是不可能，也是非常困难的。在 TDOA 方法中，会稍微容易一些。接收机所用的时钟并不需要一定得和发射机时钟严格同步，可以像文献[19]和[20]中提到的那样进行其他方面的测量。但是，所有的发射机的信号必须同时发送；否则，发送信号的初始相位需要经过精确的测量才能得到。所以，发射机之间的需要同步，这可能会导致系统布设成本的提高，从而制约其广泛应用。

4.3.3 信道多址技术

根据上面提到的定位算法的原理可以知道，除了接近度法之外的其他方法中，需要用到多个发射机来得到接收机的位置信息。这就意味着，我们需要解决信道多址的问题，以此来避免信号之间的干扰。即便在接近度法中，如果不采用信道多址协议，并且多个发射机都在不停地发送信号的情况下，仍然需要解决当多个发送信号同时进入接收机的视场中时可能造成的探测失败问题。

在 GPS 中，采用码分多址技术 CDMA 解决多信道接入问题[29]。在 TDOA 系统中，可以采用频分多址 FDMA 来解决[23]。在很多系统中也采用时分多址技术（TDMA），这就要求发射机之间的相互同步，而这会造成成本的提高。文献[19]中提出了一种不需要同步的新的协议，通过采用成帧的分段 ALOHA 协议，使得 LED 灯之间可以异步工作，所以就不需要再建立物理的连接，系统的复杂性和成本也就随之降低。

4.3.4 服务中断

对于光定位系统来说都要面临一个现实的问题，简单来说，就是没有光的情况下怎么办。毕竟用户有可能在不开灯的需要定位服务。另外，光线可能会被家具或者人体阻挡，同样导致服务中断。所以，为了使用户能够在绝大多数时间内可以使用定位服务，需要解决这个问题。

针对这个问题，可以有两种方法：第一种方法，可以在 LED 灯具中集成红外激光器或者红外 LED 灯，这样，不需要照明的时候，红外光可以继续提供定位服务；第二种方法，为了消除遮挡造成的临时服务中断，可以采用传感器融合技术，利用移动设备里面的惯性传感器。惯性导航可以在遮挡的期间提供导航，而光定位系统可以提供更加精确的位置信息，将两者结合可以得到最好的系统性能。

4.3.5 隐私问题

尽管隐私问题不像是一个技术问题，但这个问题对于光定位系统来说，确实是一个很大的问题。更好的定位精度确实会使得人们更加担心实时定位信息的安全问题。在美国联邦通信委员会（Federal Communications Commission，FCC）的报告中，委员会确定了以下问题为隐私问题：通知和透明性、用户可选择、第三方访问私人信息、数据安全和扩散范围最小化。所以我们建议，对于光定位系统的长远发展来说，对接入控制和加密的研究是很必要的。

4.4 小　　结

室内定位是和 VLC 技术相关的最重要和最有前景的应用之一，本章讨论了在智能手机频段已经严重拥挤的情况下精确的室内定位为何能够在将来的移动网络中起到重要作用。相对于无线电波，光定位系统可以提供更好的定位精度，不会产生电磁波的干涉，可以使其他无线设备继续使用，并且光定位系统可以在限制或者禁止使用电磁波的场合使用。最后，只要有 LED 灯照明，基于 VLC 的室内定位系统就可以提供服务，从这点来考虑，其布设成本很低。

光定位系统不仅对相关工业有利，而且还有利于大多数消费者。所以，该领域的研究已经广泛开展。不同的定位算法都具有内在的优点和缺陷，所以，针对不同的应用，需要做一定的取舍。本章在精确度、空间维度和复杂度 3 个方面对不同的算法提供了详细的比较。

本章也指出了光定位系统走向商用需要面临的一些挑战，包括多径反射、同步问题、多址接入、服务中断和隐私问题。针对这些问题提出了可能的解决方案。

致谢

感谢国家科技基金 NSF 对本书的突出贡献。NSF 资助编号：IIP-1169024。本文是 IUCRC 关于无线光应用方面的项目。

参考文献

[1] Federal Communications Commission, "Location-based services: An overview of opportunitiesand other considerations," [available online]: http://transition.fcc.gov/Daily_Releases/Daily_Business/2012/db0530/DOC-314283A1.pdf.

[2] Foursquare, "About Foursquare," https://foursquare.com/about, 2013.

[3] Pyramid Research, "Navigation providers try to find their way," [available online]:http://www.pyramidresearch.com/points/print/110624.htm.

[4] C. Wang, C. Huang, Y. Chen, and L. Zheng, "An implementation of positioning system inindoor environment based on active RFID," in IEEE Joint Conf. on Pervasive Computing,pp. 71–76, 2009.

[5] J. Zhou, K. M.-K. Chu, and J. K.-Y. Ng, "Providing location services within a radio cellularnetwork using ellipse propagation model," in IEEE 19th Int. Conf. Advanced InformationNetworking and Applications, pp. 559–564, 2005.

[6] Y. Liu and Y. Wang, "A novel positioning method for WLAN based on propagationmodeling," in IEEE Int. Conf. Progress in Informatics and Computing, pp. 397–401, 2010.

[7] L. Son and P. Orten, "Enhancing accuracy performance of Bluetooth positioning," in IEEEWireless Communications and Networking Conf., pp. 2726–2731, 2007.

[8] H. Schweinzer and G. Kaniak, "Ultrasonic device localization and its potential for wirelesssensor network security," Control Engineering Practice, 18, (8), 852–862, 2010.

[9] Y. U. Lee and M. Kavehrad, "Two hybrid positioning system design techniques with lightingLEDs and ad-hoc wireless network," IEEE Trans.Consum. Electron., 58, (4), 1176–1184, 2012.

[10] "Cisco visual networking index: Global mobile data traffic forecast update, 2009–2014,"[available online]: http://www.cisco.com/en/US/solutions/collateral/ns341/ns525/ns537/ns705/ns827/white_paper_c11-520862.html.

[11] M. Kavehrad, "Sustainable energy-efficient wireless applications using light," IEEE Communications Magazine, 48, (12), 66–73, 2010.

[12] M. Kavehrad, "Optical wireless applications: A solution to ease the wireless airwavesspectrum crunch," in SPIE OPTO Int. Society for Optics and Photonics, pp. 86450G–86450G, 2013.

[13] H. Liu, H. Darabi, P. Banerjee, and J. Liu, "Survey of wireless indoor positioning techniquesand systems," IEEE Trans. Syst., Man, Cybern. C, Appl. Rev., 37, (6), pp. 1067–1080,2007.

[14] H. Hong, Y. Ren, and C. Wang, "Information illuminating system for healthcare institution,"in the 2nd IEEE Int. Conf. on Bioinformatics and Biomedical Eng., pp. 801–804, 2008.

[15] Y.Y. Tan, S. J. Sang, and W.Y. Chung, "Real time biomedical signal transmission of mixedECG signal and patient information using visible light communication," in 35th Ann. Int.Conf. of the IEEE Engineering in Medicine and Biology Society, pp. 4791–4794, 2013.

[16] T.Q. Wang, Y. A. Sekercioglu, A. Neild, and J. Armstrong, “Position accuracy of time-ofarrivalbased ranging using visible light with application in indoor localization systems,”J. Lightw. Technol., 31, (20), 3302–3308, 2013.

[17] Z. Zhou, M. Kavehrad, and P. Deng, “Indoor positioning algorithm using light-emitting diodevisible light communications,” J. of Opt. Eng., 51, (8), 085009-1–085009-6, 2012.

[18] Y. Kim, J. Hwang, J. Lee, and M. Yoo, “Position estimation algorithm based on tracking ofreceived light intensity for indoor visible light communication systems,” in IEEE 3rd Int.Conf. on Ubiquitous and Future Networks, pp. 131–134, 2011.

[19] W. Zhang, M.I.S. Chowdhury, and M. Kavehrad, “An asynchronous indoor positioningsystem based on visible light communications,” J. of Opt. Eng., 53, (4), 045105-1–045105-9, 2014.

[20] A. Küpper, Location-Based Services: Fundamentals and Operation, John Wiley and Sons,2005.

[21] A. Kushki, K. N. Plataniotis, and A. N. Venetsanopoulos, WLAN Positioning Systems:Principles and Applications in Location-Based Services, Cambridge University Press, 2012.

[22] K. Panta and J. Armstrong, “Indoor localisation using white LEDs,” Electron. Lett., 48, (4),228–230, Feb. 2012.

[23] S. Jung, S. Hann, and C. Park, “TDOA-based optical wireless indoor localization using LEDceiling lamps,” IEEE Trans. Consum. Electron., 57, (4), 1592–1597, 2011.

[24] http://en.wikipedia.org/wiki/Photogrammetry

[25] T. Tanaka and S. Haruyama, “New position detection method using image sensor and visiblelight LEDs,” in IEEE 2nd Int. Conf. on Machine Vision, pp. 150–153, 2009.

[26] G.B. Prince and T.D.C. Little, “A two phase hybrid RSS/AoA algorithm for indoor devicelocalization using visible light,” in IEEE Global Commun. Conf., pp. 3347–3352, 2012.

[27] S.Y. Jung, S. Hann, S. Park, and C. S. Park, “Optical wireless indoor positioning systemusing light emitting diode ceiling lights,” Microwave and Optical Technology Letters, 54, (7),1622–1626, 2012.

[28] G. Yun and M. Kavehrad, “Spot diffusing and fly-eye receivers for indoor infrared wirelesscommunications,” in Proc. of IEEE Int. Conf. on Selected Topics in Wireless Commun.,pp. 262–265, 1992.

[29] http://en.wikipedia.org/wiki/Global_Positioning_System

[30] W. Elmenreich, “Sensor fusion in time-triggered systems,” PhD thesis, Vienna University of Technology, 2002.

第5章　可见光定位与通信

5.1　引　　言

高精度、可靠的实时定位系统已经成为下一代无线网络最令人看好的特性之一，亟需展开研究[1-4]。GPS 在某些特定场景下定位性能较差，如存在建筑材料对载波强吸收作用的室内环境[5]，以及存在高层建筑造成的链路阻断或多径干扰问题的城市环境。在这些应用场景下，可见光的定位系统建立在不受通信环境影响的可见光光源的基础上，能够帮助手机用户来获取实时的定位信息。

5.1.1　室内光定位系统

在室内环境下，借助于室内的定位系统，能够实现多种多样基于位置的服务，如商场、超市、博物馆和医院中的导航和引导；工厂里贵重仪器设备的跟踪和监控；以及通过网络服务适配提高个人无线网络性能等。目前，室内定位可以采用多种技术实现。其中，一个直接的解决方案就是利用现有的 Wi-Fi 热点来定位，或者安装额外的接入点来确保覆盖的范围和密度[6,7]，这是目前研究的一个热点方向。另一种方法是依靠密集分布的室内照明基础设施，如传统的荧光灯和白炽灯，它可以作为位置传感单元。近年来，高能效的 LED 灯已经成为非常有前景的新型光源。作为一项新兴技术，光定位系统（LPS）与采用荧光灯的系统相似[8-10]，将白色 LED 灯与嵌入手机终端中的廉价图像传感器集成到一起[11,12]，可以同时实现室内定位和照明功能。光源发射的光信号经过调制，携带了 LED 位置信息，光电检测器接收该信号后，基于收到的信号参数（如信号到达的幅值和角度）估算自身的位置。如果接收器采用的是图像传感器，而不是传统的光电二极管或者光电二极管阵列的话，就能够在空间上剔除其他光源的干扰信号，这将有助于提高通信信号的信噪比[13,14]。同时，由于采用大量小尺寸的感光像素，实现了高的空间分辨率，可以实现低成本、高精度的 LPS。由于 LPS 工作在可见光光谱范围，不会对现有的 RF 系统产生电磁干扰，非常适合于医院等对射频信号有着严格限制的环境，它也可以避免任何来自 Wi-Fi 或蜂窝系统的射频干扰。

使用荧光灯的 LPS 通常可以在一个小的服务区域内达到数米[11]或小于 1m 的精度[15,16]。定位算法需要入射光的水平角度、垂直角度和旋转角度，这些参量在实际中常常难以测量。相反，一个带有白光 LED 灯和摄像头的 LPS 可以达到更高的精度，还可将覆盖面积扩大数米。文献[17]中提出了一种集成了白色 LED 灯和图像传感器的室内定位系统，但是需要两个专门放置的图像传感器，并且至少需要捕获 4 个 LED 灯的图像，但这也增加了系统成本和计算复杂度。文献[18]和[19]中提出了根据接收光强度来定位的方法，该方法需要在特定位置预计算入射光的强度，并且至少需要无相互干扰的 3 个白光 LED 灯进行三边测量。不可预测的光源可能会引入不可避免的光强波动，这将使这两个系统的可靠性降低。

5.1.2 户外光定位系统

在户外环境下，由于链路阻塞或多径等原因，在一些市区和城市里面 GPS 的定位性能较差[20]，迫切需要车辆的精确位置来提供可靠的导航服务。因此，有效提高驾驶安全和实现智能交通非常有必要。基于视觉的导航方法[21,22]和 LED/单目摄像机方法[23]可以实现所需的距离测量。随着越来越多的基于 LED 交通信号灯在现实世界中得到广泛应用，基于交通灯的位置信标和图像处理方法[12,24-27]也被提出来获取车辆位置信息。但是，所有这些方法都需要一台昂贵的高速摄像机和复杂的图像处理过程来得到汽车的位置信息。最近，Roberts 等人提出了一种基于汽车尾灯的光定位系统[28]。但它只能在一些限制性的假设下获得车辆相对于前面车辆的位置。

为了适应一般情况下的室内和户外应用环境，本章分别提出了室内和户外的光定位系统。对于室内系统来说，首先将 VLC 和位置估计算法结合起来，让白光 LED 灯发出带有位置信息的光信号，并且让摄像头捕捉到。然后接收器执行最优位置估计算法，从而得到可靠的位置估计。对于户外定位系统来说，让交通信号灯发出带有自身位置信息的光信号，然后汽车前部的两个光电探测器通过可见光通信链路接收到该信号。通过收到的光信号携带的位置信息和两个探测器收到信号的 TDOA 估算汽车的位置。摘要综述了单交通信号灯和双交通信号灯 LPS 的定位方法，讨论了两种情况下由于非共面效应引起的定位误差以及相关的共面旋转方法。

5.2 基于可见光通信和图像传感器的室内光定位系统

目前，存在有几种可行的室内定位解决方案，如基于 3G 系统、Wi-Fi 或者超宽带（UWB）。然而，来自周围物体的多个信号反射会引起多径失真，导致无法控制的误差。这些因素可能会降低所有已知的使用电磁波传输的室内定位解决方案性能。我们采用另一种方法来记录 LED 图像的位置。

5.2.1 系统描述

假设相机既作为图像传感器捕捉天花板上白光 LED 灯的图像点，又作为通信接收机捕捉光通信信号所携带的白光 LED 灯的位置信息。根据牛顿透镜成像定律[29]，即相机图像传感器上的白光 LED 灯与图像点之间的关系，可以很容易地估计出相机的位置。包括导航框中给定的白光 LED 灯位置和 VLC 链接获得的估计位置。考虑到 VLC 通道噪声[30]、相机噪声[13,31]以及信号通过传播的衰减效应，图像传感器上的白光 LED 灯图像点可能存在随机偏差，甚至白光 LED 灯的位置信息在接收机[32]处也可能被误读。由此可见，上述问题是噪声环境下的定位问题，进而可以概括为噪声测量的最优线性组合问题。以克拉美罗边界作为基本测量方式，在此基础上研究其均方误差性能。

在典型的采用白光 LED 灯和相机的光定位系统中，安装于天花板上的白光 LED 灯能发出携带有其位置信息的光线，通常白光 LED 灯的位置信息中带有一个唯一的身份信息 ID，如其所在的楼层数和其在这一层中的位置。在 LED 灯携带有位置信息的情况下，像手机或者 PDA 等便携式设备中的图像传感器能够采集信号光强度的变化。另外，通过合适的配置成像镜头，图像传感器可以将白光 LED 灯成像为一个光点，这样同时提高了相机的视场角度（Field of View，FOV）。另外，采用合适的光学滤波器也可以降低背景杂散光的干扰。

5.2.2 已知 LED 灯位置情况下的 LPS

假设一个光定位系统有一个相机和 N 个白光 LED 灯，白光 LED 灯位于天花板上，并且位置已知，分别为 $\boldsymbol{S}_i=\left[X_i,Y_i,Z_i\right]^{\mathrm{T}}$，$i$=1, 2, …, N。如图 5.1 所示。它们的像点位置为 $\boldsymbol{S}_i'=\left[x_i,y_i\right]^{\mathrm{T}}$，以传感器中心作为参考坐标系的原点。成像镜头的焦距为定值 f，成像镜头距离像面的距离为 D，镜头距离地板为 Z_{c}。我们关注的是相机的位置，即成像镜头 O 的位置，用二维位置矢量 $\boldsymbol{p}_{\mathrm{C}}=\left[X_{\mathrm{C}},Y_{\mathrm{C}}\right]^{\mathrm{T}}$ 表示，也就是图像传感器的中心位置。

1. 无噪声情况下的测量

假设相机的高度 Z_{c} 已知，根据相似三角形理论和牛顿成像定律[29]，通过白光 LED 灯的位置 S_i 和它的像 S_i'，很容易得到相机位置 $\boldsymbol{p}_{\mathrm{C}i}=[X_{\mathrm{C}i},Y_{\mathrm{C}i}]^{\mathrm{T}}$，即

$$\boldsymbol{p}_{\mathrm{C}i}=[X_{\mathrm{C}i},Y_{\mathrm{C}i}]^{\mathrm{T}}=[X_i+\lambda_i x_{mi},Y_i+\lambda_i y_{mi}]^{\mathrm{T}} \tag{5.1}$$

其中

$$\lambda_i = \frac{Z_i - Z_C}{D} \tag{5.2}$$

并且$[x_{mi}, y_{mi}]^T$是白光 LED 灯的像点$\boldsymbol{S}_i' = [x_i, y_i]^T$经测量得到的位置。

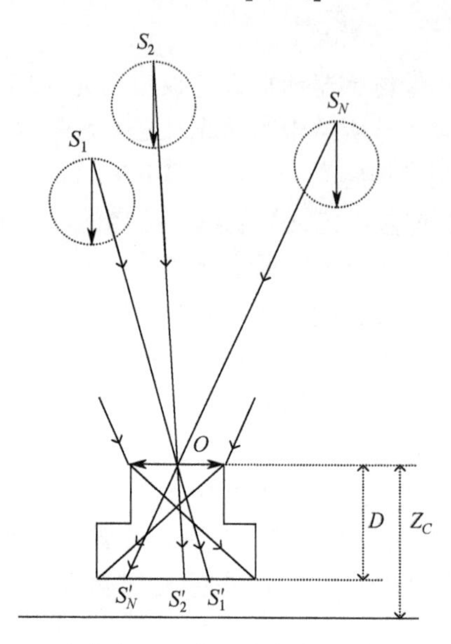

图 5.1　多白光 LED 灯和相机组成的 LPS 系统

需要注意的是，在没有噪声的情况下，N个白光 LED 灯得到的N个p_{ci}值和$\boldsymbol{p}_C = [X_C, Y_C]^T$一致。

2. 有噪声情况下的测量

接下来考虑测量$[x_{mi}, y_{mi}]^T$时有噪声存在的情况，这里对于x_{mi}和y_{mi}的测量噪声分别满足高斯分布$N(\mu_{xi}, \sigma_{xi}^2)$和$N(\mu_{yi}, \sigma_{yi}^2)$（$1 \leqslant i \leqslant N$）。这从根本上来说就是一个在噪声环境下的参数估计问题，可以通过最优线性组合来解决。

根据N次测量的结果p_{ci}（$1 \leqslant i \leqslant N$）的线性组合来估计$\boldsymbol{p}_C = [X_C, Y_C]^T$，则

$$\hat{X}_C = \frac{\sum_{i=1}^{N} \beta_{xi}(X_{Ci} - \lambda_i \mu_{xi})}{\sum_{i-1}^{N} \beta_{xi}} \tag{5.3}$$

式中：β_{xi}（$1 \leqslant i \leqslant N$）是线性组合系数。

首先，注意$\hat{X}_C$是X_C的估计值。因为

$$E\hat{X}_{\mathrm{C}}=\frac{\sum_{i=1}^{N}\beta_i X_{\mathrm{C}}}{\sum_{i-1}^{N}\beta_i}=X_{\mathrm{C}} \tag{5.4}$$

所以，需要找到一个最优的线性组合系数 β_{xi} （$1\leqslant i\leqslant N$ ）来使得估计的方差最小。根据式（5.3），估计方差为

$$\sigma_{X\mathrm{C}}^2=\frac{\sum_{i=1}^{N}\beta_{xi}^2\lambda_i^2\sigma_{xi}^2}{\left(\sum_{i-1}^{N}\beta_{xi}\right)^2} \tag{5.5}$$

下面运算的主要目的是找到 $\{\beta_{xi}\}_{i=1}^{N}$ 的最优值。

注意：

$$\sigma^2{}_{X\mathrm{C}}=\frac{\sum_{i=1}^{N}(\beta_{xi}\lambda_i\,\sigma_{xi})^2}{\left(\sum_{i-1}^{N}\beta_{xi}\lambda_i\,\sigma_{xi}\frac{1}{\lambda_i\,\sigma_{xi}}\right)^2} \tag{5.6}$$

根据柯西-施瓦茨（Cauchy-Schwarz）不等式，可以得到

$$\left(\sum_{i=1}^{N}\beta_{xi}\lambda_i\,\sigma_{xi}\frac{1}{\lambda_i\,\sigma_{xi}}\right)^2\leqslant\sum_{i=1}^{N}(\beta_{xi}\lambda_i\,\sigma_{xi})^2\sum_{i=1}^{N}\left(\frac{1}{\lambda_i\,\sigma_{xi}}\right)^2 \tag{5.7}$$

式（5.7）在满足下式的情况下成立：

$$\beta_{xi}\lambda_i\,\sigma_{xi}=\frac{1}{\lambda_i\,\sigma_{xi}},\quad 1\leqslant i\leqslant N \tag{5.8}$$

则线性组合系数 β_{xi} 的最优解 β_{xi}^*，最小方差分别为

$$\begin{cases}\beta_{xi}^*=\dfrac{1}{\lambda_i^2\sigma_{xi}^2},1\leqslant i\leqslant N\\[2ex]\sigma_{X\mathrm{C}}^2=\dfrac{1}{\sum_{i-1}^{N}\dfrac{1}{\lambda_i^2\sigma_{xi}^2}}\end{cases} \tag{5.9}$$

同样地，基于线性组合的方法，通过计算下式的无偏估计值可以得到

$$\hat{Y}_{\mathrm{C}}=\frac{\sum_{i=1}^{N}\beta_{yi}(Y_{\mathrm{C}i}-\lambda_i\mu_{yi})}{\sum_{i=1}^{N}\beta_{yi}} \tag{5.10}$$

最优组合系数和最小方差分别为

$$\begin{cases}\beta_{yi}^{*}=\dfrac{1}{\lambda_i^2\sigma_{xi}^2},1\leqslant i\leqslant N\\ \sigma_{YC}^2=\dfrac{1}{\sum\limits_{i-1}^{N}\dfrac{1}{\lambda_i^2\sigma_{yi}^2}}\end{cases}\tag{5.11}$$

3. 克拉美罗下限

克拉美罗下限（Cramer–Rao Lower Bound，CRLB）为任何无偏估计量的方差确定了一个下限[34]，并为比较无偏估计量的性能提供了一个标准。对于一个无偏估计量来说，如果能够达到克拉美罗下限，那么它就是最优的。下面，说明上述的最优线性组合确实达到了克拉美罗下限。

因为克拉美罗下限提供了一个确定参数下的估计值方差的下限，能达到这个下限的无偏估计值是高效的。详细来说，具有下列联合分布：

$$p(X_{\mathrm{m}},X_{\mathrm{C}})=\prod_{i=1}^{N}\frac{\exp\left[-\dfrac{(X_{\mathrm{m}i}-X_{\mathrm{C}}-\lambda_i\,\mu_{xi})^2}{2(\lambda_i\,\mu_{xi})^2}\right]}{\sqrt{2\pi(\lambda_i\,\sigma_{xi})^2}}\tag{5.12}$$

同时

$$\frac{\partial^2\ln p(X_{\mathrm{m}},X_{\mathrm{C}})}{\partial X_{\mathrm{C}}^2}=-\sum_{i=1}^{N}\frac{1}{\lambda_i^2\sigma_{xi}^2}\tag{5.13}$$

所以 X_{C} 的克拉美罗下限为

$$\mathrm{CRLB}(X_{\mathrm{C}})=\frac{1}{\sum\limits_{i=1}^{N}\dfrac{1}{\lambda_i^2\sigma_{xi}^2}}\tag{5.14}$$

同样地，可以得到 Y_{C} 的克拉美罗下限：

$$\mathrm{CRLB}(Y_{\mathrm{C}})=\frac{1}{\sum\limits_{i=1}^{N}\dfrac{1}{\lambda_i^2\sigma_{yi}^2}}\tag{5.15}$$

可以看到线性组合的方差可以达到克拉美罗下限，所以其是高效的。

4. 克拉美罗下限的一个简单的例子

对于位置估计来说，有一个克拉美罗下限的简单例子。假设对于所有 LED 灯的 x 方向和 y 方向的估计值的方差都一样，例如，对于所有$1\leqslant i\leqslant N$，$\sigma_{xi}^2=\sigma_{yi}^2=\sigma^2$，并且对于所有$1\leqslant i\leqslant N$，$\lambda_i=\lambda$。因此，位置 X_{C} 和 Y_{C} 的克拉美罗下限可以简化为

$$\mathrm{CRLB}(X_{\mathrm{C}})=\mathrm{CRLB}(Y_{\mathrm{C}})=\frac{\lambda^2\sigma^2}{N}\tag{5.16}$$

该结果正好验证了 N 次测量会使得估计的方差降低到 $1/N$ 的事实。

5.2.3　蒙特卡罗仿真结果

假设 4 个 LED 灯的位置分别为（1,1），（−1,−1），（1,−1），（−1,1），并且相机位置为（0,0）。4 个 LED 灯的高度均为 $Z_i - Z_C = 3$（$1 \leqslant i \leqslant N$），相机镜头和图像传感器之间的距离为 $D = 0.1$。假设对于 4 个 LED 灯来说，测量的高斯噪声的方差为 $\sigma_{xi}^2 = \sigma_{yi}^2 = \frac{\sigma^2}{2}$，均值为 0。图 5.2 表示出了超过 1000000 次随机测量得到的均方差和克拉美罗下限的关系，其中 $0.005 \leqslant \sigma \leqslant 0.05$。可以看到方差和卡拉美罗下限匹配很好，这与理论分析正好符合。

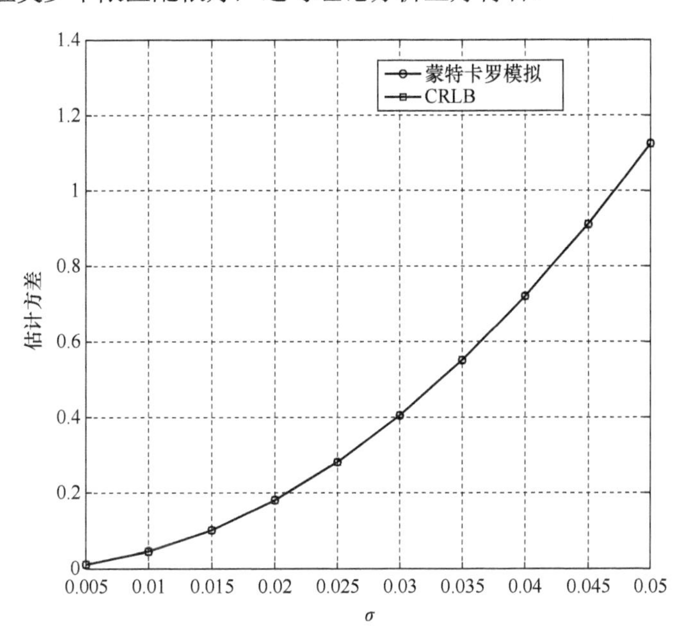

图 5.2　估计误差与克拉美罗下限的关系

5.3　基于 LED 交通信号灯和光电检测器的户外光定位系统

5.3.1　光定位系统

这里讨论的 LPS 具有一个或者多个 LED 交通信号灯和两个光电检测器[35]，而当泛化到多于两个光电检测器的情况时则计算很简单，故省略。LED 信号灯发出的光带有其位置信息，该信号被位于车辆前部的两个光电探测器接收。根据得到信号到达两个光电检测器的 TDOA，即Δt，信号到达两个光电检测器的路程差为$\Delta s = v_{\mathrm{L}}\Delta t$，其中$v_{\mathrm{L}}$为光的传播速度。由于双曲线是到达两个确定的点具有相同距离差的点的集合，因此，交通信号灯位于距离差和两个光电检测所确定的双曲线上，两个检测器正好就是双曲线的焦点。考虑到两个光电检测器的中点就是所求的车辆的位置，一个 LED 交通信号灯和两组不同位置的两个探测器，或者两个 LED 交通信号灯和一组（两个）探测器就能够得到车辆的相对位置，最终就能够得到车辆的绝对位置。这两种情况在下面会分别进行讨论。这里假设发送位置信息的 LED 交通信号灯之间严格同步，并且接收信息的光电检测器之间也是严格同步的。

1. 单 LED 交通信号灯光定位系统

如图 5.3 所示，当采用一个 LED 交通信号灯时，首先两个探测器探测到T_1，就可以根据 TDOA 即Δt_1和两个探测器F_1和F_2形成第一条双曲线。当车辆继续往前走，在时间t_2，根据测量的 TDOA 即Δt_2和两个探测器位置F_1'和F_2'形成第二条双曲线。交通灯和车辆之间的相对位置可以根据两组双曲线的交点T_1、T_2、T_3、T_4和下面给出的一些相关约束得到。

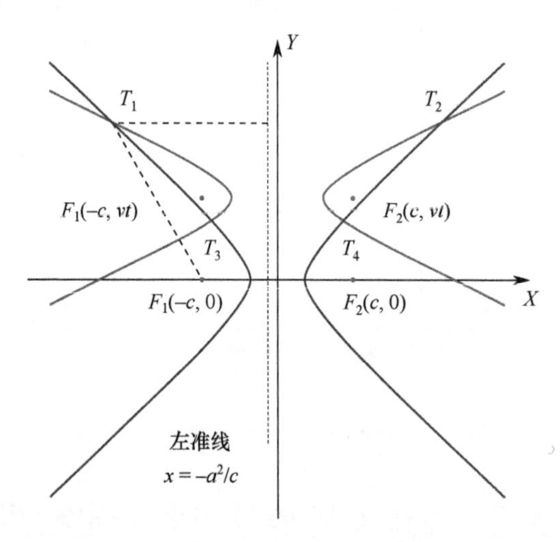

图 5.3 LPS 系统（LED 交通信号灯位于右上角，车辆沿y方向移动）

需要注意的是，一条双曲线具有不同的表达式。我们熟悉的一个表达式就是双曲线上任意一点到两个焦点的距离差恒定这一特点得到的，$\|(x,y)-(c,0)\|-\|(x,y)-(-c,0)\|=2a$，第二种表达式为

$$\frac{x^2}{a^2}-\frac{y^2}{b^2}=1 \tag{5.17}$$

式中：$c^2 = a^2 + b^2$。参数 a 决定了双曲线与 x 轴的交点。

在下面，可以采取另一个形式的表达式，该表达式基于双曲线上的点与一个焦点的距离和与一条线的距离之比为固定值这一特点，采用这样的表达式可以降低复杂度。

一条双曲线可以定义为与焦点的距离正比与一条名为圆锥截面准线的竖直线的水平距离的点的集合，并且这个比值是偏心率。c 代表两个探测器间距的 1/2，$a = \frac{\Delta s}{2}$ 是信号灯和两个探测器距离差的 1/2。令 $\|x\| = \sqrt{\boldsymbol{x}^{\mathrm{T}}\boldsymbol{x}}$ 表示向量 $\boldsymbol{x}$ 的平方根，可以得到如下方程：

$$\|(x,y)-(-c,0)\| = e_1\left[x-\left(-\frac{a_1}{e_1}\right)\right] \tag{5.18}$$

$$\|(x,y)-(-c,\Delta y)\| = e_2\left[x-\left(-\frac{a_2}{e_2}\right)\right] \tag{5.19}$$

式中：(x,y) 为以两个探测器中点为原点的坐标系的 LED 信号灯的位置；$\Delta y = v_{\mathrm{V}}(t_2 - t_1)$ 为在这一段时间内车辆行进的距离；v_{V} 为车辆的速度。$e_i = {c}/{a_i}$（$i = 1,2$）为偏心率。如图 5.3 所示，通过式（5.18）和式（5.19）可以得到 4 个交点为 T_1、T_2、T_3 和 T_4。为了明确出 LED 信号交通灯的位置 T_1，采用一些先验知识。假设两个光电探测器是朝向前面的并且不具备全向视场，并且信号灯是位于车辆前部，所以 $y > \Delta y$，这就排除了 T_3 和 T_4 的可能性。另外，再定义 TDOA 为信号到达右边的探测器 F_2 的时间 TOA 减去到达左边探测器 F_1 的时间，即 $= t_{T,F_2} - t_{T,F_1}$。当 TDOA 为正时，LED 交通信号灯的 x 坐标为负（$x < 0$）；当 TDOA 为负时，信号灯的 x 坐标为正（$x > 0$）。假设获取到的 TDOA 为正，T_1 交点就是 LED 交通信号灯的唯一位置。最后，根据探测器通过可见光通信得到的 LED 交通信号灯的绝对坐标值 (X_0, Y_0)，可以得到车辆的绝对坐标值为 $(X_0 - x, Y_0 - y)$。

2. 双 LED 交通信号灯光定位系统

这种情形下的系统布局如图 5.4 所示，有两个 LED 交通信号灯 T_1 和 T_2，假设一个为机动车道上的 LED 交通信号灯，另一个为人行道的 LED 交通信号灯，两个 LED 交通信号灯发出的光信号被两个探测器 F_1 和 F_2 接收。产生两个 TDOA，分别是 Δt_1 和 Δt_2，外加两个探测器的间距，可以形成两条双曲线。根据双曲线的特性和两个 LED 交通信号灯的距离与方向，可以得到如下的关系：

$$\|(x_1,y_1)-(-c,0)\|=e_1\left[x_1-\left(-\frac{a_1}{e_1}\right)\right] \tag{5.20}$$

$$\|(x_2,y_2)-(-c,0)\|=e_2\left[x_2-\left(-\frac{a_2}{e_2}\right)\right] \tag{5.21}$$

$$\|(x_1,y_1)-(x_2,y_2)\|=\|(X_1,Y_1)-(X_2,Y_2)\| \tag{5.22}$$

$$\frac{x_1-x_2}{X_1-X_2}=\frac{y_1-y_2}{Y_1-Y_2} \tag{5.23}$$

式中：(x_1,y_1)和(x_2,y_2)为两个 LED 交通信号灯在以两个探测器中点为原点的坐标系中的位置；(X_1,Y_1)和(X_2,Y_2)为两个 LED 交通信号灯的绝对位置。与一个 LED 交通信号灯情况类似，可以做一些排除。约束条件有$y_1>0$和$y_2>0$，并且当两个 TDOA 即Δt_1和Δt_2均为正时，$x_1<0$，$x_2<0$；当两个 TDOA 即Δt_1和Δt_2均为负时，$x_1>0$，$x_2>0$。最后得到车辆位置的唯一解为(X_1-x_1,Y_1-y_1)或者(X_2-x_2,Y_2-y_2)。

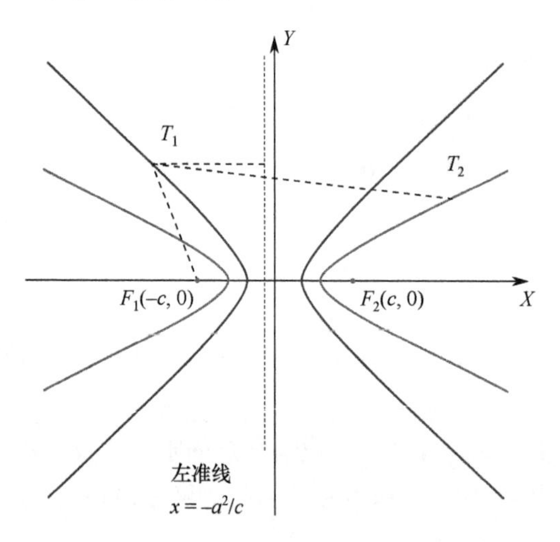

图 5.4 具有两个 LED 交通信号灯的 LPS 系统和同时测得的 TDOA

注意：在两个 LED 交通信号灯的情况下，一次测量就可以得到两个 TDOA，从而可以计算车辆位置。而对于一个信号灯的情况，需要两次测量。这是因为一个 TDOA 只能够确定一条双曲线，至少两条双曲线才能确定一个点。

3. 双曲线上的一个数值示例

假设车辆前端的两个探测器间距 2m，坐标系的原点位于两个探测器中间，x 轴垂直于车辆前进方向，y 轴平行于车辆前进方向。在这样一个坐标系下，两个探测器的坐标分别是（−1,0），（1,0）。假设光源的坐标为(x,y)，信号到达两个探测器 TDOA $\Delta t=4.10^{-9}\text{s}$，并且到达（−1,0）的时间早于到达

（1,0）的时间，所以，$\|(x,y)-(-1,0)\|-\|(x,y)-(1,0)\|=-1.2\text{m}$，这就意味着，$(x,y)$ 位于两个焦点为（−1,0）和（1,0）的双曲线上，也可以用式（5.18）描述。更进一步来看，$c=1$，$a_1=0.6$，$b_1=0.8$。可以得到 (x,y) 位于下面双曲线的左侧，则

$$\frac{x^2}{0.36}-\frac{y^2}{0.64}=1 \tag{5.24}$$

当车辆行进 4m 的距离时，得到距离差为 $\|(x,y)-(-1,4)\|-\|(x,y)-(1,4)\|=-2\text{m}$。然后可以得到，$c=1$，$a_2=1$，$b_2=0$，这是一条双曲线的极限情况。最后可以得到 $y=4$，$x=-0.6\sqrt{26}=-3.06$。

两个 LED 交通信号灯的情况是一个 LED 交通信号灯的扩展，车辆的位置可以通过两条双曲线的交点来确定，一次测量就可以得到这两条双曲线。其本质上和上面的采用上述一个灯多次测量的方法一致。

5.3.2 由非共面引起的误差校准

5.3.1 节中描述的采用一个或者两个 LED 交通信号灯的光定位系统中用到的两条双曲线不一定是共面的。这不可避免地会导致一定的定位误差，并且劣化系统的定位性能。当车辆距离 LED 交通信号灯很近的时候尤其明显，这时两条双曲线平面的夹角还比较大。这一节中，讨论共面旋转方法，该方法将其中一个平面绕两个平面的交线进行旋转，从而与另一个平面重合，从而得到三维情况下的车辆的实际位置。

1. 一个 LED 交通信号灯情况下的光定位系统用共面旋转法

对于采用一个 LED 交通信号灯的光定位系统来说，如图 5.5 所示，在坐标系 $OXYZ$ 中信号灯 T_1 的相对位置为 (x,y,z)。在时刻 t_1 LED 交通信号灯 T_1 和两个探测器位置 A_1、A_2 决定了一个平面，在时刻 t_2 信号灯 T_1 和两个探测器位置 B_1,B_2 决定了另一个平面，两个平面的倾角分别为 $\alpha_1=\arctan\dfrac{z}{y}$，$\alpha_2=\arctan\dfrac{z}{y-\Delta y}$。如图 5.5 所示，绕交线 MN 旋转平面 $T_1B_1B_2$ 来和平面 $T_1A_1A_2$ 重合，可以得到 B_1 和 B_2 在平面 $T_1A_1A_2$ 中的对应位置 B_1' 和 B_2'。根据三维变换理论，B_1' 和 B_2' 在 $OXYZ$ 中的坐标为

$$(x'_{B1},y'_{B1},z'_{B1},1)=(-c,\Delta y,0,1)\cdot\boldsymbol{T}\cdot\boldsymbol{R}_x(\Delta\alpha)\cdot\boldsymbol{T}^{-1} \tag{5.25}$$

$$(x'_{B2},y'_{B2},z'_{B2},1)=(c,\Delta y,0,1)\cdot\boldsymbol{T}\cdot\boldsymbol{R}_x(\Delta\alpha)\cdot\boldsymbol{T}^{-1} \tag{5.26}$$

转换矩阵和旋转矩阵分别表示为

$$\boldsymbol{T}=\begin{bmatrix}1&0&0&0\\0&1&0&0\\0&0&1&0\\0&-y&-z&1\end{bmatrix},\quad \boldsymbol{R}_x(\Delta\alpha)=\begin{bmatrix}1&0&0&0\\0&\cos\Delta\alpha&\sin\Delta\alpha&0\\0&\sin\Delta\alpha&\cos\Delta\alpha&0\\0&0&0&1\end{bmatrix} \tag{5.27}$$

式中：$\boldsymbol{T}^{-1}$ 为 $\boldsymbol{T}$ 的逆矩阵；$\Delta\alpha=\alpha_2-\alpha_1$ 为旋转角度。

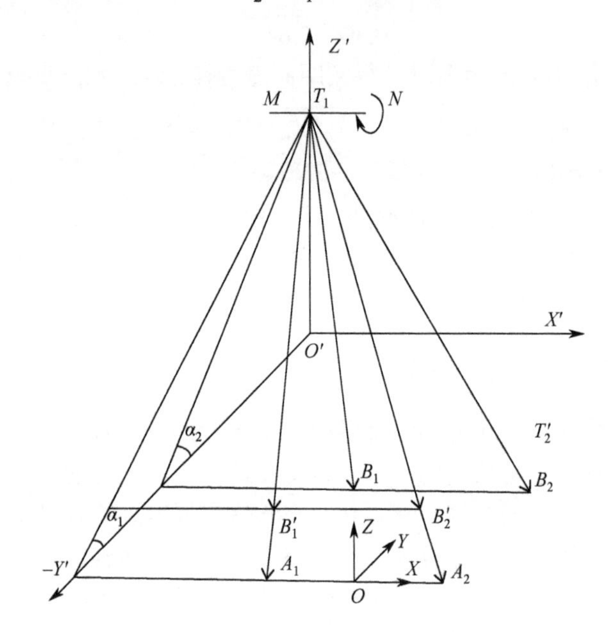

图 5.5　单 LED 交通信号灯非共面 LPS

需要注意的是，我们仅仅顺时针旋转了 y 轴和 z 轴，$\Delta\alpha$ 仅仅通过 y 坐标和 z 坐标的计算可以得到

$$\sin\alpha_1=\frac{z}{\sqrt{z^2+y^2}},\quad \cos\alpha_1=\frac{y}{\sqrt{z^2+y^2}} \tag{5.28a}$$

$$\sin\alpha_2=\frac{z}{\sqrt{z^2+(y-\Delta y)^2}},\quad \cos\alpha_2=\frac{y-\Delta y}{\sqrt{z^2+(y-\Delta y)^2}} \tag{5.28b}$$

通过式（5.28a）、式（5.28b）可以得到

$$\cos\Delta\alpha=\cos(\alpha_2-\alpha_1)=\cos\alpha_2\cos\alpha_1+\sin\alpha_2\sin\alpha_1 \tag{5.29a}$$

$$\sin\Delta\alpha=\sin(\alpha_2-\alpha_1)=\sin\alpha_2\cos\alpha_1-\cos\alpha_2\sin\alpha_1 \tag{5.29b}$$

有了上述结果，可以得到 $R_x(\Delta\alpha)$。

当有了 LED 交通信号灯高度 H 和探测器高度 h 的数据之后，可以得到 $z=H-h$。LED 交通信号灯 T_2' 到两个探测器的 TDOA 为

$$\alpha_2'=\frac{1}{2}\left(\left\|(x,y,z)-(x_{B1}',y_{B1}',z_{B1}')\right\|-\left\|(x,y,z)-(x_{B2}',y_{B2}',z_{B2}')\right\|\right) \tag{5.30}$$

则式（5.18）和式（5.19）又可以写为

$$\|(x,y,z)-(0,0,-c)\| = e_1\left[x-\left(-\frac{a_1}{e_1}\right)\right] \tag{5.31}$$

$$\|(x,y,z)-(x'_{B1},y'_{B1},z'_{B1})\| = e'_2\left[x-\left(-\frac{a'_2}{e'_2}\right)\right] \tag{5.32}$$

式中：$e'_2=\dfrac{c}{a'}$ 为新的双曲线的偏心率，新的双曲线是 LED 交通信号灯 T_1 和两个探测器映射位置 B'_1 和 B'_2 所决定的。

结合 5.3.1 节中给出的限制条件，可以得到 LED 交通信号灯的实际相对位置，进而得到车辆的绝对位置为 $(X_0-x\ ,Y_0-y\ )$。

2. 采用双 LED 交通信号灯的光定位系统中的共面旋转

与单 LED 交通信号灯的情况类似，双 LED 交通信号灯的情况如图 5.6 所示，绕交线 OX 旋转面 $T_2A_1A_2$ 使其和面 $T_1A_1A_2$ 重合，可以得到 T_2 在平面 $T_1A_1A_2$ 中的对应的点 T'_2。在 $OXYZ$ 坐标系统中，T_1 和 T_2 的相对位置分别为 (x_1,y_1,h_1) 和 (x_2,y_2,h_2)，其绝对位置分别为 (X_1,X_1,H_1) 和 (X_2,X_2,H_2)。根据三维变换理论，T'_2 的相对和绝对位置分别为

$$(x'_2,y'_2,h'_2,1)=(x_2,y_2,h_2,1)\cdot R_x(\Delta\alpha) \tag{5.33}$$

$$(X'_2,Y'_2,H'_2)=(X_2,Y_2,H_2)-(x_2-x'_2,y_2-y'_2,h_2-h'_2) \tag{5.34}$$

T'_2 到两个探测 A_1 和 A_2 的 TDOA 为

$$\alpha'_2=\frac{1}{2}\left[\sqrt{(x'_2+c)^2+(y'_2)^2+(h'_2)^2}-\sqrt{(x'_2-c)^2+(y'_2)^2+(h'_2)^2}\right] \tag{5.35}$$

则式（5.20）～式（5.23）又可以写为

$$\|(x_1,y_1,h_1)-(-c,0,0)\| = e_1\left[x_1-\left(-\frac{a_1}{e_1}\right)\right] \tag{5.36}$$

$$\|(x'_2,y'_2,h'_2)-(-c,0,0)\| = e'_2\left[x'_2-\left(-\frac{a'_2}{e'_2}\right)\right] \tag{5.37}$$

$$\|(x_1,y_1,h_1)-(x'_2,y'_2,h'_2)\| = \|(X_1,Y_1,H_1)-(X'_2,Y'_2,H'_2)\| \tag{5.38}$$

$$\frac{x_1-x'_2}{X_1-X'_2}=\frac{y_1-y'_2}{Y_1-Y'_2}=\frac{h_1-h'_2}{H_1-H'_2} \tag{5.39}$$

式中：$e'_2=\dfrac{c}{a'_2}$ 为新的双曲线的偏心率，新的双曲线是由映射后的 LED 交通信号灯位置 T'_2 和两个探测器位置决定的。结合 5.3.1 节中的限制条件，可以得到 LED 交通信号灯的实际相对位置，进而得到车辆的绝对位置 (X_1-x_1,Y_1-y_1) 或 $(X'_2-x'_1,Y'_2-y'_2)$。

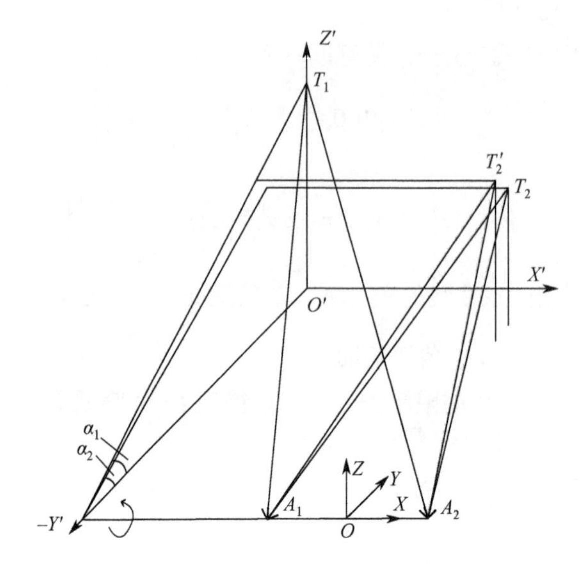

图 5.6　双 LED 交通信号灯非共面 LPS 系统

5.3.3　数值结果

本节主要衡量上述几种 LPS 方法的性能，分别讨论有和没有共面旋转的情况。采用下列估计偏差，即平均年定位误差作为性能指标：

$$\text{Bias} = \sqrt{\text{Bias}_X^2 + \text{Bias}_Y^2} \tag{5.40}$$

式中：Bias_X 和 Bias_Y 分别为 LPS 在 X 轴和 Y 轴上的误差。

假设 LED 交通光信号在一个无噪声的 VLC 链路中传播，并且是严格同步的，那么就不存在 LED 交通信号灯的绝对位置信息和信号传播到两个探测器的 TDOA 的误差。车辆用 LED 交通信号灯 T_1 和行人用信号灯 T_2 位于一个十字路口，并且在 X 轴上分别位于车辆左侧 3m 和右侧 1m 的距离。两个探测器安装于车辆前部，并且间距为 2m，以两个探测器中点的位置作为车辆的位置。车辆朝向 LED 交通信号灯方向行进，并且每 0.1s 记录一次 LED 交通信号灯的光信号到达两个探测器的 TDOA，LED 交通信号灯和探测器的高度和其他参数如表 5.1 所列。

表 5.1　基本参数

符号	含义	数值
H_1	LED 交通信号灯 T_1 的高度	6m
H_2	LED 交通信号灯 T_2 的高度	4m
h	探测器的高度	1m
D	探测器的间距	2m
t_2-t_1	记录的持续时间	0.1s

图 5.7 中表示了在单 LED 交通信号灯情况下，LPS 误差和信号灯与车辆在 Y 轴上的距离之间的关系。对于不考虑共面旋转的情况来说，LPS 偏差随着 LED 交通信号灯与车辆在 Y 轴上的距离的减小而明显增加，当距离小于 20m 的时候尤其明显。当车辆速度到达 10～30m/s 的时候，定位误差会变大。并且即便距离为 50m 时，在车辆速度为 10m/s 和 30m/s 时都会分别有 0.50m 和 0.52m 的误差。不过，根据假设，这里没有共面旋转导致的定位误差。

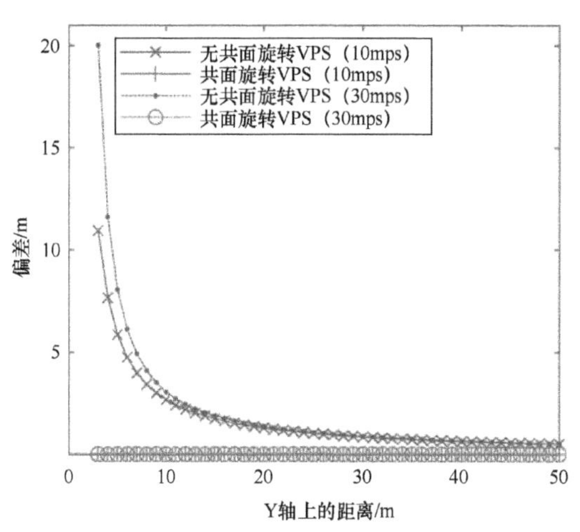

图 5.7　单 LED 交通信号灯 LPS 的偏差性能

现在假设两个 LED 交通信号灯 T_1 和 T_2 在 y 轴上距离车辆有相同的距离，图 5.8 描述了在 LPS 的定位性能随信号灯与车辆在 Y 轴上的距离变化的情况。当距离减小时，LPS 的定位误差会增加，这里不考虑共面旋转的情况。当距离为 50m 时，定位误差减小到 0.4m。当距离减小时，误差增加的比单 LED 交通信号灯情况下要慢得多。当距离为 5m 时误差为 3.4m，而对于单 LED 交通信号灯情况来说，在速度分别为 10m/s 和 30m/s 的情况下时，同样的距离时误差分别为 5.9m 和 8.1m。同样地，这里也没有考虑共面旋转导致的定位误差。

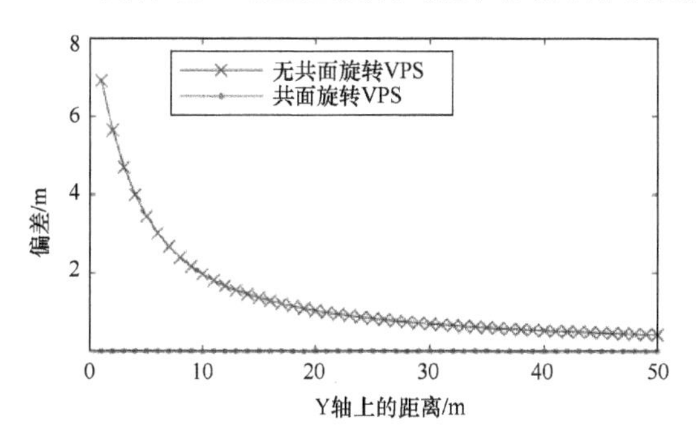

图 5.8　双 LED 交通信号灯 LPS 系统的偏差性能

5.4 小　　结

本章首先介绍了采用白光 LED 灯和相机组成的室内 LPS 模型，和对应的确定相机位置的无偏估计最优线性组合，该无偏估计可以达到克拉美罗下限；然后提出了应用于车辆定位的单 LED 交通信号灯和光电探测器的 LPS 模型。通过接收 LED 交通信号灯信号中携带的 LED 灯的位置信息和信号到达两个置于车辆前部探测器的时间差 TDOA，可以得到车辆的位置信息。提出的两种方案分别采用单信号灯和双信号灯。当考虑非共面影响时，可以通过共面旋转来改进上述定位方法。

本章介绍了采用可见光的室内和户外定位系统。其中的一个基本假设就是光源到探测器的链路中，不存在任何无线通信差错。无线光的多径接收，尤其是在室内情况下的墙面反射和户外情况下的环境物体反射和车辆移动问题，仍然是一个需要进一步研究的课题。

参 考 文 献

[1] Gu, Y., Lo, A. & Niemegeers, I. (2009), “A survey of indoor positioning systems for wireless personal networks,” IEEE Trans. Communications Surveys and Tutorials 11, 13–32.

[2] Liu, H., Darabi, H., Banerjee, P. & Liu, J. (2007), “Survey of wireless indoor positioning techniques and systems,” IEEE Trans. Systems, Man, and Cybernetics, Part C: Applications and Reviews 37, 1067–1080.

[3] Cheok, A. & Li, Y. (2008), “Ubiquitous interaction with positioning and navigation using a novel light sensor-based information transmission system,” Personal and Ubiquitous Computing 12, 445–458.

[4] Cheok, A. & Li, Y. (2010), “A novel light-sensor-based information transmission system for indoor positioning and navigation,” IEEE Trans. Instrumentation and Measurement 60, 290–299.

[5] Khoury, H. M. & Kamat, V. R. (2009), “Evaluation of position tracking technologies for user localization in indoor construction environments,” Automation in Construction 18, 444–457.

[6] Woo, S., Jeong, S., Mok, E. et al. (2011), “Application of WiFi-based indoor positioning system for labor tracking at construction sites: A case study in Guangzhou MTR,” Automation in Construction 20, 3–13.

[7] Lashkari, A. H., Parhizkar, B. & Ngan, M. N. A. (2010), “WiFi-based indoor positioning system,” in 2nd International Conference on Computer and Network Technology, Bangkok, pp. 76–78.

[8] Liu, X., Makino, H., Kobayashi, S. & Maeda, Y. (2006), “An indoor guidance system for the blind using fluorescent lights – relationship between receiving signal and walking speed,” in Proc. 28th Engineering in Medicine and Biology Society Conference, New York, pp. 5960–5963.

[9] Liu, X., Umino, E. & Makino, H. (2009), "Basic study on robot control in an intelligent indoor environment using visible light communication," in 6th IEEE International Symposium on Intelligent Signal Processing, Budapest, pp. 417–428.

[10] Randall, J., Amft, O., Bohn, J. & Burri, M. (2007), "Luxtrace: Indoor positioning using building illumination," Personal and Ubiquitous Computing 11, 417–428.

[11] Yoshino, M., Haruyama, S. & Nakagawa, M. (2008), "High-accuracy positioning system using visible LED lights and image sensor," in IEEE Radio and Wireless Symposium, Orlando, pp. 439–442.

[12] Randall, J., Amft, O., Bohn, J. & Burri, M. (2003), "Positioning beacon system using digital camera and LEDs," IEEE Trans. Vehicular Technology 52, 406–419.

[13] Bigas, M., Cabruja, E., Forest, J. & Salvi, J. (2006), "Review of CMOS image sensors," Microelectronics Journal 37, 433–451.

[14] Castillo-Vazquez, M. & Puerta-Notario, A. (2005), "Single-channel imaging receiver for optical wireless communications," IEEE Communications Letters 9, 897–899.

[15] Liu, X., Makino, H., Kobayashi, S. & Maeda, Y. (2008), "Research of practical indoor guidance platform using fluorescent light communication," IEICE Transactions on Communications E91B, 3507C3515.

[16] Sertthin, C., Ohtsuki, T.&Nakagawa, M. (2010), "6-axis sensor assisted low complexity high accuracy-visible light communication based indoor positioning system," IEICE Transactions on Communications E93B, 2879–2891.

[17] Shaifur, R. M., Haque, M. M. & Kim, K. (2011), "High-accuracy positioning system using visible LED lights and image sensor," in 14th International Conference on Computer and Information Technology (ICCIT), Dhaka, pp. 309–314.

[18] Kim, Y., Hwang, J., Lee, J. et al. (2011), "Position estimation algorithm based on tracking of received light intensity for indoor visible light communication systems," in 3rd International Conference on Ubiquitous and Future Networks (ICUFN), pp. 131–134.

[19] Kim, H., Kim, D., Yang, S., Son, Y. & Han, S. (2011), "Indoor positioning system based on carrier allocation visible light communication," in Lasers and Electro-Optics, Pacific Rim, Sydney, pp. 787–789.

[20] Savasta, S., Pini, M. & Marfia, G. (2008), "Performance assessment of a commercial GPS receiver for networking applications," in 5th IEEE Consumer Communications and Networking Conference, pp. 613–617.

[21] Savasta, S., Joo, T. & Cho, S. (2006), "Detection of traffic lights for vision-based car navigation system," in 1st Pacific Rim Symposium, PSIVT, pp. 682–691.

[22] Wang, W. & Cui, B. (2006), "Automatic monitoring and measuring vehicles by using image analysis," in Proceedings of SPIE-IS and T Electronic Imaging, pp. 1–8.

[23] Watada, S., Hayashi, K., Toda, M. et al. (2009), "Range finding system using monocular in vehicle camera and LED," in Intelligent Signal Processing and Communication Systems, 2009, IEEE, pp. 493–496.

[24] Nagura, T., Yamazato, T., Katayama, M. et al. (2010a), "Improved decoding methods of visible light communication system using LED array and high-speed camera," in 71st Vehicular Technology Conference (VTC

2010-Spring), pp. 1–5.

[25] Nagura, T., Yamazato, T., Katayama, M. et al. (2010b), "Tracking and led array transmitter for visible light communications in the driving situation," in 7th International Symposium on Wireless Communication Systems (ISWCS), pp. 765–769.

[26] Pang, G. & Liu, H. (2001), "Led location beacon system based on processing of digital images," IEEE Trans. Intelligent Transportation Systems 2, 135–150.

[27] Pang, G., Liu, H., Chan, C. & Kwan, T. (1998), "Vehicle location and navigation systems ased on leds," in Proceedings of 5th World Congress on Intelligent Transport Systems, Seoul, pp. 12–16.

[28] Roberts, R., Gopalakrishnan, P. & Rathi, S. (2010), "Visible light positioning: Automotive use case," in IEEE Vehicular Networking Conference (VNC), pp. 309–314.

[29] Hecht, E. (2001), Optics (4th ed.), Addison Wesley.

[30] Cui, K., Chen, G., Xu, Z.&Roberts, R. D. (2010), "Line-of-sight visible light communication system design and demonstration," in Proc. of 7th IEEE, IET International Symposium on Communication Systems, Networks and Digital Signal Processing, Newcastle, pp. 21–23.

[31] Gow, R., Renshaw, D., Findlater, K. et al. (2007), "A comprehensive tool for modeling CMOS image-sensor-noise performance," IEEE Trans. Electron. Devices 54, 1321–1329.

[32] Sadler, B. M., Liu, N., Xu, Z. & Kozick, R. (2008), "Range-based geolocation in fading environments," in Proc. of Allerton Conference, Monticello, pp. 23–26.

[33] Liu, N., Xu, Z.&Sadler, B.M. (2008), "Low complexity hyperbolic source localization with a linear sensor array," IEEE Signal Processing Letters 15, 865–868.

[34] Poor, H.V. (1994), An introduction to signal detection and estimation, Springer.

[35] Bai, B., Chen, G., Xu, Z. & Fan, Y. (2011), "Visible light positioning based on LED traffic light and photodiode," in IEEE Vehicular Technology Conference (VTC Fall), pp. 1–5.

第6章　可见光通信标准

6.1　VLC 标准概况

VLC 的优点是采用 LED 灯作为无线通信的发射源[1]。其照明标准依据 IEC TC 34 制定，涵盖了灯具与电源之间的电气安全连接。VLC 还需要遵循一些收发协议，如 PLASA E1.45[2]和 IEEE 802.15.7[3]，以及处理电气安全问题。即使 VLC 服务区、照明、厂商和标准不同，仍必须考虑兼容性。

6.1.1　VLC 服务区兼容性

在不同的照明空间区域都可以提供 VLC 服务[12]，如博物馆、购物中心、走廊、办公室、餐厅等的照明空间。有两种 VLC 服务类型：一种是针对特定区域，如公司或组织规定的位置，在该位置可以使用专有设备；另一种是公共区域，在该区域内，为了进行通信，设备必须符合通信标准。针对一个特定区域设计时，不需要任何 VLC 标准。无任何约束或限制的特定 VLC 的设计很简单，因为设计是基于专有技术，而不是基于如图 6.1 中（4）所示的定义标准。这种特殊类型的 VLC 具有开始阶段部署快、成本低的优点，但缺点是缺乏 VLC 服务区兼容性，如图 6.1 中的（2）、（5）、（6）所示。

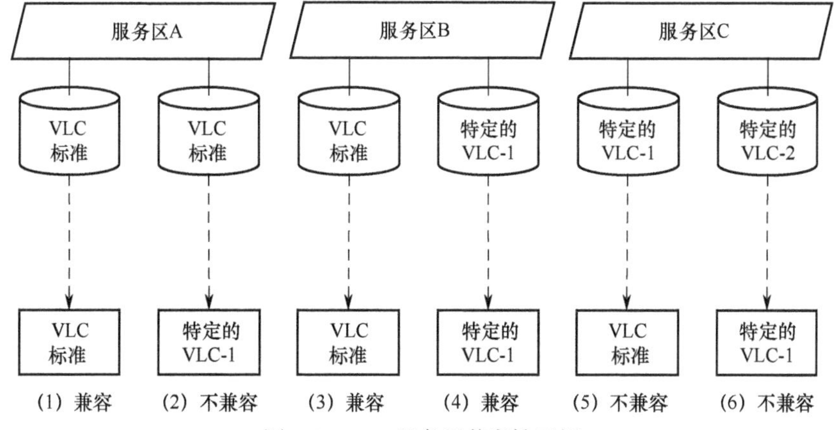

图 6.1　VLC 服务区兼容性示例

为确保 VLC 服务区对于任何类型服务区的兼容性，如图 6.1 中（1）和（3）所示，需要制定相应标准。国际标准有 IEEE 802.15.7[7]和 PLASA E1.45[11]。国家标准包括日本的 3 份文件[8]和韩国的 18 份文件[9]。

6.1.2 VLC 照明兼容性

LED 照明有各种各样的功率、灯具和色谱，其功率和形状因预期用途而有所不同。LED 照明系统非常广泛，VLC 标准必须适用于各种 LED 系统。了解 IEC TC 34 中的 LED 照明标准有利于继续开发新的标准，包括 LED 照明中 VLC 组件的标准，如图 6.2 所示。

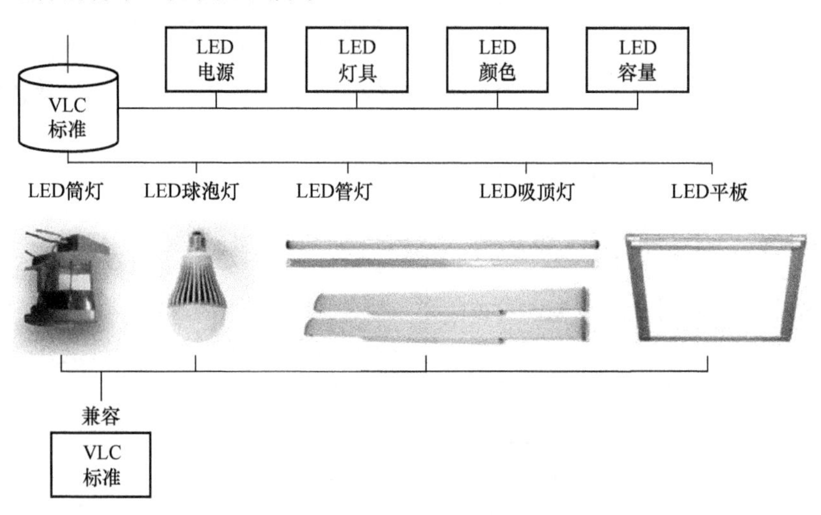

图 6.2 VLC 照明兼容性

6.1.3 VLC 厂商兼容性

LED 照明厂商很多，都可以自由推出和召回 LED 照明产品。照明和接收终端可能停止工作或达到其使用寿命。VLC 标准必须支持 VLC 厂商兼容性，这样就可以自由选择 LED 照明和接收终端，而不需要选择特定厂商或产品。如图 6.3 中的（1）和（2）所示，可以随时更换任意产品、任意制造商和任意厂商，而图中的情况（3），由于缺少厂商兼容性就出现了问题。

为了实现 VLC 厂商兼容性，需要制定互操作配置文件标准。如果买不到具有 VLC 兼容性的合适产品，我们必须选择重新安装照明设备和更换接收终端、放弃 VLC 服务或只安装照明设备。而照明功能是生活必需的，不能被放弃。

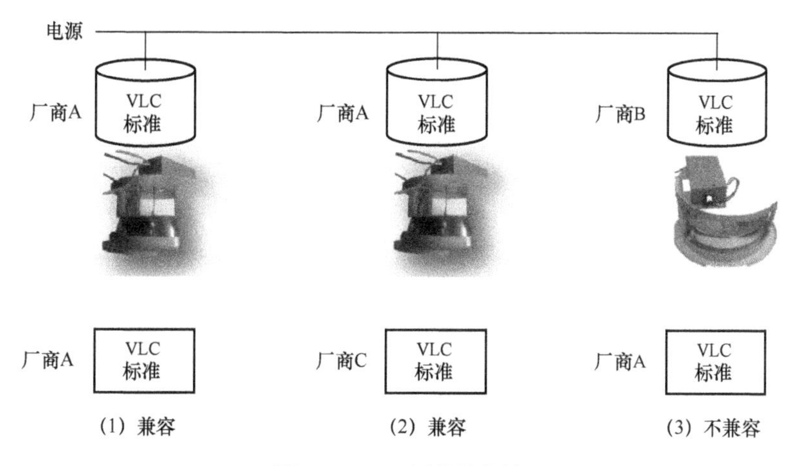

图 6.3 VLC 厂商兼容性

6.1.4 VLC 标准兼容性

图 6.4 给出了与 VLC 相关的若干标准：IEEE 802.15.7 VLC PHY/MAC、IEC TC 34 LED 照明、PLASA E1.45 DMX-512A VLC，以及 LED 发光源 ZHAGA 引擎[10]。其中，2011 年发布的 IEEE 802.15.7 VLC PHY/MAC 涵盖了 VLC 物理层（Physical Layers，PHY）的内部 LED 照明和接收器标准。

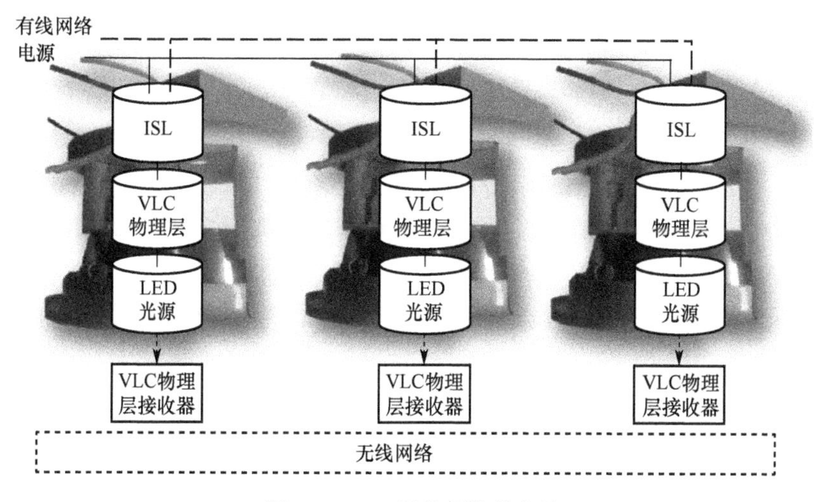

图 6.4 VLC 通信标准兼容性

IEC TC 34 LED 智能照明系统（Intelligent System Lighting，ISL）临时工作组正在制定可见光通信数字功能组件标准。2013 年发布的 PLASA E1.45 DMX-512A VLC 涵盖了 VLC 数据，以及 LED 照明和控制服务器之间的有线传输。ZHAGA 引擎适用于 LED 光源照明。LED 照明开关可以通过 ZigBee、

Irda、蓝牙和 Wi-Fi 等无线网络控制。

多个标准组织或工作组可以同时制定国际或国内标准规范，在保证标准兼容性的前提下，他们可以通过交换文件分享其标准活动和起草规范。新的标准规范可以是对之前标准的升级或版本更新，但必须确保向前和向后的标准兼容性，其结果是为开发人员和最终用户提供一致性原则和避免混淆。

6.2 VLC 调制标准

IEEE 802.15.7 VLC 基于不同应用有 3 种不同的物理层（PHY）：PHY Ⅰ、PHY Ⅱ和 PHY Ⅲ。PHY Ⅰ用于户外低数据速率应用[4-6]。该模式使用开关键控（OOK）和可变脉冲位置调制（VPPM）调制，数据速率在数十至数百千比特每秒之间。PHY Ⅱ适用于中等数据速率的室内应用。此模式使用 OOK 和 VPPM 调制，数据速率为几十兆比特每秒。PHY Ⅲ适用于采用多光源的彩色移位键控（CSK）调制和检测器数据速率为数十兆比特每秒的应用。

6.2.1 可变脉冲位置调制

VLC 的调制方法需要与照明光的调光控制相适应，有一种方法就是 VPPM。VPPM 是一种通过调光控制来实现的调制方案，它通过改变占空比或脉冲宽度来实现调光，而不是控制幅度。

VPPM 将 2-PPM 与脉宽调制（PWM）结合起来实现调光控制。VPPM 中的比特“1”和“0”由脉冲位置区分，而脉冲宽度由调光比决定。VPPM 的原理如图 6.5 所示。

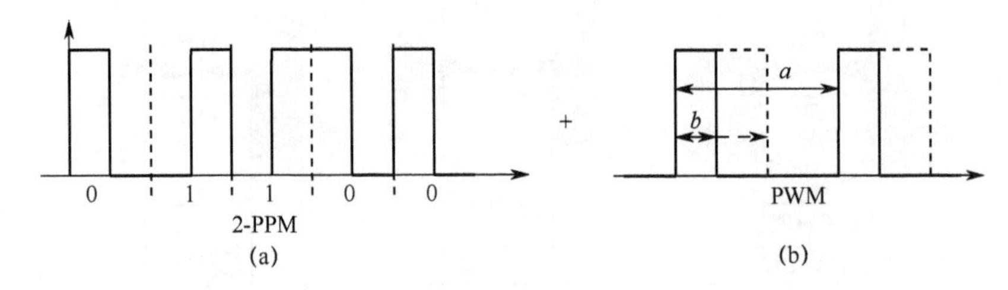

图 6.5 VPPM 的原理

6.2.2 线路编码

4B6B 线路编码将每个 4 比特编码块扩展为 6 比特编码块，使其具有直流平衡特性，即每个 6 比特编码块中总是恰好有 3 个 0 和 3 个 1。

6.3 VLC 数据传输标准

VLC 数据传输有两种类型：一种是 VLC 照明中的固定数据；另一种是可变数据。其中可变数据可以根据有线传输协议和无线传输协议进行改变。

6.3.1 有线传输协议

有两种备选有线 VLC 数据传输协议：PLASA E1.45 DMX-512A VLC 和 IEC 62386 DALI VLC（表 6.1）。PLASA 是一个专业照明和音响行业协会，承担了一个技术标准的制定工作。

表 6.1 VLC 有线传输协议

标准规范	组织	功能
E1.45 DMX-512AVLC	PLASA	DMX512-A 数据链路，用于 VLC（IEEE 802.15.7）灯具数据传输
IEC 62386 DALI	IEC TC 34	电子照明设备数字信号控制协议

2013 年发布的 Plasa E1.45 DMX-512A VLC 允许通过 ANSI E1.11 DMX512-A 数据链路实现 802 数据和灯具间的通信，以便使用 VLC（IEEE 802.15.7）实现灯具间的数据传输。ANSI E1.11 于 2008 年修订，描述了用于控制照明设备和附件（包括调光器、变色器和相关设备）的数字数据传输方法。DMX512-A 可用于户外媒体立面 LED 照明[13]。

IEC TC 34 62386 DALI 是 VLC 数据传输的候选协议之一。国际电工技术委员会（IEC）是为所有电气、电子和相关技术制定和发布国际标准的世界性组织[12]。IEC 62386 数字可寻址照明接口（DALI）规定了电子照明设备的数字信号控制协议。DALI 可用于室内照明调光控制。

6.3.2 无线传输协议

无线传输的补充协议有 ZigBee、IrDa、蓝牙和无线局域网。由于其单向通信的工作原理，VLC 需要额外的无线通信技术。

在 IEEE 802.15.4 中定义的 ZigBee 用于只需要低数据速率、长电池寿命和 250kb/s 传输速率的安全联网的应用场合。ZigBee 可用于进行调光控制的无线光开关。

6.4 VLC 照明标准

VLC 技术的优点是直接利用 LED 的照明，而不需要任何其他传输介质，因此需要符合传统的照明标准。TC 34 成立于 1948 年，该组织为灯具和其他相关设备制定了国际标准。

6.4.1 LED 灯具接口

国际 ZHAGA 联盟正在制定接口规范，使不同制造商制造的 LED 光源具有互换性。ZHAGA 规范被称为规格书（book），描述了 LED 灯具和 LED 光引擎之间的接口。它将加速 LED 照明解决方案在市场上的应用。

根据灯具的形状，8 本规格书包括以下技术：1 是概述，2、5、6、8 是灯座式鼓形 LED 光源，3 是圆形 LED 模块，4、7 是矩形 LED 模块，

VLC 采用 LED 光源，虽然 ZHAGA LED 模块没有被视为 VLC，但在开发 VLC 技术和应用服务时，必须考虑 ZHAGA LED 模块的规范。

6.4.2 LED 灯具接口

国际电工技术委员会（TC 34）一直在制定与照明灯相关的国际标准，包括 LED、灯头和灯座、灯控制装置、灯具以及其他技术组织项目未涉及的相关设备。

照明灯具可以具备 VLC 功能，但 IEC TC 34 尚未制定任何 VLC 规范，它需要规定如何将照明本身和利用照明实现无线通信这两者结合起来。

6.4.3 LED 智能系统照明接口

2014 年 1 月，IEC TC 34 智能系统照明临时工作组举行了第一次面对面会议，其议题是传统照明产业与信息通信技术（ICT）的创新性融合技术。会议介绍了使用诸如无线通信、有线通信和 VLC 等 ICT 技术的 LED 照明的功能，如图 6.6 所示。无线通信技术可根据应用的具体要求，选择使用 ZigBee、蓝牙、IrDA 和无线 LAN。VLC 需要发展照明功能和其他诸如无线通信和有线通信等信息技术的融合。

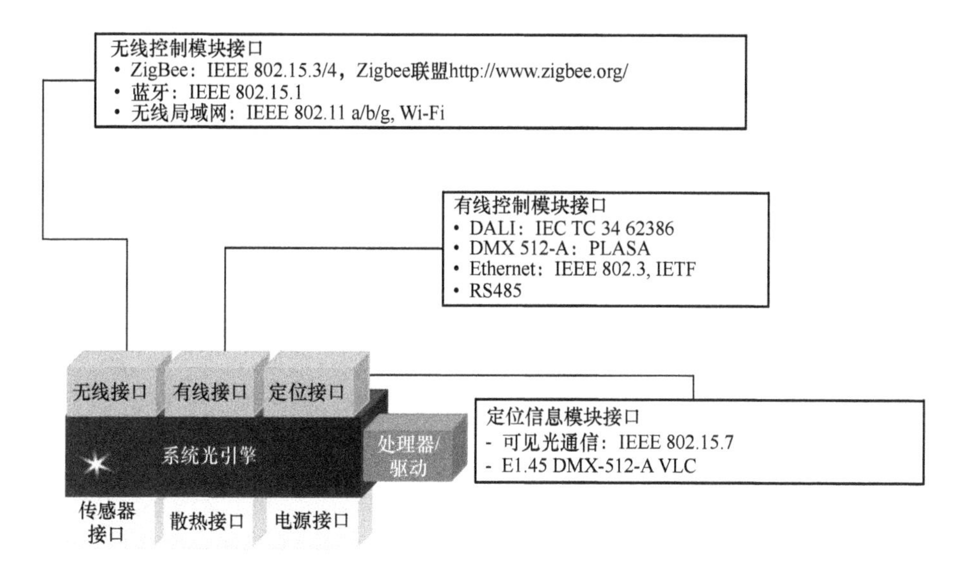

图 6.6　带有 VLC 的 LED 系统光引擎

6.4.4　VLC 服务相关标准

在 IEEE 802.15.7、IEC TC 34、Plasa CPWG、TTAVLC WG、VLCC 和 ITU-T SG 16 中可以找到 VLC 服务的标准活动。

《高级无线光通信》[1]的第 14 章“可见光通信”，提及应用包括 VLC 引导系统、VLC 颜色意象系统、VLC 室内导航和 VLC 汽车驾驶支持系统。

VLC 引导系统使用照明庭院、国家边界或设施的灯实现制导和防止外部攻击。这些灯具有识别号（VLC ID 或 LED ID）和导航信息。一个 VLC 颜色意象系统使用颜色灯本身的颜色信息，无论是出于本能还是教育结果。VLC 室内导航在不支持 GPS 的位置使用具有 VLC 功能的灯进行室内销售区导航。VLC 汽车驾驶支持系统使用前照灯、雾灯、转向信号灯和刹车灯等来保证安全驾驶。

TTA VLC 工作组（WG4021）成立于 2007 年 5 月。VLC 工作组于 2008 年制定了 TTA 5 VLC 标准规范，包括 VLC 发射机物理层基本配置、VLC 接收机物理层基本配置、照明和 VLC LED 接口基本配置、VLC 光定位信息服务模型的基本配置，以及 VLC 照明标识基本配置。

VLC 工作组于 2013 年制定了 TTA 23 VLC 和 LED 控制相关标准草案。这 18 个规范的主要内容是关于如何结合 VLC 和照明技术。

VLC 可以提供创新性服务，但相关的标准规范尚未制定。目前，可用的标准有 IEEE 802.15.7 的 VLC 物理层规范和 PLASA E1.45 的 VLC 数据有线传输规范。VLC 市场的开放需要制定服务标准规范，这些规范将从应用服务功能开发的角度为用户提供指导。

参 考 文 献

[1] Shlomi Arnon, John R. Barry, George K. Karagiannidis, Robert Schober, and Murat Uysal, Advanced Optical Wireless Communication, Chapter 14 "Visible light communication," pp. 351–368, Cambridge University Press, 2012.

[2] ANSI E1.45, "Unidirectional transport of IEEE 802 data frames overANSI E1.11 (DMX512-A)," 2013.

[3] IEEE Std 802.15.7-2011, "IEEE standard for local and metropolitan area networks – part 15.7: Short-range wireless optical communication visible light," 2011.

[4] Sang-Kyu Lim, "ETRI PHY proposal on VLC band plan and modulation schemes for illumination," IEEE 802.15-09-0674-00-0007, 2009.

[5] Dae Ho Kim, "ETRI PHY proposal on VLC line code for illumination," IEEE 802.15-09-0675-00-0007, 2009.

[6] Youjin Kim, "Analysis of IP-based control networks for LED lighting fixture communication," New Trends in Information Science and Service Science (NISS), 4th IEEE Conference, 2010, pp. 307–312.

[7] Eun Tae Won, (2009, January), IEEE 802.15 WPAN™ Task Group 7 (TG7) Visible Light Communication, Available: http://www.ieee802.org/15/pub/TG7.html.

[8] Masao Nakagawa, (2007), Visible Light Communication Consortium, Available: http://www.vlcc.net.

[9] Leem Chasik, (2014), Telecommunication Technology Association Visible Light Convergence Communication Project Group 425, Available: http://www.tta.or.kr/English/.

[10] "LED light sources interchangeable," Zhaga Consortium, (2014), Available: http://www.zhagastandard.org/.

[11] Karl Ruling, (2014), PLASA Standards, Control Protocol Working Group, Available: https://www.plasa.org/.

[12] International Electrotechnical Commission Technical Sub-committee 34C, "Auxiliaries for lamps," (2014), http://www.iec.ch/.

[13] Sang-Kyu Lim, "Entertainment lighting control network standardization to support VLC services," IEEE Communication Magazine 51, (12), pp. 42–48, 2013.

第7章　可见光通信同步问题

前几章已经概述了 VLC 技术的许多方面，展现了这种新兴照明和通信技术的前景。可以预见，VLC 将成为办公室、公路（V2V 通信），甚至是玩具（迪士尼研究）的常用设施。VLC 的广泛应用将推动数据传输速率的指数级增长，半导体工业也在不断开发相适应的高速率光源。高速率 VLC 为调制方法开辟了新的机遇，这些调制方法正在研究开发中，以同时满足照明和通信的特殊要求。信号解调以及发送信息的恢复需要严格的同步。本章介绍 4 种 VLC 调制方法：开关键控调制（OOK）、脉冲位置调制（PPM）、逆脉冲位置调制（IPPM）和可变脉冲位置调制（VPPM），给出描述每种调制的误码率（BER）表达式，并给出 IPPM 方法中时钟漂移和抖动对系统误码率性能的影响。

7.1　引　　言

前几章已经详细阐述 VLC 系统的许多不同应用，如 V2V[1-5]、玩具短距离通信[6-8]和高速室内应用[7-13]。虽然 VLC 的基本原理很简单，就是光源将来自发射机的电信号转换成调制光信号，并由照明光传送到接收机，但可以采用不同的调制方法将信息封装在照明光中。常见的调制方法可分为 3 类[11,13,14]，分别基于：①照明颜色，如色移键控（CSK）；②副载波，如离散多音频（DMT）或正交频分复用（OFDM）；③时域的强度测量，包括 OOK、PPM、IPPM 和 VPPM。这些方法使得利用照明光作为载波以相对简单的方式承载信息成为可能。然而，时域调制方法的性能对时间同步和时钟抖动非常敏感。本章将介绍上述 4 种不同的时域调制方法，并给出其 BER 表达式。本章的其余部分将详细介绍时间同步对 IPPM 调制性能的影响。

7.2　VLC 时域调制方法

本节将详细介绍 4 种不同的调制方法，它们在时域将信息封装在 VLC

信号中。VLC 和传统通信场景的主要区别在于，当调低光线强度时仍需保持足够的通信性能。接下来分别介绍 OOK、PPM、IPPM 和 VPPM 4 种调制方式。

7.2.1 开关键控调制

OOK 是一种二进制信号调制形式，其比特编码方式为：如果信息为“1”，则在 Ts 时隙中传输光功率；如果信息为“0”，则在 Ts 时隙中不传输光功率[13]。根据所需的调光比，通过降低传输脉冲功率来实现调光（图 7.1）。

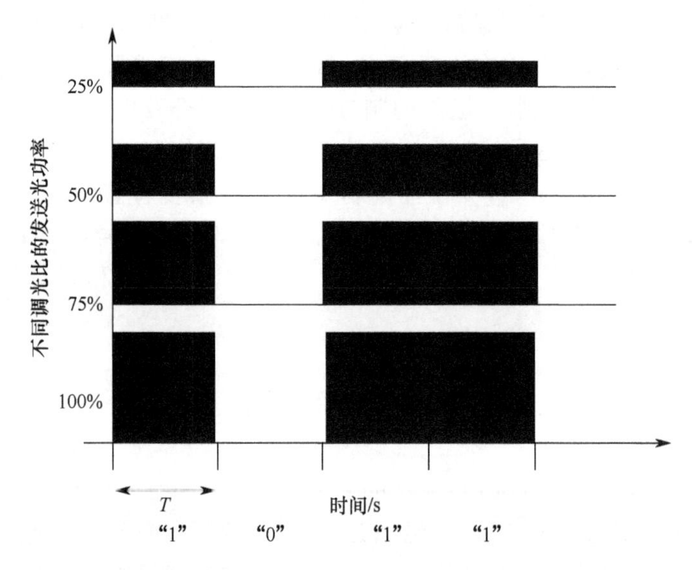

图 7.1 具有不同调光比的 OOK，编码信息为“1 0 1 1”

7.2.2 脉冲位置调制

PPM[13-15]是一种信号调制方式，可以实现 m 个信息比特的编码，在长度为 T s 的时隙内，在 2^M 个时隙中的一个位置上发送一个持续时间为 $T_c=T/2^M$ s 的脉冲，其中 T 为码字持续时间。该调制方案每 T s 重复一次，因此传输比特速率为 M/T b/s。根据所需的调光比，通过降低传输脉冲功率来实现调光（图 7.2）。

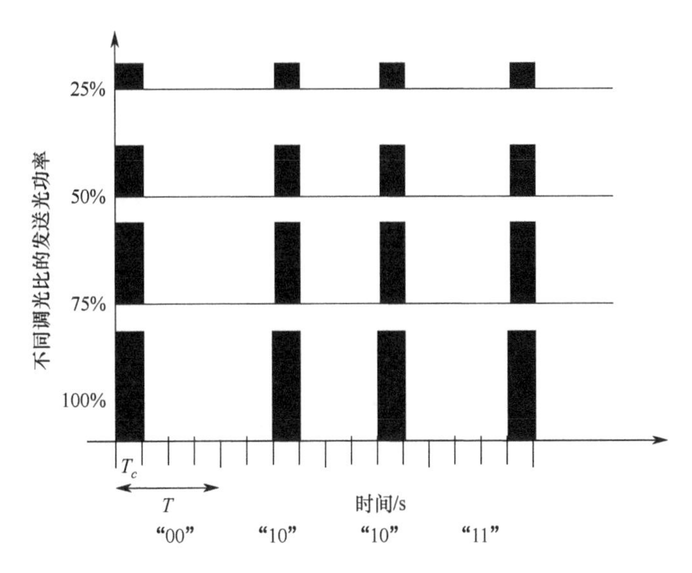

图 7.2　具有不同调光比的 PPM，编码信息为“00 10 10 11”

7.2.3　逆脉冲位置调制

IPPM[16]是一种信号调制方式，可以实现 m 个信息比特的编码，除了在 2^M 个时隙中的一个位置上留“孔”外，在整个 T s 内都发射功率，其中“孔”的持续时间为 $T_c=T/2^M$。该调制方案每 T s 重复一次，因此传输比特速率为 M/T b/s。根据所需的调光比，通过降低传输脉冲功率来实现调光（图 7.3）。

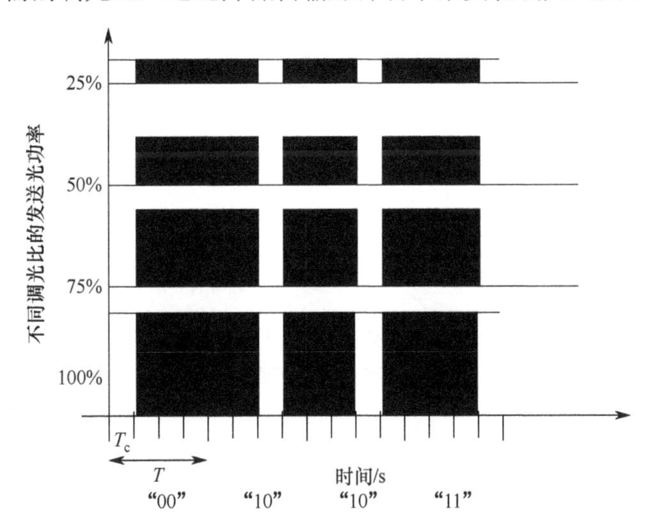

图 7.3　具有不同调光比的 IPPM，编码信息为“00 10 10 11”

7.2.4 可变脉冲位置调制

VPPM 是一种信号调制形式，其信息比特的编码方式为：在码字开头发送脉冲表示“0”，在码字末尾发送脉冲表示“1”[11,14,17]，脉冲持续时间根据所需照明（调光）的百分比确定。这种方法的主要优点是，只要有一些照明，通信就不会受到调光量变化的影响。该调制方案每 T s 重复一次，因此传输比特率为 $1/T$ b/s（图 7.4）。

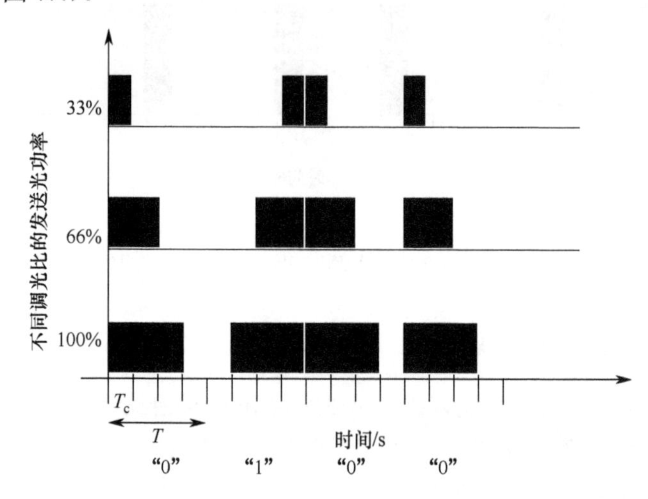

图 7.4　具有不同调光比的 VPPM，编码信息为“0 1 0 0”

7.3 误码率计算

本节基于上述 4 种调制方法（OOK、PPM、IPPM 和 VPPM）推导了可达 BER 的表达式。

7.3.1 OOK 误码率

OOK 是一种二进制信号强度调制，它通过直接检测接收机来实现，光功率通过光电检测器转换成电信号。其转换效率由检测器的响应率 R 来描述。用 y 表示判决前的电信号。接收机对接收信号积分，并根据给定的算法标准判决是 1 还是 0。假设电子噪声和背景噪声为主要噪声源，可由时隙之间统计独立的加性高斯白噪声模型描述。对于信号 1 和 0，噪声的均值为零，协方差分别为 σ_1^2 和 σ_0^2。积分后，信号由以下条件密度函数描述：

$$P(y|''1'')=\frac{1}{\sqrt{2\pi}\sigma_1}\mathrm{e}^{-\frac{(y-\mu_1)^2}{2\sigma_1^2}} \tag{7.1}$$

$$P(y|''0'')=\frac{1}{\sqrt{2\pi}\sigma_0}\mathrm{e}^{-\frac{(y-\mu_0)^2}{2\sigma_0^2}} \tag{7.2}$$

在 7.4 节中，将分析同步抖动和漂移；因此重新排列信号和噪声的表达式，以便比特/码字的持续时间 T 成为信号表达式的一部分。信号用能量的平方根表示，因此 $\mu_1=\eta_{\mathrm{D}}RP_1T^{0.5}$ 为接收光信号，$\sigma_1^2=\sigma_{\mathrm{TH}}^2+2q\eta_{\mathrm{D}}RP_1$ 为伴随接收机噪声方差。$\mu_0=0$ 和 $\sigma_0^2=\sigma_{\mathrm{TH}}^2$ 分别为没有收到功率信号时的接收光信号和接收噪声方差，P_1 是光功率，σ_{TH}^2 包括热噪声和背景散弹噪声的影响，η_{D} 是照明调节因子，$0<\eta_{\mathrm{D}}\leqslant 1$。

这种情况下的判决算法基于最大后验概率（Maximum A-Posteriori probability，MAP）准则，该准则根据下式判定接收信号：

$$\hat{s}=\underset{s}{\mathrm{MAX}}\left\{\frac{P(y|s)P(s)}{P(y)}\right\} \tag{7.3}$$

式中：$P(y|s)$ 为条件概率，即如果发送比特 s（取 1 或 0），将接收到 y；$P(s)$ 为发送 1 或 0 的先验概率；$P(y)$ 为 y 的先验概率。

分母对于所有信号都是相同的，因此不会影响判决。在通信系统中，传输 1 和 0 比特的概率在大多数情况下是相等的，因此可以简化式（7.3）并使用最大似然（Maximum Likelihood，ML）估计。

在这种情况下，似然函数由下式给出：

$$\begin{aligned}\Lambda(y)&=\frac{P(y/\mathrm{on})}{P(y/\mathrm{off})}\\&=\frac{\sigma_{\mathrm{TH}}}{\sqrt{\sigma_{\mathrm{TH}}^2+2q\eta_{\mathrm{D}}RP_1}}\exp\left(\begin{array}{l}-y^2\left(\dfrac{1}{2(\sigma_{\mathrm{TH}}^2+2q\eta_{\mathrm{D}}RP_1)}-\dfrac{1}{2\sigma_{\mathrm{TH}}^2}\right)\\+\left(\dfrac{y\eta_{\mathrm{D}}RP_1\sqrt{T}}{\sigma_{\mathrm{TH}}^2+2q\eta_{\mathrm{D}}RP_1}\right)\\-\dfrac{\left(y\eta_{\mathrm{D}}RP_1\sqrt{T}\right)^2}{2(\sigma_{\mathrm{TH}}^2+2q\eta_{\mathrm{D}}RP_1)}\end{array}\right)\end{aligned} \tag{7.4}$$

如果 $\sigma_{\mathrm{TH}}^2\gg 2q\eta_{\mathrm{D}}RP_1$，式（7.4）可以通过在方程两边取自然对数 $\ln(x)$，消去公因数，重新整理简化。因为这个表达式很复杂，所以通常使用近似值来计算误码率：

$$\mathrm{BER}\approx\frac{1}{2}\mathrm{erfc}\left(\frac{\eta_{\mathrm{D}}RP_1\sqrt{T}}{\sqrt{2}\left(\sqrt{\sigma_{\mathrm{TH}}^2+2q\eta_{\mathrm{D}}RP_1}+\sqrt{\sigma_{\mathrm{TH}}^2}\right)}\right) \tag{7.5}$$

7.3.2 PPM 误码率

PPM 也是一种信号强度调制，和 OOK 一样，可以用直接检测接收机来接收，其中光功率通过光电检测器转换为电信号。在做判决前，所得电信号由 y_i 表示，式中 $i\in\{0\cdots2^M-1\}$。接收机将接收信号对 2^M 时移中每个位置进行积分。假设在无光信号传输（0）时电子噪声和背景噪声是主要噪声源，其他情况下，信号散弹噪声和电子噪声、背景噪声一起构成主要噪声源。在这两种情况下，噪声都可以用加性高斯白噪声模型描述，且各时隙间统计独立。对于信号 1 和 0，噪声的均值为零，协方差分别为 σ_1^2 和 σ_0^2。积分后，信号 y_i 由以下条件密度函数描述：

$$P(y_0|''1'')=\frac{1}{\sqrt{2\pi}\sigma_1}\mathrm{e}^{-\frac{(y_0-\mu_1)^2}{2\sigma_1^2}} \tag{7.6}$$

$$P(y_i|''0'')=\frac{1}{\sqrt{2\pi}\sigma_{0i}}\mathrm{e}^{-\frac{(y_i-\mu_{0i})^2}{2\sigma_{0i}^2}}\quad i\in\{1\cdots2^M-1\} \tag{7.7}$$

式中：$\mu_1=\eta_{\mathrm{D}}RP_1T_{\mathrm{C}}{}^{0.5}$ 和 $\sigma_1^2=\sigma_{\mathrm{TH}}^2+2q\eta_{\mathrm{D}}RP_1$ 分别为发送“1”时的接收光信号和伴随接收机噪声方差，R 为检测器的响应率，P_1 为光功率，σ_{TH}^2 包括热噪声和背景散弹噪声的影响，η_{D} 为照明调节因子，$0<\eta_{\mathrm{D}}\leqslant1$；$\mu_{0i}=0$ 和 $\sigma_{0i}^2=\sigma_{\mathrm{TH}}^2$ 分别为发送“0”时的接收光信号和接收噪声方差。

积分后，接收机通过比较 2^M 个积分结果来判定哪个时隙具有最大值。判决算法计算信号向量最大值的索引，用函数 $[\boldsymbol{J},\boldsymbol{B}]=\max(\boldsymbol{A})$ 进行数学描述。此函数查找 $\boldsymbol{A}$ 的最大值的索引，并在输出向量 $\boldsymbol{J}$ 中返回，$\boldsymbol{B}$ 为 $\boldsymbol{A}$ 中最大的元素。$\boldsymbol{A}$ 由 $\boldsymbol{A}=[\mu_0\cdots\mu_{2M-1}]$ 给出。判决算法通过比较器实现，比较器在码字周期结束时，从 2^M 个时隙中找出最大电压测量值。如果能先算出正确判决的概率，就可以很容易算出误码率。正确的判决通过从负无穷到正无穷范围对接收信号振幅积分获得。对于该范围内的每个值，计算脉冲时隙接收信号大于所有其他时隙的信号值的概率。因此，1 减去正确判决概率就是错误概率。这里还假设所有 y_i（$i>1$）都是相同且独立分布（Identical and Independently Distributed，IID）的随机过程，因此它们可以用一个相同的密度函数 $P(y)=$

$\frac{1}{\sqrt{2\pi}\sigma_{0i}}\mathrm{e}^{-\frac{(y_i-\mu_{0i})^2}{2\sigma_{0i}^2}}$ 表示。

此时误码率由下式给出：

$$\mathrm{BER}=\frac{2^{M-1}}{(2^M-1)}\left[1-\left[\int_{-\infty}^{\infty}\frac{1}{\sqrt{2\pi}\sigma_1}\mathrm{e}^{-\frac{(x-\mu_1)^2}{2\sigma_1^2}}\left(\int_{-\infty}^{x}\frac{1}{\sqrt{2\pi}\sigma_{0i}}\mathrm{e}^{-\frac{(x-\mu_1)^2}{2\sigma_{0i}^2}}\mathrm{d}y\right)^{2^M-1}\mathrm{d}x\right]\right] \tag{7.8}$$

式中：$2^{M-1}/(2^M-1)$ 的作用是将波特误码率转换为比特误码率。利用误差函数 $\mathrm{erf}(x)=\frac{2}{\sqrt{\pi}}\int_0^x \exp(-t^2)\mathrm{d}t$ 表示误码率如下：

$$\mathrm{BER}=\frac{2^{M-1}}{(2^M-1)}\left[1-\left[\int_{-\infty}^{\infty}\frac{1}{\sqrt{2\pi}\sigma_1}\mathrm{e}^{-\frac{(x-\mu_1)^2}{2\sigma_1^2}}\left(1+\mathrm{erf}\left(\frac{(x-\mu_{0i})}{\sqrt{2}\sigma_{0i}}\right)\right)^{2^M-1}\mathrm{d}x\right]\right] \tag{7.9}$$

7.3.3　IPPM 误码率

和 OOK 和 PPM 一样，IPPM 也是一种信号强度调制，可以用直接检测接收机来接收，光功率通过光电检测器转换为电信号。判决前的电信号由 y_i 表示，式中 $i\in\{0\cdots 2^M-1\}$。接收机将接收信号对 2^M 个时移中每个位置进行积分，在积分周期结束时，接收机通过比较 2^M 个积分结果来判定哪个时隙具有最小值。假设电噪声和背景噪声是“孔”的主要噪声源，信号散弹噪声、电噪声和背景噪声是其他部分的主要噪声源。这两种情况下的噪声都可以通过加性高斯白噪声进行建模，各时隙的加性高斯白噪声统计独立。对于信号和孔，噪声的均值为 0，协方差分别为 σ_i^2 和 σ_0^2。积分后，信号 y_0 和 y_i 由以下条件密度函数描述：

$$P(y_0|''孔'')=\frac{1}{\sqrt{2\pi}\sigma_0}\mathrm{e}^{-\frac{(y_0-\mu_0)^2}{2\sigma_0^2}} \tag{7.10}$$

$$P(y_i|''信号'')=\frac{1}{\sqrt{2\pi}\sigma_i}\mathrm{e}^{-\frac{(y_i-\mu_1)^2}{2\sigma_i^2}}\quad i\in\{1\cdots 2^M-1\} \tag{7.11}$$

式中：$\mu_1=\eta_{\mathrm{D}}RP_1T_{\mathrm{C}}^{0.5}$ 和 $\sigma_i^2=2q\eta_{\mathrm{D}}RP_1+\sigma_{\mathrm{TH}}^2$ 分别为发送“1”时的接收光信号和伴随接收机噪声方差，R 为检测器的响应率，P_1 为光功率，σ_{TH}^2 包括热噪声和背景散弹噪声的影响，η_{D} 为照明调节因子，$0<\eta_{\mathrm{D}}\leqslant 1$。$\mu_0=0$ 和 $\sigma_0^2=\sigma_{\mathrm{TH}}^2$ 分别为接收到“孔”时的接收光信号和接收噪声方差。

判决算法计算信号向量最小值的索引，用函数$\left[\boldsymbol{J},\boldsymbol{B}\right]=\min(\boldsymbol{A})$进行数学描述。此函数查找 $\boldsymbol{A}$ 的最小值的索引，并在输出变量 $\boldsymbol{J}$ 中返回，$\boldsymbol{B}$ 为 $\boldsymbol{A}$ 中最小素。$\boldsymbol{A}$ 由$\boldsymbol{A}=\left[\mu_0\cdots\mu_{2M-1}\right]$给出。判决算法通过比较器实现，比较器在码字周期结束时，从2^M个时隙中找出最低电压。如果能先算出正确判决的概率，就可以很容易算出误码率。正确的判决通过从负无穷到正无穷范围对接收信号振幅积分获得。对于该范围内的每个值，计算“孔”时隙接收信号小于所有其他时隙的信号值的概率。因此，1 减去正确判决概率就是错误概率。这里还假设所有y_i，$i\in\left\{1\cdots2^M-1\right\}$，都是相同且独立分布的随机过程，因此它们可以用一个相同的密度函数$P(y)=\dfrac{1}{\sqrt{2\pi}\sigma_i}\mathrm{e}^{-\frac{(y_i-\mu_i)^2}{2\sigma_i^2}}$表示。

此时误码率由下式给出：

$$\mathrm{BER}=\frac{2^{M-1}}{(2^M-1)}\left[1-\left[\int_{-\infty}^{\infty}\frac{1}{\sqrt{2\pi}\sigma_0}\mathrm{e}^{-\frac{(x-\mu_0)^2}{2\sigma_0^2}}\left(\int_{x}^{\infty}\frac{1}{\sqrt{2\pi}\sigma_i}\mathrm{e}^{-\frac{(x-\mu_i)^2}{2\sigma_i^2}}\mathrm{d}y\right)^{2^M-1}\mathrm{d}x\right]\right] \quad (7.12)$$

式中：$2^{M-1}/(2^M-1)$的作用是将波特误码率转换为比特误码率。

7.3.4 VPPM 误码率

VPPM 是一种二进制信号强度调制，它可以看成是脉冲宽度调制（PWM）和 PPM 的组合，PWM 用于控制照明，而 PPM 则用于承载通信信息。与 OOK、PPM 和 IPPM 一样，VPPM 也采用使用直接检测接收机，通过光电检测器将光功率转换为电信号，判决前的电信号由y表示。接收机在码字的第一个时隙和最后一个时隙对接收信号进行积分。在积分周期结束时，接收机判定哪个时隙具有最大值。假设电噪声和背景噪声是无功率传输时的主要噪声源，其他情况下主要噪声源为信号散弹噪声、电噪声和背景噪声是。这两种情况下，噪声都可以用加性高斯白噪声模型描述，各时隙的加性高斯白噪声统计独立。噪声的均值为 0，信号和孔的协方差分别为σ_i^2和σ_0^2。积分后，信号y由以下条件密度函数描述：

$$P(y|\text{"左时隙"})=\frac{1}{\sqrt{2\pi}\sigma_\mathrm{L}}\mathrm{e}^{-\frac{(y-\mu_\mathrm{L})^2}{2\sigma_\mathrm{L}^2}} \quad (7.13)$$

$$P(y|\text{"右时隙"})=\frac{1}{\sqrt{2\pi}\sigma_\mathrm{R}}\mathrm{e}^{-\frac{(y-\mu_\mathrm{R})^2}{2\sigma_\mathrm{R}^2}} \quad (7.14)$$

传输“1”时，$\mu_{\mathrm{R}}=RP_{\mathrm{L}}T_{\mathrm{C}}{}^{0.5}$ 和 $\sigma_{\mathrm{R}}^2=2qRP_1+\sigma_{\mathrm{TH}}^2$ 分别为右时隙的接收光信号和伴随接收机噪声方差，$\mu_{\mathrm{L}}=0$ 和 $\sigma_{\mathrm{L}}^2=\sigma_{\mathrm{TH}}^2$ 分别为左时隙的接收光信号和伴随接收机噪声方差。传输“0”时，右时隙的接收光信号和伴随接收机噪声方差分别为 $\mu_{\mathrm{R}}=0$ 和 $\sigma_{\mathrm{R}}^2=\sigma_{\mathrm{TH}}^2$，左时隙的接收光信号和伴随接收机噪声方差分别为 $\mu_{\mathrm{L}}=RP_{\mathrm{L}}T_{\mathrm{C}}{}^{0.5}$ 和 $\sigma_{\mathrm{L}}^2=2qRP_1+\sigma_{\mathrm{TH}}^2$。误码率如下：

$$\mathrm{BER}=\left[\begin{array}{l}\left.\left(1-\left[\int_{-\infty}^{\infty}\frac{1}{\sqrt{2\pi}\sigma_{\mathrm{R}}}\mathrm{e}^{-\frac{(y_{\mathrm{R}}-\mu_{\mathrm{R}})^2}{2\sigma_{\mathrm{R}}^2}}\int_{-\infty}^{y_{\mathrm{R}}}\frac{1}{\sqrt{2\pi}\sigma_{\mathrm{L}}}\mathrm{e}^{-\frac{(y_{\mathrm{L}}-\mu_{\mathrm{L}})^2}{2\sigma_{\mathrm{L}}^2}}\mathrm{d}y_{\mathrm{L}}\right]\right)\mathrm{d}y_{\mathrm{R}}\right|_{"1"}+\\ \left.\left(1-\left[\int_{-\infty}^{\infty}\frac{1}{\sqrt{2\pi}\sigma_{\mathrm{L}}}\mathrm{e}^{-\frac{(y_{\mathrm{L}}-\mu_{\mathrm{L}})^2}{2\sigma_{\mathrm{L}}^2}}\int_{-\infty}^{y_{\mathrm{L}}}\frac{1}{\sqrt{2\pi}\sigma_{\mathrm{R}}}\mathrm{e}^{-\frac{(y_{\mathrm{R}}-\mu_{\mathrm{R}})^2}{2\sigma_{\mathrm{R}}^2}}\mathrm{d}y_{\mathrm{R}}\right]\right)\mathrm{d}y_{\mathrm{L}}\right|_{"0"}\end{array}\right] \tag{7.15}$$

式（7.15）经简化为

$$\mathrm{BER}=\left[1-\left[\int_{-\infty}^{\infty}\frac{1}{\sqrt{2\pi(\sigma_{\mathrm{TH}}^2+2qRP_1)}}\mathrm{e}^{-\frac{(x-RP_1\sqrt{T})^2}{2(\sigma_{\mathrm{TH}}^2+2qRP_1)}}\left(1+\mathrm{erf}\left(\frac{x}{\sqrt{2\sigma_{\mathrm{TH}}^2}}\right)\right)\mathrm{d}x\right]\right] \tag{7.16}$$

7.4　同步时间偏移对 IPPM 误码率的影响

本节将深入研究 4 种调制方案之一 IPPM 的时钟同步效果。为定义时钟所需的性能，建立数学模型描述时钟抖动对式（7.12）BER 模型性能的影响。这里遵循与文献[16，18，19]类似的假设以推导时钟抖动条件下的误码率数学模型。式（7.12）中的基本假设是存在完美时隙定时，并且开关中的译码器在一个码字的 T s 间隔内精确地对信号积分。如果由于同步定时差错，在码字周期内发生 Δs 的时间偏移，则会在偏移时间间隔内进行积分。也就是说，译码器没有在承载了真实码字信息的 T s 间隔内开始和停止积分，取而代之偏移了 Δs。假设在不失去一般性的情况下，采用正时间偏差（$0<\Delta<T_{\mathrm{c}}$）和等概率时隙，表 7.1 和图 7.5 总结了对积分统计的各种影响。作为时间偏移的结果，只有一部分真实信号能量被包含在信号积分中，一些信号能量为相邻时隙的积分做出贡献，从而引起码间串扰。

这种干扰的影响取决于相邻时隙的状况，即相邻时隙是否存在信号能量。式（7.17）～式（7.20）给出正时间偏差 Δ 条件下的误码率，各式的参数如表 7.1 所列。

表 7.1 带时间偏移的 IPPM 方法的统计参数

N	后续码字	传输码字	时隙	条件密度参数		概率
	“孔”是否位于第一个时隙中	“孔”的位置（u）		μ	σ^2	
I	否	$0<u<2^M-1$	孔	$\mu_{\text{I}1}=RP_1\Delta^{0.5}$	$\sigma_{\text{I}1}^2 =_1 2qRP_1\Delta/T_C+\sigma_{\text{TH}}^2$	$((2^M-1)/2^M)^2$
			孔的相邻时隙	$\mu_{\text{I}2}=RP_1(T_C-\Delta)^{0.5}$	$\sigma_{\text{I}2}^2 =_1 2qRP_1(T_C-\Delta)/T_C+\sigma_{\text{TH}}^2$	
			孔的非相邻时隙	$\mu_{\text{I}3}=RP_1T_C^{0.5}$	$\sigma_{\text{I}3}^2=2qRP_1+\sigma_{\text{TH}}^2$	
II	否	$u=2^M$	孔	$\mu_{\text{II}1}=RP_1\Delta^{0.5}$	$\sigma_{\text{II}1}^2 =_1 2qRP_1\Delta/T_C+\sigma_{\text{TH}}^2$	$(2^M-1)/(2^M)^2$
			孔的相邻时隙	$\mu_{\text{II}2}=RP_1(T_C-\Delta)^{0.5}$	$\sigma_{\text{II}2}^2 =_1 2qRP_1(T_C-\Delta)/T_C+\sigma_{\text{TH}}^2$	
			孔的非相邻时隙	$\mu_{\text{II}3}=RP_1T_C^{0.5}$	$\sigma_{\text{II}3}^2=2qRP_1+\sigma_{\text{TH}}^2$	
III	是	$0<u<2^M-1$	孔	$\mu_{\text{III}1}=RP_1\Delta^{0.5}$	$\sigma_{\text{III}1}^2 =_1 2qRP_1\Delta/T_C+\sigma_{\text{TH}}^2$	$(2^M-1)/(2^M)^2$
			孔的相邻时隙	$\mu_{\text{III}2}=RP_1(T_C-\Delta)^{0.5}$	$\sigma_{\text{III}2}^2 =_1 2qRP_1(T_C-\Delta)/T_C+\sigma_{\text{TH}}^2$	
			孔的非相邻时隙	$\mu_{\text{III}3}=RP_1T_C^{0.5}$	$\sigma_{\text{III}3}^2=2qRP_1+\sigma_{\text{TH}}^2$	
			2^M 位置的时隙	$\mu_{\text{III}4}=RP_1(T_C-\Delta)^{0.5}$	$\sigma_{\text{III}4}^2 =_1 2qRP_1(T_C-\Delta)/T_C+\sigma_{\text{TH}}^2$	
IV	是	$u=2^M$	孔	$\mu_{\text{IV}1}=0$	$\sigma_{\text{IV}1}^2=\sigma_{\text{TH}}^2$	$1/(2^M)^2$
			孔的相邻时隙	$\mu_{\text{IV}2}=RP_1(T_C-\Delta)^{0.5}$	$\sigma_{\text{IV}2}^2=2qRP_1(T_C-\Delta)/T_C+\sigma_{\text{TH}}^2$	
			孔的非相邻时隙	$\mu_{\text{IV}3}=RP_1T_C^{0.5}$	$\sigma_{\text{IV}3}^2=2qRP_1+\sigma_{\text{TH}}^2$	

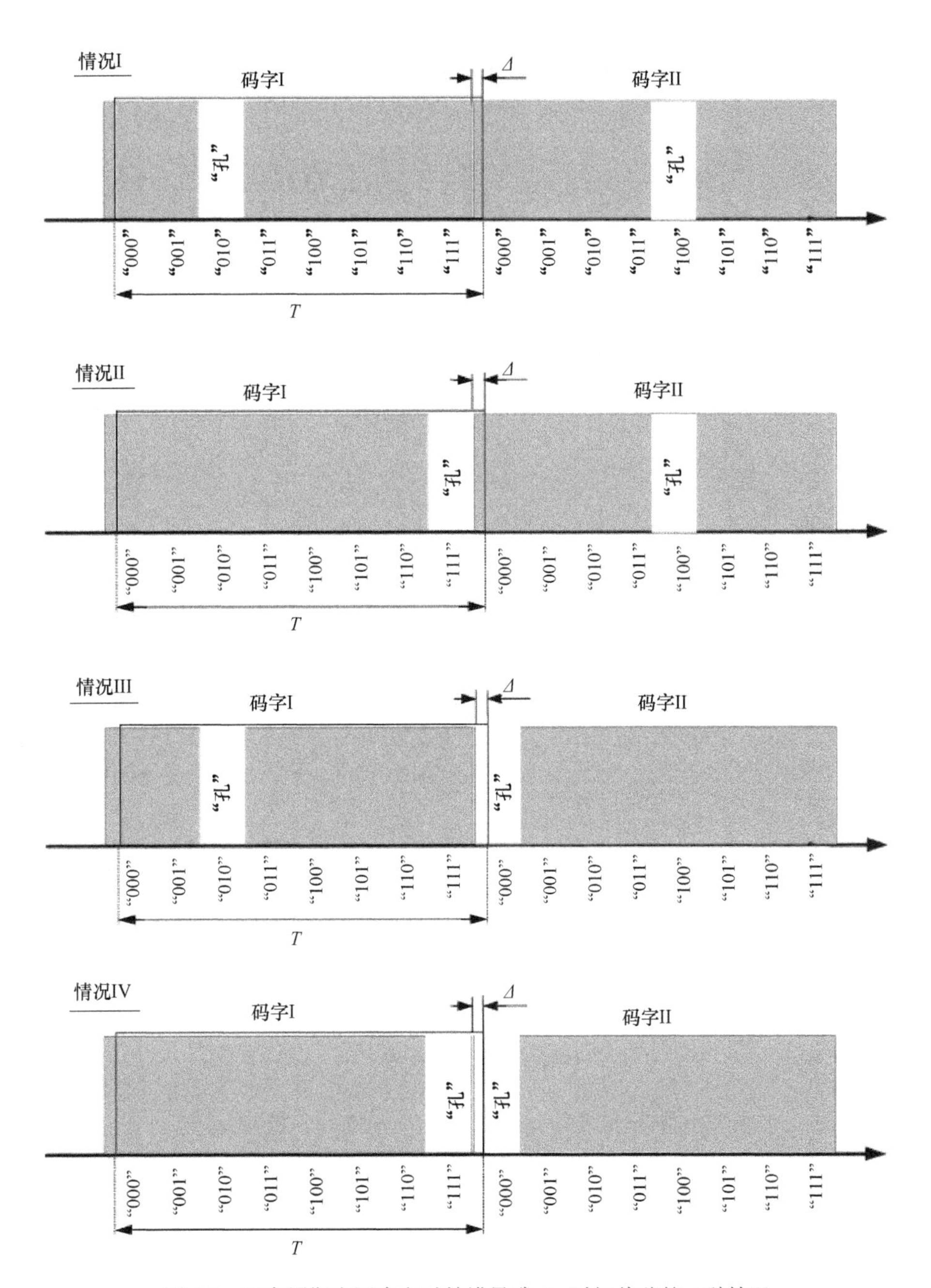

图 7.5　码字周期内同步定时差错导致 Δ s 时间偏移的 4 种情况

$$\mathrm{BER_I}(\varDelta)=\frac{2^M}{2(2^M-1)}\left[1-\left[\int_{-\infty}^{\infty}N(x,\mu_{\mathrm{I}1},\sigma_{I1})\left(\int_{x}^{\infty}N(y,\mu_{\mathrm{I}2},\sigma_{\mathrm{I}2})\mathrm{d}y\right)\right.\right.$$
$$\left.\left.\times\left(\int_{x}^{\infty}N(y,\mu_{\mathrm{I}3},\sigma_{\mathrm{I}3})\mathrm{d}y\right)^{2^M-2}\mathrm{d}x\right]\right] \tag{7.17}$$

$$\mathrm{BER_{II}}(\varDelta)=\frac{2^M}{2(2^M-1)}\left[1-\left[\int_{-\infty}^{\infty}N(x,\mu_{\mathrm{II}1},\sigma_{\mathrm{II}1})\left(\int_{x}^{\infty}N(y,\mu_{\mathrm{II}2},\sigma_{\mathrm{II}2})\mathrm{d}y\right)\right.\right.$$
$$\left.\left.\times\left(\int_{x}^{\infty}N(y,\mu_{\mathrm{II}3},\sigma_{\mathrm{II}3})\mathrm{d}y\right)^{2^M-2}\mathrm{d}x\right]\right] \tag{7.18}$$

$$\mathrm{BER_{III}}(\varDelta)=\frac{2^M}{2(2^M-1)}\left[1-\left[\int_{-\infty}^{\infty}N(x,\mu_{\mathrm{III}1},\sigma_{\mathrm{III}1})\left(\int_{x}^{\infty}N(y,\mu_{\mathrm{III}2},\sigma_{\mathrm{III}2})\mathrm{d}y\right)\right.\right.$$
$$\left.\left.\times\left(\int_{x}^{\infty}N(y,\mu_{\mathrm{III}3},\sigma_{\mathrm{III}3})\mathrm{d}y\right)^{2^M-3}\left(\int_{x}^{\infty}N(y,\mu_{\mathrm{III}4},\sigma_{\mathrm{III}4})\mathrm{d}y\right)\mathrm{d}x\right]\right] \tag{7.19}$$

$$\mathrm{BER_{IV}}(\varDelta)=\frac{2^M}{2(2^M-1)}\left[1-\left[\int_{-\infty}^{\infty}N(x,\mu_{\mathrm{IV}1},\sigma_{\mathrm{IV}1})\left(\int_{x}^{\infty}N(y,\mu_{\mathrm{IV}2},\sigma_{\mathrm{IV}2})\mathrm{d}y\right)\right.\right.$$
$$\left.\left.\times\left(\int_{x}^{\infty}N(y,\mu_{\mathrm{IV}3},\sigma_{\mathrm{IV}3})dy\right)^{2^M-2}\mathrm{d}x\right]\right] \tag{7.20}$$

式中：

$$N(z,\mu,\sigma)=\frac{1}{\sqrt{2\pi}\sigma}\mathrm{e}^{-\frac{(z-\mu)^2}{2\sigma^2}} \tag{7.21}$$

对表 7.1 中给出的所有可能性取均值，得到平均误码率如下：

$$\mathrm{BER_{avg}}(\varepsilon)=\frac{(2^M-1)^2}{2^{2M}}\mathrm{BER_I}(\varepsilon)+\frac{2^M-1}{2^{2M}}\mathrm{BER_{II}}(\varepsilon)+\frac{2^M-1}{2^{2M}}\mathrm{BER_{III}}(\varepsilon)+\frac{1}{2^{2M}}\mathrm{BER_{IV}}(\varepsilon) \tag{7.22}$$

图 7.6 描述了随 ε 变化的平均误码率，其中 $\varepsilon=\varDelta/T_{\mathrm{C}}$ ，为定时误差的比例。IPPM 中 $M=4$ ，时隙数为 $2^M=16$ 。结果表明，随着偏移量 ε 的增加，误码率（系统性能劣化程度）迅速增加。从图中可看出，如果将误码率 10^{-6} 作为

可接受限值，则当 $RP_1T_C^{0.5}/\sigma_{TH}$ 的值取 14、16、18 和 20，ε 分别增加到 0.19、0.22、0.25 和 0.275 以上时，系统性能劣化至不可接受。

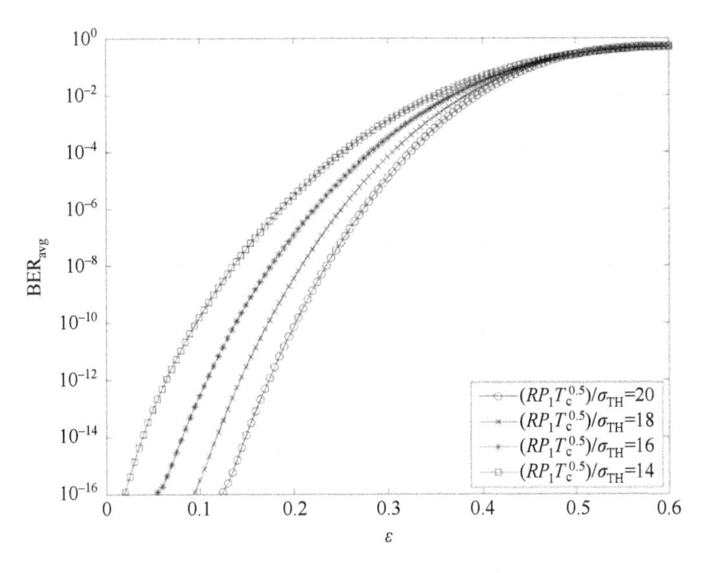

图 7.6　随 ε 变化的平均误码率

正如前文所介绍的，将编码器同步到码字的起始位置非常重要，否则系统性能将严重劣化。通信系统实现同步通常基于同步电路，如锁相环（Phased Locked Loop，PLL）。锁相环电路包括电压控制振荡器（Voltage Control Oscillator，VCO）和相位检测器。然而，因为任何实际物理系统都有系统噪声，所以时钟抖动不可避免。因此，同步系统的差错概率是式（7.22）对时钟抖动分布的期望值。假设时钟抖动采用零附近的对称分布模型描述，在这种情况下，平均误码率 $\mathrm{BER_{avg}}$ 的期望值由下式给出：

$$E\left[\mathrm{BER_{avg}}\right]=2\int_0^{\infty}\mathrm{BER_{avg}}(\varDelta)f(\varepsilon)\mathrm{d}\varepsilon \tag{7.23}$$

式中：$f(x)$ 为时钟抖动的概率密度函数。假设时钟定时误差抖动为高斯分布，均值为零，方差为 σ_{CL}^2：

$$f(\varepsilon)=\frac{1}{\sqrt{2\pi}\sigma_{\mathrm{CL}}}\mathrm{e}^{-\frac{\varepsilon^2}{2\sigma_{\mathrm{CL}}^2}} \tag{7.24}$$

对式（7.23）进行数值计算，$E\left[\mathrm{BER_{avg}}\right]$ 随时钟抖动方差的变化如图 7.7 所示。结果表明，随着定时误差方差的增大，接收机性能严重下降。很容易看出，对于 σ_{CL}^2 的线性增加，$E\left[\mathrm{BER_{avg}}\right]$ 几乎呈指数级增加。需要重点强调的是，由于$E\left[\mathrm{BER_{avg}}\right]$不是线性函数，非常小的时钟抖动方差值都会引起$E\left[\mathrm{BER_{avg}}\right]$的恶化。

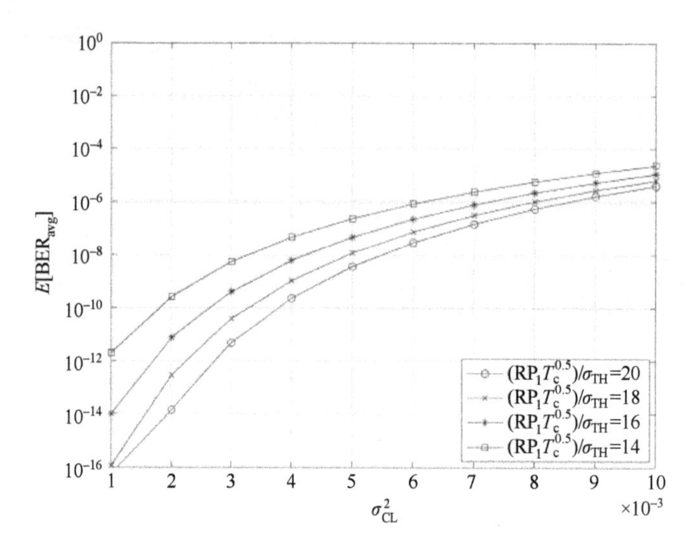

图 7.7　误码率随时钟抖动方差的变化

设$M=4$，在信息速率分别为 38.4Mb/s（$T=26.04\mathrm{ns}$，$T_\mathrm{C}=6.5\mathrm{ns}$）[11]、96Mb/s（$T=10.04\mathrm{ns}$，$T_\mathrm{C}=2.6\mathrm{ns}$）[11]和 1Gb/s（$T=1\mathrm{ns}$，$T_\mathrm{C}=250\mathrm{ps}$）的情况下，对模拟结果进行分析。此时在$RP_1T_\mathrm{C}^{0.5}/\sigma_\mathrm{TH}=20$，$\mathrm{BER}=10^{-6}$条件下，对于给定的数据速率，$\sigma_\mathrm{CL}$必须分别优于 582ps、232ps 和 22ps，即比码字周期T低近 2 个数量级。

7.5 小　　结

本章介绍了可用于 VLC 的调制方法，并对其同步问题进行了阐述。研究了 IPPM 解决方案，并证明准确的时钟功能对于提供正确同步和降低误码率至关重要。

VLC 设计的主要目标是提高照明效率。然而在许多情况下，随着交换速率的增加，效率会降低。此外，基于荧光粉的照明系统的时间响应相当慢。因此，光源调制速度低，其响应时间长和有限。这些因素限制了通信速度，并导致码间干扰（Inter-Symbol Interference，ISI）。以当前的技术水平，上述调制方法都不支持高数据速率，但预计新一代 LED 可以解决此问题，能在非常高的速度下进行调制，最高可达 10GHz[20, 21]。

参考文献

[1] Shlomi Arnon, "Optimised optical wireless car-to-traffic-light communication," Transactions on Emerging Telecommunications Technologies 25, 660–665, 2014.

[2] Seok Ju Lee, Jae Kyun Kwon, Sung-Yoon Jung, and Young-Hoon Kwon, "Evaluation of visible light communication channel delay profiles for automotive applications, " EURASIP Journal on Wireless Communications and Networking (1), 1–8, 2012.

[3] Sang-Yub Lee, Jae-Kyu Lee, Duck-Keun Park, and Sang-Hyun Park, "Development of automotive multimedia system using visible light communications," in Multimedia and Ubiquitous Engineering, Springer, pp. 219–225, 2014.

[4] S.-H. Yu, Oliver Shih, H.-M. Tsai, and R. D. Roberts, "Smart automotive lighting for vehicle safety," Communications Magazine, IEEE 51, (12), 50–59, 2013.

[5] Shun-Hsiang You, Shih-Hao Chang, Hao-Min Lin, and Hsin-Mu Tsai, "Visible light communications for scooter safety," in Proceedings of the 11th Annual International Conference on Mobile Systems, Applications, and Services, ACM, pp. 509–510, 2013.

[6] Stefan Schmid, Giorgio Corbellini, Stefan Mangold, and Thomas R. Gross, "LED-to-LED visible light communication networks," in Proceedings of the Fourteenth ACM International Symposium on Mobile ad hoc Networking and Computing, ACM, pp. 1–10, 2013.

[7] Nils Ole Tippenhauer, Domenico Giustiniano, and Stefan Mangold, "Toys communicating with LEDs: Enabling toy cars interaction," in Consumer Communications and Networking Conference (CCNC), pp. 48–49, IEEE, 2012.

[8] Stefan Schmid, Giorgio Corbellini, Stefan Mangold, and Thomas R. Gross, "LED-to-LED visible light communication networks," in Proceedings of the Fourteenth ACM International Symposium on Mobile ad hoc Networking and Computing, ACM, pp. 1–10, 2013.

[9] Nan Chi, Yuanquan Wang, Yiguang Wang, Xingxing Huang, and Xiaoyuan Lu, "Ultra-highspeed single red-green-blue light-emitting diode-based visible light communication system utilizing advanced modulation formats," Chinese Optics Letters 12, (1), 010605, 2014.

[10] Liane Grobe, Anagnostis Paraskevopoulos, Jonas Hilt, et al., "High-speed visible light communication systems," Communications Magazine, IEEE 51, (12), 60–66, 2013.

[11] Shlomi Arnon, John Barry, George Karagiannidis, Robert Schober, and Murat Uysal, eds., Advanced Optical Wireless Communication Systems, Cambridge University Press, 2012.

[12] Ahmad Helmi Azhar, T. Tran, and Dominic O'Brien, "A gigab/s indoor wireless transmission using MIMO-OFDM visible-light communications," Photonics Technology Letters, IEEE 25, (2), 171–174, 2013.

[13] Zabih Ghassemlooy, Wasiu Popoola, and Sujan Rajbhandari, Optical Wireless Communications: System and Channel Modelling with Matlab®, CRC Press, 2012.

[14] Sridhar Rajagopal, Richard D. Roberts, and Sang-Kyu Lim, "IEEE 802.15.7 visible light communication: Modulation schemes and dimming support," Communications Magazine, IEEE 50, (3), 72–82, 2012.

[15] Joon-ho Choi, Eun-byeol Cho, Zabih Ghassemlooy, Soeun Kim, and Chung Ghiu Lee, "Visible light communications employing PPM and PWM formats for simultaneous data transmission and dimming," Optical and Quantum Electronics, 1–14, 2014.

[16] Shlomi Arnon, "The effect of clock jitter in visible light communication applications," Journal of Lightwave Technology 30, (21), 3434–3439, 2012.

[17] IEEE Standard 802.15.7 for local and metropolitan area networks – Part 15.7: Short-range wireless optical communication using visible light.

[18] Chien-Chung Chen and Chester S. Gardner, "Performance of PLL synchronized optical PPM communication systems," Communications, IEEE Transactions on 34, (10), 988–994, 1986.

[19] Robert M. Gagliardi, "The effect of timing errors in optical digital systems," Communications, IEEE Transactions on 20, (2), 87–93, 1972.

[20] Jin-Wei Shi, Che-Wei Lin,Wei Chen, et al., "Very high-speed GaN-based cyan light emitting diode on patterned sapphire substrate for 1 Gbps plastic optical fiber communication," in Optical Fiber Communication Conference, Optical Society of America, 2012, p. JTh2A–18.

[21] Gary Shambat, Bryan Ellis, Arka Majumdar et al., "Ultrafast direct modulation of a singlemode photonic crystal nanocavity light-emitting diode," Nature Communications 2, 539, 2011.

第8章　可见光通信DMT调制

8.1　引　　言

使用可见辐射即通过光辐射进行光学自由空间通信已经很长时间了，早期的例子包括使用火发射信号，使用镜子将太阳光反射到接收机的日光仪，以及由 Graham Bell（1880 年）发明的光电话。到目前为止，由于无线电技术的巨大成功及其固有优势，自由空间光通信仍然是一项小众化的利基技术，如在第二次世界大战期间及之后为军事目标进行定向信息传输就是利用其抗截获的特点。其他如使用荧光管的无线光通信（Optical Wireless Communication，OWC）也在专利文献中有很好的记载，但是从未取得突破。

随着大功率可见光 LED 的出现，这种无线通信方式开始逐渐复兴。虽然它们最初的应用仅限于信号（如报警灯或警示灯），很明显，未来的照明将由 LED 主导。因此，人们对使用基于 LED 的 OWC 的应用越来越感兴趣。与此同时，VLC 这一通用术语也应运而生。人们对 VLC 的兴趣稳步上升的主要原因是白光 LED 的寿命和提高的光功率，特别是白光 LED 的逐步采用，以及 LED 在较低兆赫兹范围调制带宽下驱动电流调制的简单性，如文献[1-3]中所述。此外，随着使用无线电频率的移动应用的增加，使人们更加关切目前无线网络中无线电频段的充分可用性和传输能力的限制，以及有关的数据安全问题。在这方面，VLC 为本地无线数据链路在不需要或者不可能使用无线电链路的情况下提供了额外的选择[4-6]。

通用 VLC 系统的组成框图如图 8.1 所示。关于 VLC 的历史背景及通过莫尔斯电码等方案传输消息的用途，应用普通的开关键（OOK）似乎是显而易见和直接的。事实上，简单的实验 VLC 系统使用的 OOK 是通过强度调制（Intensity Modulation，IM）实现的。在接收方，使用光电探测器进行直接检测以进行光电信号转换。虽然图像传感器可用于低速系统（参见文献[3]），但高数据传输速率需要 Si-PIN 或雪崩光电二极管（Avalanche Photodiode，APD）作为光电检测设备。这种基于 OOK 和照明的白光 LED 的配置中，传输速度已达到 230Mb/s[7]。

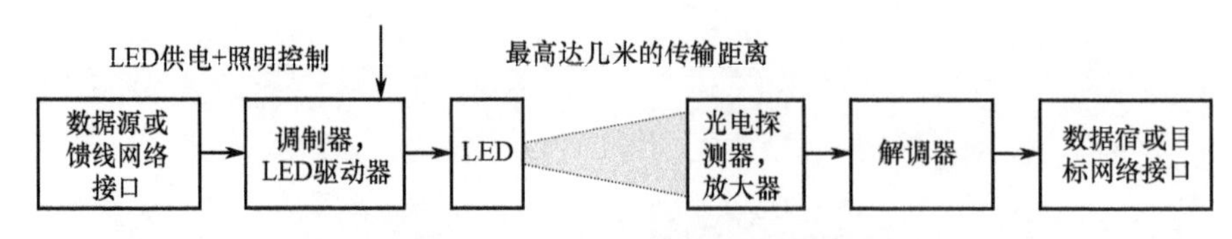

图 8.1　通用 VLC 系统的组成框图

本章重点介绍 VLC 的室内应用，其中 LED 用作（纯）高速数据传输的光源，或者用作以较高的兆比特每秒速率（最高可达兆比特每秒速率）进行数据传输的光源。大容量室内链路的应用案例将在 8.2 节中介绍。考虑到当前 LED 提供的调制带宽，与 OOK 情况相反，目标数据速率需要先进和高频谱效率的调制解决方案，如本章讨论的离散多音频调制（DMT）。事实上，目前为止在单个 VLC 信道中演示的最高比特率就是使用这种调制方案[8-11]。

考虑上述 VLC 系统，通信范围应该能达到几米（最多约 20m）。根据数据广播、视频流或文件传输等应用特点，在点对点（Point-to-Point，P-t-P）或点对多点（Point-to-Multipoint，P-t-MP）配置中采用单向或双向链路。用于照明和数据传输 LED 在两用情况下的额外要求包括：按照成熟的照明标准和特点进行照明，不受限制、不闪烁、调光等，参见文献[12]。然而，必须注意的是，目前 VLC 在 IEEE 标准的当前版本中仅考虑 OOK，VPPM 和 CSK 作为一种针对不同颜色多光源的特殊方案。而 DMT 尚未包括在内[13-15]。

本章的结构如下。8.2 节继续简要讨论一些典型的室内应用场景，这对公众和工业部门都很重要。8.3 节将专门讨论白光 LED 作为关键 VLC 元件的相关特性。此外，还论述了光无线信道的容量，以及 LED 调制对利用容量的影响，以及 LED 非线性等主要问题。8.4 节是本章的主体部分，介绍了 DMT 调制方案及其演变，包括相关的信号处理以及比特和功率负载。8.5 节详细介绍了信号裁剪、峰值平均功率比（Peak-to-Average Power Ratio，PAPR）和信道变化等实质性的影响和后果。然后，介绍了几种最近提出的 DMT 调制方案的改进方法，并且进行了比较。在此基础上，8.6 节根据实践逐步检查系统设计、系统实现和演示等重要环节。最后是总结和展望。

8.2　室内应用场景

VLC 可以应用于完全不同的场景。特别是，当考虑高速率时，发射机（Tx）和接收机（Rx）之间的链路类型是至关重要的。根据光的传播模式，有两种通用类型的室内无线光链路。第一种是直射链路，其依赖于高度定向的 Tx 和窄视场（Field of View，FOV）Rx 之间的非阻挡直射链路（Line of Sight，LOS）。第二种是漫反射链路，它的特点是宽光束 Tx 和大视场 Rx，其中非 LOS 光路依赖于当前房间内墙壁和物体表面上的大量反射信号[16]。

LOS 链路的路径损耗最小，不受多径信号失真的影响，并且能够减小背景光的影响。只要 LOS 未被遮挡，链路性能只取决于可用的功率预算。因此可以获得很高的传输速率。但 LOS 链路需要收发机对准，且通常只能提供非常小的覆盖范围。

漫反射链路完全不需要 LOS，从而增强了对阴影的稳健性，并支持大覆盖区域内的高用户移动性。因此，漫反射链路场景能够实现 P-t-MP 通信，并且从用户的角度来看通常是最理想的。这就是为什么它引起了研究界的极大兴趣。然而，漫反射链路的光路损耗（即它们需要更大的光功率）很高，且由于多径色散易受到码间干扰（Inter-Symbol Interference，ISI）的严重限制，在较高的传输速率下，码间干扰是一个主要的退化因子。除了功率预算之外，可实现的传输速率还取决于房间特征，如房间尺寸、表面的反射系数等。需要指出的是，由于对光二极管（PD）进行平方律检测，与入射信号波长相比，多径衰落的影响可以忽略不计，这大大简化了链接设计。

许多 VLC 应用要求将漫射链路的移动性与 LOS 链路的高速能力相结合。为了从两种链路类型的优点中获益，经常把非定向 LOS（Non-directed LOS，NLOS）链路作为替代方案。在这样的链路中，LOS 和漫射信号分量同时出现在 Rx 处（假设 LOS 路径是非阻塞的）。等效信道响应如图 8.2 所示，其特征是带宽和增益都是高动态的，主要取决于 LOS 显著性。因此，在 Rx 上的 LOS 和漫射信号分量的比值（通常定义为 Rician K 因子）与可达到的数据速率、ISI 和环境光的影响密切相关，同时降低了 Tx-Rx 对准要求，使得 P-t-MP 通信成为可能。

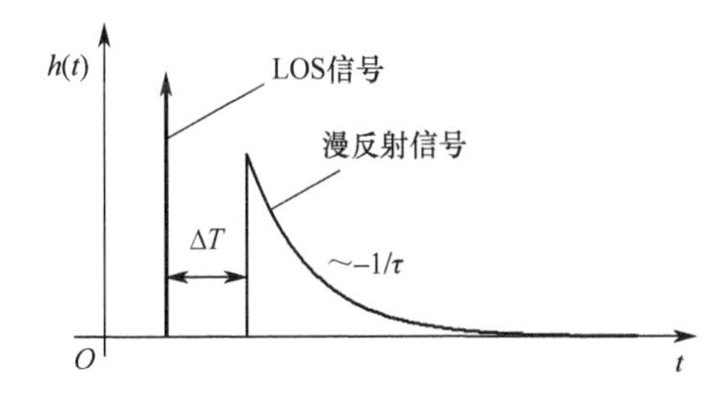

图 8.2　等效信道响应（$h(t)$作为 LOS 和漫反射信道响应的叠加，其中 ΔT 为 LOS 信号和第一次反射信号到达接收机之间的时延；$1/\tau$ 为漫反射信道的衰减常数）

表 8.1 总结了 OWC 中基本 Tx-Rx 配置的重要特征。正如文献[17]和[18]中所提出的，除了链路类型外，在 VLC 中使用的照明场景也可能不同，所以动态数据速率调整是必要的。这样的特征将能够有效利用信道及其瞬时特性，从而极大地促进 VLC 链接的健壮性，并为各种应用环境奠定基础。基于高速

VLC 传输的基本原理有一些方法和选项，本章将对此进行讨论。因此，不会深入研究动态数据速率适应的问题。下面将讨论一些主要使用高速传输的 VLC 场景。

表 8.1 室内无线光系统常见链路配置比较

链接类型	直射 LOS	非直射 LOS	漫反射
链接速率	最高	高	中等
光束指向	是	粗	没有
光束遮挡	是	轻松	没有
用户移动性	低	介质	高
色散（多路径）	没有	介质	高
路径损耗	低	扩展	高
环境噪声影响	低	介质	高

纯无线广播连接可以通过一般照明提供乘客信息等，如在地铁车站（图 8.3）或地铁车厢内，无论如何都是开着灯的。这种室内系统需要单向数据传输（流），几米的传输范围和宽 FOV 是照明所固有的。这种应用的基本功能非常类似于传统最常用的无线光应用（以非常低的速度，但使用红外光），即遥控器。但现在的技术可以提供高达每秒吉比特量级的高数据速率。

图 8.3 地铁站通过可见光广播多媒体乘客信息

如图 8.4 所示，VLC 与普通照明相结合的另一个例子，称为光学 Wi-Fi 或 Li-Fi。在类似这样的无线局域网（Wireless Local Area Network，WLAN）场景中，下行链路以与上述相同的方式提供，而从笔记本计算机到天花板接入点的上行链路可以使用例如 LOS 红外线（Infrared，IR）链路（参见文献[19]）建立。这种系统可以提供具有宽 FOV Pt-MP 可见光下行链路的双向通信，速度范围在每秒几兆比特或更多，具体取决于链路条件（LOS 或漫射），以及几兆比特的 IR 定向 LOS P-t-P 上行链路，假设实现了 Tx-Rx 对准并具有合适的光功率[20]。

图 8.4　无线光局域网场景，其下行链路由 VLC 提供，而上行链路采用红外线等技术实现

机器对机器的通信有望成为 VLC 应用的一个更广阔的领域，例如，在小而密集的通信小区内进行高数据量的无线交换。此外，在工业环境中，可能会有苛刻的电磁条件，同时对安全性和可靠性提出了最高的要求，因此很难甚至不可能使用射频系统。另外，VLC 定向 LOS 链路可以提供合适的高速双向链路。例如图 8.5 展示的一个场景，当单元在传送带上移动时，需要对组装的产品进行性能测试，同时需要与评估中心服务器进行数据交换。

图 8.5　生产线中双向 VLC 的应用，如为了触发正在组装的设备进行性能测试和在运动的传送带上接收结果

8.3 高速 VLC 传输相关技术

特别是当照明与 VLC 相结合时，关键因素包括 LED 不闪烁，所需最少的额外光功率，VLC 工作在常用亮度级别，以及调光等完善的照明功能[13,14,21]。这些方面将在 8.6.1 节中讨论。从传输技术的角度来看，LED 调制带宽与无线信道容量以及如何有效利用它一样重要。这些问题将在后续章节中进行讨论。

8.3.1 LED 调制带宽

白光 LED 作为 VLC 的关键元件，是通过适当地添加 3 种或 4 种颜色的发光体，分别为红、绿、蓝（RGB，三色）或红、黄、绿、蓝（RYGB，四色）LED 器件的光来制造的。使用涂有黄色荧光粉层（YB，二色）的单个蓝色发光体芯片是另外一种替代方案。RGB 和 RYGB 白光源提供所需的光谱输出，但由于需要多个 LED，因此需要大量硬件。此外，它们倾向于不自然地渲染柔和的色彩，这也造成 RGB 白光的显色指数较差。因此，YB-LED 目前是照明的首选设备，也适用于低成本的 VLC。

典型 RGB 和 RYGB LED 以照明为目的，可提供大约 10MHz 的 3dB 调制带宽，但 YB-LEDs 的带宽要低得多，即在几个兆赫兹的数量级，如文献[22]和[23]。这是因为黄色荧光粉层的响应时间慢。另外，如文献[24]中所解释的，在没有荧光粉层的情况下，预期带宽为几十兆赫兹。因此，在 Rx 侧的 PD 前放置一个蓝色滤光片是一种很好的做法，这样就可以只接收光的蓝色分量，其优点是调制带宽较大[25]。然而，随着接收光谱的主要部分被滤除，造成了较低的功率预算和信噪比[26]。但均衡技术可用于抵消磷光体层的影响[27,28]。比如通过均衡技术修改了 16 个 YB-LED 阵列，使其带宽为 25MHz，且无须蓝色滤波[29]。

关于 LED 调制带宽，在更广泛的层面上，值得关注的是根据实验研究，白光和彩色 LED 的可用调制带宽远远超过 3dB 的下降范围。如文献[30]，在 LED 的 3dB 带宽约为 35MHz 时，可用调制带宽达到 100MHz。

照明系统中除了常用的（无机）LED 之外，有机 LED（Organic LEDs，OLED）对于替换大面积发光源也很有吸引力，因此可以考虑在 VLC 中采用 OLED。但它们调制带宽较低，约为 100kHz[31,32]，因此不在本章的讨论范围内。

8.3.2 信道容量

正如上面在 VLC 应用的背景下简要讨论并在表 8.1 中定性总结的那样，

在给定的室内场景中，无线光信道的容量很大程度上取决于 LOS 和漫反射信号。通过单个参数描述信道状态的有用手段是 Rician K 因子，其被定义为（电）LOS 和漫反射信道增益（损耗）的比率，即 K [dB]= 20log（η_{LOS}/η_{DIFF}）。根据文献[33,34]中的分析，以空模型房和实际参数为例计算频率响应，如图 8.6（a）所示。该图显示了由几个说明性 K 因子的分析模型中获得的复合信道频率响应幅度。显然，信道响应很大程度上取决于 LOS 的显著性（由 K 因子描述）。在 LOS 较弱或阻塞的情况下，响应近似为低通，且带宽非常低。随着 LOS 变得更明显时，信道响应会变化，当 K 因子足够大时，通道响应几乎变得平坦，使得带宽比漫射情况下的带宽高出一个数量级。信道特性中的凹口是由于两个频率分量的破坏性干涉引起的。例如在一个实际的工作热点场景下，K 因子的取值范围约为−20～25dB。

在给定场景的覆盖区域内，在所有信道条件下获得可靠连接的最简单方式是设计一个静态的系统，并根据最坏情况确定传输参数。但是，这样的系统将无法有效利用信道特性。为了说明室内无线光信道的潜力，给出在不同信道状态和两个光功率限制（PO=0.1W 和 0.4W）的传输速率方面的上限容量，如图 8.6（b）所示。为了便于比较，还给出了静态设计系统的曲线，其目的是保证整个区域中的稳定传输性能。从图 8.6（b）可以清楚地看出，开发信道容量极具前景，特别是当 K 因子变大时，链路性能变得越来越明显。增益（相对于最坏情况设计）随 K 因子增大而增大，同时也随着光发射功率的增大而增大，即使在 K 值减小时也很明显。信息速率还取决于电带宽，如 8.3.1 节所述，电带宽可能受到 LED 的限制。

在多载波调制（Multiple Subcarrier Modulation，MSM）方案中，计算了当传输功率尽可能分配给子载波时的传输功率。文献[35]还指出，当电带宽限制在 20MHz 左右时，最优功率分配带来的改进可以忽略不计。但在更高的带宽下，尤其是在 MSM 方案中低 Tx 功率时，增益提高的较大，这也是本章的重点。在文献[36]中分析了 Tx 功率动态范围及其对信息速率的影响。结果表明，当光发射功率接近动态范围边界时，线性动态范围为 20dB 或以上的 Tx 为 OWC 提供了足够的电能，此时 LED 似乎处于关闭状态或接近其最大值。研究还表明，在信息速率仅降低 10%左右的情况下，采用适当的调制方案，可以容忍动态范围 50%以上的平均光功率波动。

除了上面讨论的理论工作之外，例如在文献[37]中可以找到实验信道特性的结果，对于特定房间的几何结构，VLC 的信道带宽为 63MHz。

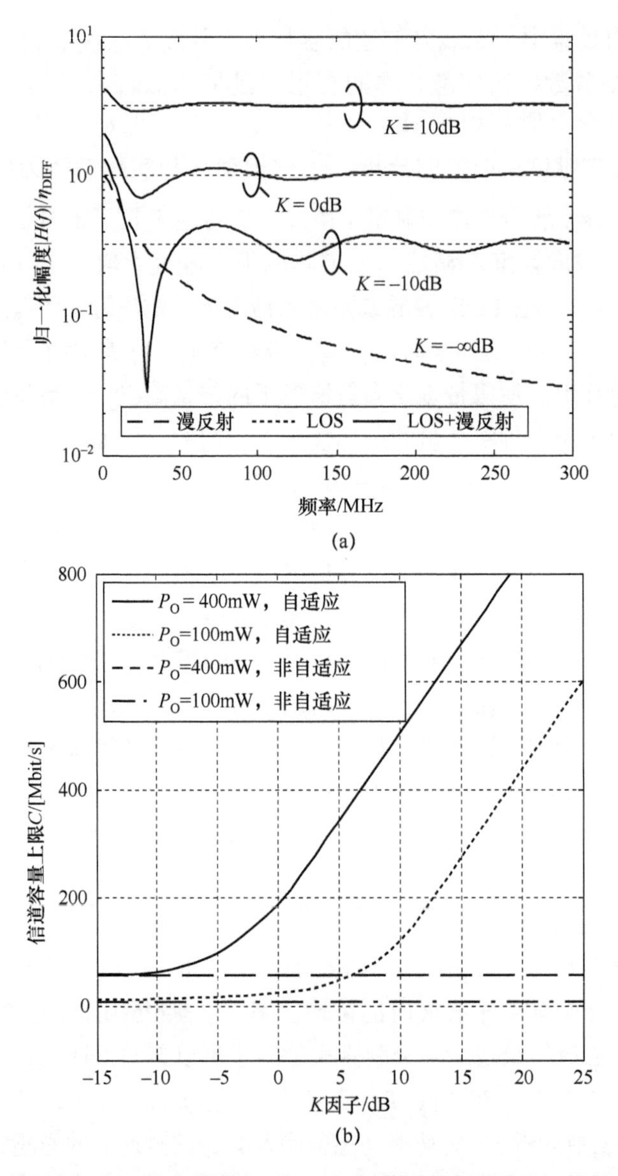

图 8.6 （a）模型房间中无线光信道在不同 K 因子值下的频率响应。推导过程详见文献[33]，设 Δt= 10ns，表示 LOS 和漫反射信号分量之间的时延。（b）以信道状态和平均光功率 P_O 为参数得到的自适应和非自适应 OWC 系统（带宽 100MHz）的信道容量上限 C 函数

所引用的工作和进一步的结果表明，虽然著名的 Shannon 信道容量公式对于带宽受限、平均功率受限的加性高斯白噪声（Additive White Gaussian Noise，AWGN）信道不能直接应用于 VLC 信道，但在许多情况下，它可以用来研究可信的 OWC 的极限。综上所述，可以注意到，在非漫反射情况下，信

道的容量比 LED 提供的容量大得多，这也取决于 Rician *K* 因子。如果需要高速通信，需要先进的频谱高效 LED 调制。为了最大限度地提高系统的吞吐量，在保持可靠运行和全覆盖的前提下，可以设计一种带宽和速率自适应性的 OWC 系统。这种自适应系统在信道不利的情况下降低了数据传输速率，直到达到了期望的比特误码性能。但是，这种特性需要可靠的低速反馈链接，以便将必要的通道状态信息从 Rx 传输到 Tx。

8.3.3 高速 LED 调制的考虑因素

为了开发简单和低成本的 VLC 系统，可以选择简单而熟悉的调制方式如 OOK、PWM 或 *M* 进制脉冲幅度调制（*M*-ary Pulse-Amplitude Modulation，*M*-PAM），可以直接采用强度调制和直接检测的系统。大部分文献给出的都是低速率的方案和演示，但也有一些使用 OOK 实现了几百兆比特每秒的例子[7,38]。然而，如果需要更高的传输速率，由于无线光信道的非平坦频率响应，上述调制方案则会受到 ISI 的影响[15]。因此，从弹性和有限的 LED 带宽角度出发，需要更有效的频谱技术，如 MSM。

在 VLC 传输链路中，由于 LED 工作范围内的非线性传递函数，导致了系统的非线性失真。非线性失真的影响在很大程度上取决于所使用的调制方案，因此许多文献都在非线性方面进行了广泛研究[39-43]。为了充分利用 LED 的带宽，采用频谱效率高的 MSM 调制时，LED 的非线性尤为重要。本章将重点讨论这种调制方案，发射机器件的动态范围和线性度可能严重限制可达到的性能[4]。为了减小这种限制，选择合适的调制方式至关重要[44,45]，且必须精心定义 LED 工作点[46]，同时必须考虑调制前的信号削波[47]。

除了非线性问题，还必须考虑对 LED 性能进一步影响的因素，如由于老化或结温度变化导致的 LED 劣化。文献[48]首次发表了关于该主题的研究成果，但仍有必要进一步研究 VLC 工作条件下的 LED 特性。

8.4 DMT 调制和演变

MSM 是一种将信息调制到所用频段正交子载波上的调制方案，将调制子载波的加和再调制到发射机的瞬时功率上。通常 MSM 采用正交频分复用（OFDM）技术来实现，该技术已广泛应用于有线和无线数字通信。OFDM 基本原理的应用场合包括 WLAN 和地面数字视频广播（Terrestrial Digital Video Broadcasting，DVB-T），在数字用户线路（Digital Subscriber Line Systems，xDSL）系统和电力线载波通信（Power Line Communication，PLC）则采用了

OFDM 的基带版本，即应用更广的离散多音频调制。由于能够降低 ISI 的不良影响，以及包括能够容易适应不同信道等优势，MSM 也被考虑用于 OWC[49]。

在诸如 WLAN 或 DVB-T 等使用相干传输的传统系统中，信号通常是复数和双极性的。相干传输对使用单模光纤基于激光的长距离光传输系统同样适用。然而考虑 VLC 中的多模光传输系统，在单电磁模式下在 Rx 处收集大量信号功率是极其困难的。总而言之，这意味着在 OOK 和基于 PWM 的系统所使用的直接检测/强度调制（Intensity Modulation with Direct Detection，IM/DD）技术被认为是唯一可行的传输方法。因此，只有光强度（而不是相位）表征要发送的信息，即发送的信号是实数和非负（单极）值。在接收端，光电探测器产生与接收功率成正比的电流，相应地与接收电场的平方成正比[16]。表 8.2 简要总结了使用相干检测的传统 OFDM 和 IM/DD 系统之间的差异。

表 8.2　使用相干检测的传统 OFDM 和 IM/DD 系统之间的差异

适用领域	典型的例子	信息载波	检测类型	接收机特殊需求
电 OFDM 传输	无线电传输，如 Wi-Fi、DVB-T	电场	相干	本地振荡器
光 OFDM 传输	高速长途骨干单模光纤（SMF）链路	光场	相干（仅一种光模式）	本地振荡器
光 IM/DD 传输	多模光纤（MMF、POF）链路、OWC	光强度	直接（多种光模式）	没有

由于 IM/DD 的传输要求使得传统的 OFDM 调制方案不能直接应用于多模光系统中，因此，研究人员致力于设计一种基于 OFDM 的纯单极性调制方案。Tanaka 等人首次提出在 VLC 中使用 OFDM，他们的基础研究结果参见文献[50]。

产生用于传输的单极信号一般可以通过向双极 OFDM 信号添加 DC 偏压的方法来解决[18,25]。可以将这种方案称为 DC 偏置 DMT。然而，它也可以称为 DC 偏置 OFDM 和 DC 限幅 OFDM。还有一种方法就是对整个负偏移的 OFDM 波形进行限幅，通过选择合适的子载波频率进行调制以避免限幅噪声带来的损伤。这种技术称为非对称限幅光 OFDM（Asymmetrically Clipped Optical OFDM，ACO-OFDM）[51]。第三种方法同样对整个负偏移信号限幅，但仅调制子载波的虚部，使得限幅噪声与所需信号正交。这种技术即为脉冲幅度调制离散多音调制（Pulse-Amplitude-Modulated Discrete Multitone Modulation，PAM-DMT）[52]。接下来将讨论这些应用于 VLC 的调制方案及其特性。

8.4.1　直流偏置 DMT

DMT 作为 OFDM 调制的基带版本，是一种应用于慢时变双向信道的关键技术。例如，在基于铜的 xDSL 和 PLC 系统中。DMT 对于使用多模二氧化硅纤维和塑料光纤的低成本短程光传输同样具有相关性[52,53]。通常，为了同时传输，基于离散傅里叶变换（Discrete Fourier Transformation，DFT）[54,55]调制和解调是基于不同频率的子载波。因此，快速傅里叶逆变换（Inverse Fast Fourier Transform，IFFT）和快速傅里叶变换（Fast Fourier Transform，FFT）分别是 Tx 和 Rx 的主要组成部分。

在 Tx 端，首先将串行数据流分为多个较低数据速率的并行数据流，然后通常映射到一组正交幅度调制（Quadrature Amplitude Modulation，QAM）星座上，如图 8.7 所示。如在基于 LED 的 VLC 中所需的，获得实数时域信号的直接方式是利用实数序列 N-DFT 在点 $N/2$ 附近具有共轭对称系数[56]。即通过在频域中的 IFFT 输入向量[$\boldsymbol{X}$]上实施共轭对称（通常称为厄米特对称），在 IFFT 块的输出就可直接获得实数时域信号。

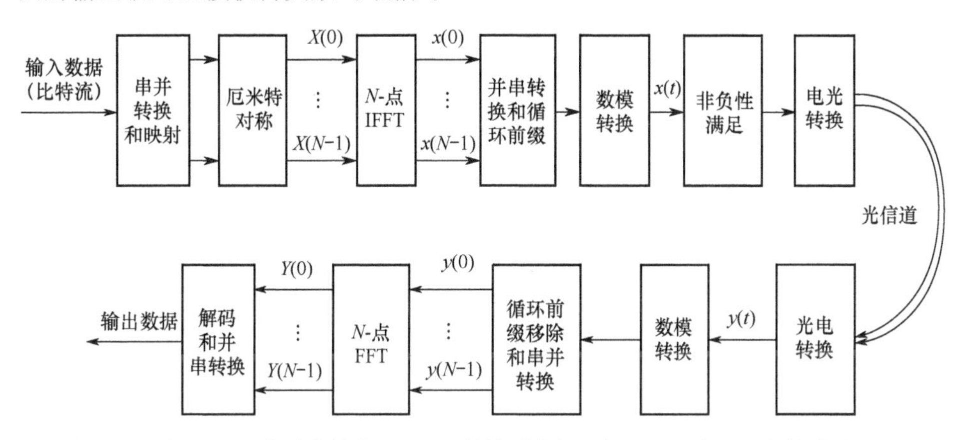

图 8.7　光 IM/DD 信道上的基于 DMT 传输系统组成框图（注意，非负性满足和数模转换功能可以由 DC 偏置的硬件实现）

采用该方法，假设系统采用 $N/2$（实际上$(N/2)-1$）个独立子载波来携带信息，则需要 N-IFFT 块来生成实数 OFDM/DMT 符号。根据 Cooley-Tukey 算法[56]，FFT 运算的复杂度与 $N\log_2 N$ 成正比。因此，在无线光系统中应选择适度的子载波数量，而 DFT 块的大小在实现上不是问题。此外，无须禁用模拟滤波器组 DFT 也能实现数字 DMT 调制。

IFFT 输入向量 $\boldsymbol{X}=[X_0 X_1 \cdots X_{N-1}]^{\mathrm{T}}$ 由要传输的数据（元素 X_1，X_2,⋯，$X_{(N/2)-1}$）和以及根据厄米特矩阵（Hermitian Matrix）定义的其他对称约束元素组成，可

定义为

$$X_n = X_{N-n}^*, \quad o<n<N/2, X_0 \in \mathbb{R}, X_{N/2}=0 \tag{8.1}$$

与零频率对应的第一个输入 X_0 必须是实数，通常不进行调制。它可以设置为零，也可以设置为输出信号的直流电平（见下文）。

生成输入向量后，将[X]输入到 N 点 IFFT 块中，如图 8.7 所示。假设数据符号为复数调制格式（通常为 M-QAM），其中输入向量元素以 $X_n=a_n+\mathrm{j}b_n$ 的形式出现，N-IFFT 输出的时间采样值为

$$\begin{aligned} x(k) &= \frac{1}{N}\sum_{n=0}^{N-1} X_n \mathrm{e}^{\mathrm{j}2\pi nk/N} = \frac{X_0}{N} + \frac{1}{N}\sum_{n=1}^{(N/2)-1} X_n \mathrm{e}^{\mathrm{j}2\pi nk/N} + \frac{1}{N}\sum_{n=1}^{(N/2)-1} X_n^* \mathrm{e}^{-\mathrm{j}2\pi nk/N} \\ &= \frac{X_0}{N} + \frac{1}{N/2}\sum_{n=1}^{(N/2)-1} \Re\mathcal{E}\left\{X_n \mathrm{e}^{\mathrm{j}2\pi nk/N}\right\} \\ &= \frac{X_0}{N} + \frac{1}{N/2}\sum_{n=1}^{(N/2)-1} a_n\cos(2\pi nk/N) - b_n\cos(2\pi nk/N) \\ &= \frac{X_0}{N} + \frac{1}{N/2}\sum_{n=1}^{(N/2)-1} \sqrt{a_n^2+b_n^2}\cos(2\pi nk/N + \arctan(b_n/a_n)) \end{aligned} \tag{8.2}$$

式中：k=0, 1, …, N−1 为时域采样值的序号。除了式（8.1）给出的输入向量具有共轭对称性质外，式（8.2）还利用了 DFT 旋转因子 $\mathrm{e}^{\mathrm{j}2\pi(N-k)k/N}=\mathrm{e}^{-\mathrm{j}2\pi Nk/N}$ 的对称性。显然，IFFT 输出$(N/2)-1$个采样的实数余弦加和。

为了降低多径信道的影响，避免产生 ISI，OFDM 和 DMT 采用保护间隔。该保护间隔在时域上位于传输符号（块）之间。从每个标志的末尾取出 L 个采样，并将它们复制成为前缀，如图 8.8 所示。因此将其称为循环前缀（Cyclic Prefix，CP）。该采样点（M+L）序列与要发送的多载波 DMT 时间离散序列的样本相对应，即为 DMT 符号。

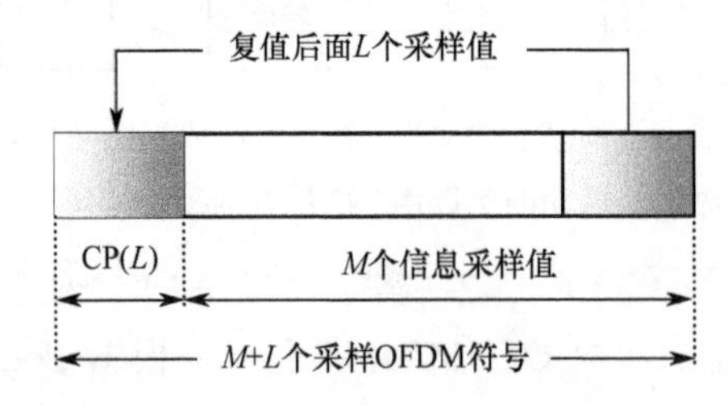

图 8.8　循环前缀保护间隔的生成和 DMT 符号的结构

为了接收和正确解调 DMT 符号，必须满足两个条件。首先，没有 CP 的 DMT 符号的长度应该大于或等于 CP 信道脉冲响应 $h(t)$的持续时间以避免 ISI。另外一个条件，CP 长度选择应使其持续时间大于或等于 $h(t)$的延迟展宽。尽管 CP 引入了一些冗余，降低了整体数据速率，但它消除了接收信号的

ISI 和载波间干扰，并且是 OFDM 中简单均衡的关键所在[55]。

当假设基带中的有限信号带宽 B（在 $N/2$ 个独立子载波之间划分），子载波间隔是$\Delta f=2B/N$，则厄米特对称约束 N-IFFT 块中的频率覆盖 $2B$ 的带宽。包含 N 个时间样本的 DMT 符号的周期是 $T_{\text{FFT}}=1/\Delta f$，则时域中的采样间隔 $T_{\text{sam}}=1/2B$。根据采样定理，这足以在数模（D/A）转换器输出完全恢复的连续信号。因为必须在 IFFT 之后添加长度为 $T_{\text{CP}}=LT_{\text{sam}}$ 的 CP，所以实数 DMT 符号的实际持续时间为 $T_{\text{DMT}}=T_{\text{CP}}+T_{\text{FFT}}$。由式（8.2）可得

$$2\pi\frac{nk}{N}=2\pi n\frac{2B}{N}\frac{k}{2B}=2\pi n\Delta fkT_{\text{sam}}=2\pi f_n t_k \tag{8.3}$$

式中：$f_n=n\Delta f$，$n=1, 2, \cdots, N-1$ 和 $t_k=kT_{\text{sam}}$，$k=0, 1, \cdots, N-1$，D/A 转换后的连续时间信号可以表示为

$$x(t)=\frac{X_0}{N}+\frac{1}{N/2}\sum_{n=1}^{(N/2)-1}A_n\cos(2\pi f_n t+\varphi_n),\quad -T_{\text{CP}}\leqslant t<T_{\text{FFT}} \tag{8.4}$$

式中：$A_n=\sqrt{a_n^2+b_n^2}$ 和 $\varphi_n=\arctan(b_n/a_n)$ 分别为第 n 个子载波余弦的幅值和初始相位，由相应 IFFT 输入处的复值 X_n 的幅度和相位确定。注意，信号 $x(t)$也可以用一组$(N/2)-1$ 个模拟滤波器获得。在 D/A 转换之后，采用模拟低通滤波器以抑制混叠谱。同时，该滤波器执行离散信号波形的内插。

图 8.9 和图 8.10 举例说明了 DMT 调制器的输入和输出。在该示例中，带宽 B=20MHz，采用 16-QAM 对 N=16 个正交载波中的 3 个进行调制，生成输入向量$[\boldsymbol{X}]=[0, (1+j), (3-j), 0, (-3+3j), 0, 0, 0]^{\text{T}}$（在厄米特对称强制执行之前）。16-IFFT 模块的输入如图 8.9 所示，而输出中各个子载波的作用情况以及得到的输出信号分别如图 8.10（a）～（c）和（d）所示。

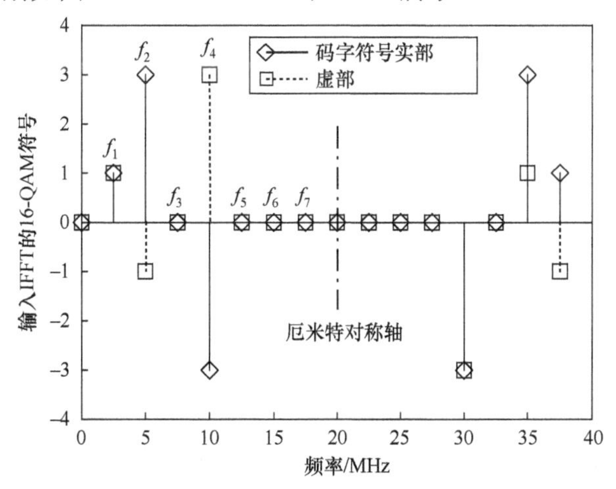

图 8.9　输入 IFFT 的各个子载波频域上的 16-QAM 符号示例（执行厄米特对称之前），输入向量$[\boldsymbol{X}]=[0, (1+j), (3-j), 0, (-3+3j), 0, 0, 0]^{\text{T}}$，其他参数 N=16，B=20MHz，L=2

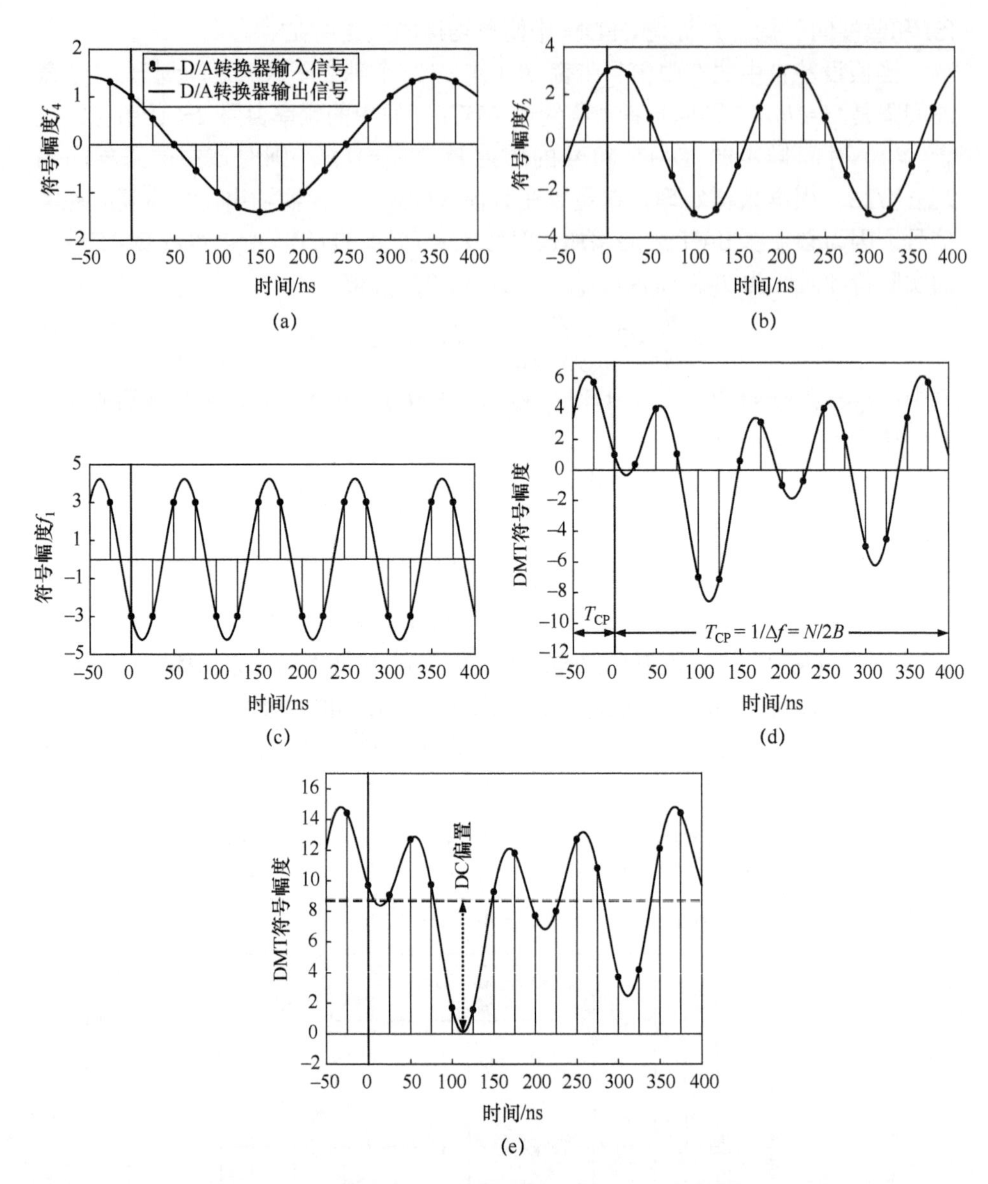

图 8.10　(a)～(c)调制子载波对符号幅度的单独作用；(d)时域 DMT 符号；(e)添加适当的 DC 偏置。各图中分别显示了 D/A 转换前后的采样信号和连续信号。其中，幅度乘以 N 以达到与频域相同的水平。如(e)所示。通过在该示例中添加适当的 DC 偏置，使得在示例(d)中子载波数 N=16 的实数双极 DMT 信号变成单极性。

通过适当地设置 X_0 可以在系统输入端不直接引入偏置，即如果选择 X_0=0，则必须在 D/A 转换之后得到非负的信号 $x(t)$。一种常见且简单的方法就是在双极性 DMT 信号中引入固定的 DC 偏置，如图 8.10(e)所示。如文献

[25、49、52、57]等文献所述，所需的 DC 偏置与 DMT 信号的最大负振幅相等。由于 DMT 信号的高 PAPR，需要至少 2 倍于双极 DMT 信号分布的标准偏置差以使限幅最小化[58]。任何剩余的负值都将被限幅，这也适用于超过极限幅值的正峰。这种对称或不对称的限幅引入了限幅噪声，从而影响了传输。实际上，在 DMT 信号中小概率情况下，通常在光源中限幅高负峰是允许的，只要限幅对链路性能的影响是可以容忍的，所需的 DC 分量可以减小到一定程度[33]，参见 8.6.1 节。对称限幅信号的最佳 DC 偏压可以估计出来[59,60]。文中给出，具有限幅噪声估计和减法的迭代解码可以以增加计算复杂度为代价来降低误码率。

回到图 8.7，在经历时间色散信道和背景光（信道噪声的主要来源）的影响之后，信号到达 Rx。一个简单（低成本）的光电探测器被用来将 IM 信号转换成电信号，再通过 AC 耦合去掉偏置分量。在模数（Analog-to-Digita，A/D）转换之后，移除 CP 并执行 N 点 FFT 处理。由于保留了正交性，子载波可以单独处理。原则上，仅需要进一步考虑 $n=1, 2,\cdots, (N/2)-1$ 输出，只有它们是携带信息的。由于子载波带宽上的频率响应可以被认为是均匀衰落，因此可以简单地通过一个单抽头迫零前向反馈均衡器或最小均方误差（Minimum Mean Squared Error，MMSE）标准来均衡信号。

在 Tx 处添加 DC 偏置会导致额外的功耗。如果光源同时用于照明，这部分功率量如果用于满足照明需求，就不会浪费。只有在不需要照明时，如在 Li-Fi 系统的上行链路中，直流偏置才会严重影响能效[15]。

8.4.2 非对称限幅光 OFDM

减少直流偏置是生成用于改进 IM/DD 传输 OFDM 信号的主要目标，这在直流偏置 DMT 方案中是必不可少的。实际上 LED 开启电压定义了偏置的下限。为简单起见，接下来的分析忽略该参数。提高功率效率的方法以生成实数双极时域信号为基本目标，其中整个信息至少存在于正值部分中。这将使得在调制光源时能够简单地限制信号的负值部分。这种非对称限幅方法参见 Armstrong 等人介绍的非对称限幅光 OFDM（Asymmetrically Clipped Optical OFDM，ACO-OFDM）方法[51,58]。

虽然基本组成与 DC 偏置 DMT 中的相同，但是 ACO-OFDM 方案运用傅里叶变换性质，在用于调制的子载波上引入约束，即仅使用奇数子载波而设置偶数子载波为零。再次考虑厄米特对称性，使用最高 $N/4$ 个子载波（包括 CP）进行调制[51,61]。如图 8.11 所示，IFFT 输出沿零轴输出时间采样值，其中正负部分相互反对称。这意味着两个部分的信息相同。因此，限幅负值部分将产生不会丢失任何信息的单极信号，相关证明参见文献[43,41]。

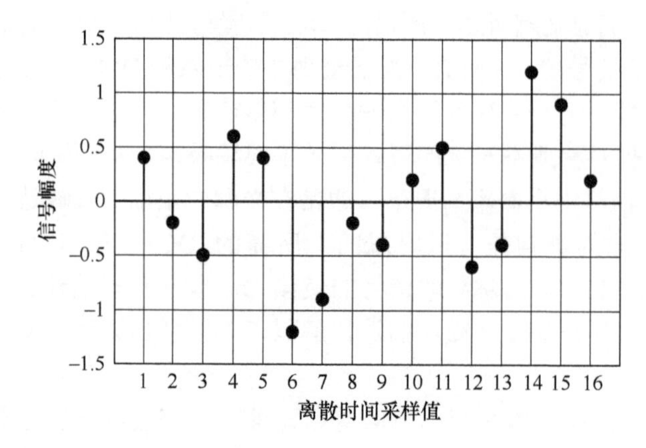

图 8.11　子载波数 N=16 的 ACO-OFDM 时域信号（不考虑 CP）。波形的正负部分沿零轴反对称。因此，在零值硬限幅负值只会丢弃冗余信息

以与 DC 偏置 DMT 相同的方式插入 CP 和 D/A 转换之后，用单极信号调制 LED。

仅使用奇数子载波进行数据传输意味着由非对称限幅产生的所有互调分量与数据是正交的，即限幅失真只落在未使用的偶数子载波上，不会对奇数子载波产生影响。但即使限幅影响不会导致携带数据的奇数子载波上产生载波间干扰，它也会将所有振幅减小一半[51,58,62]。此外，限制只使用奇数子载波在频选信道上会降低性能。特别是当采用比特和功率加载时，其中每个子载波的比特和功率分配需要与频选信道的 SNR 相适配[54,63]，子载波约束将导致对信道响应的非最优适配，造成系统性能劣化。特别是在子载波的数量很少的情况下，需要通过精确控制和有效补偿来解决[64]。

在 Rx 处，PD 检测发射的强度，将模拟信号转换为数字信号。众所周知，OFDM 系统对同步误差高度敏感。由于 ACO-OFDM 和传统 OFDM 系统中的波形在根本上是不同的，如果直接应用，传统同步可能会失效。在文献[65]中为 ACO-OFDM 方案提出了一种使用特定训练序列的技术。文献[66]认为，如果基于 CP 的方法被提出的低复杂度盲定时同步技术替代，则在采用 ACO-OFDM 的系统中，可以消除与训练序列相关联的带宽效率损失。

总之，与 DC 偏置 DMT 相比，ACO-OFDM 具有显著更低的 DC 分量。因此，该调制方案具有更高的功率效率，但是是以仅利用一半子载波进行数据传输为代价的。

8.4.3　脉冲幅度调制离散多音频

文献[52]中引入了脉冲幅度调制 DMT（Pulse-Amplitude-Modulated DMT，

PAM-DMT）的概念，主要针对零值的非对称限幅以及在 ACO-OFDM 中仅传输 DMT 信号的正值部分。这意味着在 IFFT 之后再次需要时域信号的反对称性。

首先，在 DC 偏置的 DMT 和 ACO-OFDM 中，引入厄米特对称性以便在时域中获得实数信号。但是，只有 PAM 输入信号的虚部分量可以被进一步使用，而实部分量设为零。接下来，IFFT 根据需要输出具有反对称性的实数时域采样值。与 DC 偏置 DMT 相类似，最多可用 $N/2$ 个子载波（包括 CP），即当 $X_0=0$ 时，$[\boldsymbol{X}]$的元素（$X_1, X_2, \cdots, X_{(N/2)-1}$）携带 PAM 信号虚部分量。在插入 CP 和 D/A 转换之后，整个电信号波形的负偏移被限幅而没有损失任何信息，然后用来驱动 LED。

文献[52]的结果表明，由非对称限幅引起的失真正交地落在 PAM 信号的实部上，而不影响调制信息的虚部，因此不影响系统性能。反对称性和限幅失真项的特性在文献[43]中也可以找到相关证明。在 Rx 处，类似于之前讨论的方案，数据的解调和解码是直接完成的。

总之，与 DC 偏置 DMT 方案相似，PAM-DMT 使用所有子载波，但这种调制仅限于一维。因此，PAM-DMT 具有与 ACO-OFDM 相同的频谱效率。关于功率效率，PAM-DMT 与 ACO-OFDM 方案类似。

8.4.4 DMT/OFDM 性能和破坏性影响抑制

近年来，已经进行了许多关于上述调制方案的特征以及它们在 VLC 中的性能差异的分析研究。这将是本节讨论最重要的部分。

如果需要降低高 PAPR，可以采用简单的非线性技术，也可与某种形式的预失真技术相结合[55,67]。文献[68]分析了用于非对称限幅系统（如 ACO-OFDM 和 PAM-DMT）降低 PAPR 的各种预编码技术。结果表明，实施预编码可以使 PAPR 获得大约 3dB 的降低，这也使得该技术对降低非对称限幅系统的 PAPR 具有较大的吸引力。

多项研究工作对包括各种影响的数学模型及在各种条件下的仿真进行了对比分析[69-73]。研究结果发现，ACO-OFDM 和 PAM-DMT 在不同的比特率和频谱效率下几乎具有相同的性能[70]，这也在其他几篇文献中得到验证。这主要是因为在 ACOOFDM 中一半的子载波被填充，而在 PAM-DMT 中一半的正交分量被填充。因此，在平坦的频率响应下就可以获得相同的性能。

实际上，限幅 LED 调制信号会明显影响系统的性能。因此，调制顺序和其他相关参数（如偏置电平（包括 LED 开启阈值）很关键。虽然在低 SNR 的情况下，AWGN 是主要的噪声类型。但是，限幅失真在大 SNR 值下占主导地位。因此，必须考虑 LED 限幅效率，并且应该优化调制顺序以及发射信号的功率。在文献[45]中给出了优化方法。另一项关于偏置和限幅之间权衡的分析研究表明，SNR 实际上故意引入一些非线性限幅失真是最佳的，而不是消除所有限幅。因为在较低的偏置电平下具有较高的功率效率。在文献[74]中提出了相应的偏置策略。该方法不需要任何的非线性计算，可以用于具有不同接收图案和调制方案的光信道。但是，在 Rx 和 Tx 之间必须具有上行链路。

除了非对称限幅以实现非负性之外，为适应 LED 的线性范围[45,73]，LED 调制的信号通常必须双边限幅，这就引入了非线性失真。一种更高级的方法是对发射信号进行了缩放，以便在大 PAPR 适应 LED 的线性范围，并相应地调整 DC 偏置。更确切地说，如文献[71]条件中所给出的这种发射信号，通过缩放（通过数字信号处理实现，DSP）和 DC 偏置（通过模拟 Tx 电路实现）来满足 Tx 的光功率限制要求。最优信号整形能够使高斯传输信号将电 SNR 需求最小化。与双边限幅的情况一样，在 ACO-OFDM 和 DC 偏置 DMT 中对高斯时域信号进行整形会导致非线性信号失真，这在文献[75]中进行了详细分析。在给定的 LED 动态范围内，信号缩放和 DC 偏置可转换为电 SNR，从而影响 BER 性能。

通过大量的分析和比较可以看出，使用非对称限幅的两种调制格式，即 ACO-OFDM 和 PAM-DMT，是最好的低频和高功率效率方案[69,70,72]。同样值得注意的是，对于这两种方案，多径色散可能会在零线破坏对称性[52]。由于符号周期通常远远超过色散值，因此这种影响不会造成严重的后果；但是，必须通过实践经验来证实。如果需要在更高频谱效率下进行调制，则 DC 偏置 DMT 的性能更接近 ACO-OFDM。这是因为如果使用其他的 ACO-OFDM 或 PAM-DMT 方案，与更大的所需星座损伤相比，DC 偏置的 DMT 的限幅噪声损伤变得不那么重要。因此，DC 偏置 DMT 可以在应用中提供最高吞吐量，在产生非负信号所需额外的 DC 偏置功率就无关紧要了，或可以提供与照明一样的互补功能。潜在的比较通常假设 LED 非线性得到完全的补偿，如采用合适的预失真技术。因此，在这方面也需要实际验证。

除了性能方面之外，调制方案所讨论的计算复杂性也很重要。关于比较计算复杂性的研究可以在文献[70]中找到。为了进行公平的比较，在 DC 偏置 DMT 和 ACO-OFDM 中实际使用的子载波相同。对于 PAM-DMT，只使用一维编码用来传输数据，使用的子载波数量是其他方案的 2 倍。换句话说，从 DFT 的角度来看，DC 偏置 DMT 方案的 DFT 大小是其他方案的 1/2。

表 8.3 总结了 3 种情况下对不同比特率和电调制带宽所需的计算工作量。可以看出，ACO-OFDM 和 PAM-DMT 的复杂性几乎相同。而在这 3 种情况中，DC 偏置 DMT 由于 DFT 规模最小而具有最低的计算复杂度。

表 8.3　低（上 3 行）和高（下 3 行）电带宽时，3 种调制方案所需的计算复杂度，根据每比特的实际运算表示。有关详细参数参阅文献[70]

比特率/（Mb/s）	电带宽/MHz	直流偏置 DMT		ACO-OFDM		PAM-DMT	
		Tx	Rx	Tx	Rx	Tx	Rx
50	25	43.0	45.9	48.5	50.0	48.5	51.5
100	50	43.0	45.9	48.5	50.0	48.5	51.5
300	150	42.4	45.3	48.1	49.6	48.1	51.1
50	50	86.1	91.9	97.0	100.0	97.0	102.9
100	100	85.4	91.2	96.7	99.6	96.7	102.6
300	300	95.3	101.1	106.5	109.4	106.5	112.4

对数学分析和包括射线追踪等仿真之类的理论工作，必须在接近实际的条件下通过实验来验证和补充。在目前的发展阶段，像 DMT 这样的调制方案，在 DSP 算法和耗时硬件实现上还存在困难。作为替代方案，迄今为止公布的几乎所有情况都使用了广泛认可的离线处理方法（参见 8.6.2 节）。然而，在 VLC 传输中也存在注重基本功能或特殊功能的限制因素。

例如，文献[76]在 VLC 实验中设置一个离线处理 DC 偏置 DMT，用以缓解背景交流供电 LED 灯或荧光产生的背景光噪声的影响。结果表明，交流供电 LED 灯所产生的噪声影响微乎其微，因为最低频率子载波远高于 50Hz 或 60Hz，而荧光灯的噪声可以通过消除受损的子载波来解决。此外，在 Rx 侧使用信道估计和单抽头均衡可以减低基于 YB-LED 的 Tx 引起的荧光体层效应的影响。在文献[8-10]和[77-79]中还给出了基于离线处理相关实验工作，以及实验室环境中的高比特率实验工作。然而，更复杂的研究包括信道变化的影响和自适应比特率链路控制，在实时条件下很难用离线实验进行研究。如果可以接受 DSP 速度和带宽的限制，就可采用可编程硬件如 DSP 开发套件等简单的实现条件。文献[40]提供了类似的案例，其目的是通过包含数字信号处理的实时硬件演示器，研究在（红外）LED 非线性下 DC 偏置 DMT 传输的性能。

8.5　DMT 调制的性能增强

近年来，出现了大量用于性能增强的技术，包括讨论过的调制技术，以及在频谱效率、功率效率和 PAPR 方面的技术等。接下来做一个简要的概述。

8.5.1 ACO-OFDM 和 DC 偏置 DMT 调制的组合

将仅使用奇数子载波的 ACO-OFDM 调制方案与利用偶数子载波的互补方案相结合是显而易见，这种方法称为非对称限幅 DC 偏置光 OFDM（Asymmetrically clipped DC-biased Optical OFDM，ADOOFDM）[80]。在该技术中，使用 ACO-OFDM 调制奇数子载波，而使用 DC 偏置 DMT 调制偶数子载波。DMT 部分不会对奇数子载波造成干扰。因此，传统接收机可以在光电检测之后解调 ACO-OFDM 部分。另外，ACO-OFDM 信号引起的限幅噪声会影响偶数子载波，该干扰可以在 Rx 侧进行估计并消除，且只会在 DC 偏置 DMT 分量中造成 3dB 的噪声损失。显然，当所有子载波都用于承载数据，ADO-OFDM 具有比 ACO-OFDM 更高的带宽效率。AWGN 信道的仿真结果表明，与传统的 OFDM 方案相比，该方法还具备更好的光功率性能[72]。

8.5.2 频谱分解 OFDM

在文献[81]中提出了另一种用于提高基于 IM/DD 传输的 OFDM 光效率的方法。文中，非负多子载波调制的形式被表示为频谱分解光 OFDM（Spectrally Factorized Optical OFDMS，FO-OFDM）。该方法不是用子载波直接发送数据，而是对复数数据序列进行自相关处理，从而确保非负性没有明显的偏差。SFO-OFDM 包含所有的带限 OFDM 信号，与 ACO-OFDM 不同，它使用整个可用带宽进行数据调制。此外，它还降低了在 PAM-DMT 和 ACO-OFDM 系统中普遍存在的高 PAPR。根据文献[81]，在 BER 为 10^{-5} 时，在光功率上该技术比 ACO-OFDM 高 0.5dB。

8.5.3 翻转 OFDM

另一种单极调制方法就是翻转 OFDM[82]。在翻转 OFDM 中，从实数双极 OFDM 时域信号中提取正值和负值部分，并在两个连续的 OFDM 符号中发送出去。由于在传输之前需要将负值部分翻转，因此两个子帧都具为正值，符合 IM/DD 系统的要求。如文献[83]中所示，基本的 OFDM 翻转方案将压缩时间采样值，以保持原始双极符号帧周期。因此，与 ACO-OFDM 相比，带宽和数据速率翻倍，而 CP 的长度减少了 50%。作为一种替代方法，可以通过删除压缩的 OFDM 子帧（非必要的）来维持 ACO-OFDM 系统的参数。仿真表明，ACO-OFDM 和翻转-OFDM 方案在电域中具有相同的频谱效率和 BER 性能。然而，与 ACO-OFDM 方案相比，翻转 OFDM 在计算接收机复杂性方面降低了 50%，特别是对于慢衰减信道[82]。

8.5.4　单极性 OFDM

所谓的单极 OFDM 调制方案（Unipolar OFDM，U-OFDM）的研究目标在于降低 PAPR 并缩小 OFDM 和 ACO-OFDM 之间的双极信号 3dB 差异，同时产生一个不需要偏置的 DC 偏置 DMT 的单极信号[84]。U-OFDM 的调制过程从传统的 OFDM 信号调制开始。在获得实际的双极性信号之后，通过将每个时间采样值的绝对值及其极性变为一对新的时间采样值（根据极性的不同，两种可能位置中其一的绝对值）。在 Rx 处，直接恢复原始的双极 OFDM 信号，然后继续进行 OFDM 信号的常规解调。

由于每次来自原始 OFDM 信号的采样值被编码成 U-OFDM 信号的采样对，因此频谱效率与 ACO-OFDM 相同，但是 UOFDM 在 AWGN 信道中具有更高的功率效率。

8.5.5　位置调制 OFDM

基于符号分配给子载波的策略，有很多种生成单极光 OFDM 符号的操作，如 ACO-OFDM、flip-OFDM、U-OFDM（见上文），或者文献[85]中提出的位置调制 OFDM（Position Modulation OFDM，PM-OFDM）。PM-OFDM 利用 DFT 方法但消除了厄米特对称约束。这是通过在 Tx 处根据其实部和虚部分离对应的 IFFT 输出信号完成的。它们的正值和负值部分被进一步分离，且两个负信号通过极性反转而被翻转。然后依次发送所得到的 4 个实值正信号。基于这种 Tx 技术，文献[85]针对高 BER 性能或低 Rx 复杂度提出了两种 Rx 结构。

在 LOS 和漫反射信道中，低复杂度 Rx（包含时域 MMSE 均衡器）可以实现与 ACO-OFDM 或 ACO-OFDM 系统相同的 BER 性能，且总体系统复杂度明显低得多。另外，高性能 Rx 包括频域 MMSE 均衡器以及额外的 FFT 和 IFFT 模块，与 ACO-OFDM 系统相比，整体收发机复杂度略高。如文献[85]中所述，在漫反射无线光信道中，这种额外工作在 10^{-4} 的 BER 时可以产生约 4dB 的改善。

8.5.6　分集合并 OFDM

如上所述，在 ACO-OFDM 调制中，当只加载奇数子信道时，限幅畸变只发生在偶数子信道上。这种信号的自然分离和失真表明，在 Rx 侧，偶数和奇数子信道中可以观察到某种程度的频谱分集。基于这一事实，在文献[86]中提出了非对称限幅和分集合并 OFDM（Asymmetrically Clipped，Diversity-Combined OFDM，AC/DC-OFDM）系统的想法。通过理论分析和仿真表明，在 ACO-OFDM 系统的 Rx 侧，以一个额外的 IFFT-FFT 对为代价，采用分集合并解码算法，可以大幅改善有效 SNR 性能。由于分集合并增加了两个不同的信号分量，而额外的消噪技术将降低 Rx 处的噪声，因此可以进一步提高系统性能。然而，如文献[87]的分析认为这并不正确。值得注意的是，消噪技术带来了最大 3dB 的改善，且比分集合并计算效率更高。

8.5.7 未来的方法

为了增强 VLC 系统的整体性能，通过 MSM 有效利用光谱资源。大量文献对此展开研究，本节简要介绍其中两个。

多载波码分多址（Multicarrier Code Division Multiple Access，MC-CDMA）是一种传输方案，它结合了正交调制的稳定性和 CDMA 方案的灵活性。在 MC-CDMA 中，使用扩展码将单个用户的复值数据符号在频域上扩展到 OFDM 子载波上。在频域上将不同用户的符号进行汇聚，然后传送到 OFDM 调制器转换到时域上。调制和 IM/DD 传输的下一步处理与 DC 偏置 DMT 的系统相同。在 Rx 侧，分别执行去除 CP、FFT 和去扩展的处理。在文献[88]中提出了有效子载波的最优化选择方案，可以在多用户室内场景中显著提高功率效率。通过基于前或后均衡选择子载波来降低平均发射功率，同时设置适当的固定 DC 偏置来确保系统的低复杂度。

在文献[89]中设计了一种用于基于光 OFDM 的 IM/DD 传输的混合多层调制（Multi-Layer Modulation，MLM）方案。在光学系统中，就吞吐量与稳定性方面 MLM 有望能够提供较好的颗粒度。本书详细介绍了 MLM 的概念和相关的双 Turbo Rx 算法。此外，构建了 MLM 方案应遵守的特定层最佳权重。以每比特的电能量和光能量以及单边噪声功率谱密度为参数，与 ACO-OFDM 和 DC 偏置 DMT 方案相比，辅助 MLM 技术有着显著的增益。然而实现这些增益是以增加的收发机的复杂性为代价的。如文献[89]中所述，该方法可以在实际光信道条件下进行进一步的研究。

8.6 系统设计和实现

8.6.1 系统设计

目前，对采用先进 LED 调制技术的 VLC 研究和开发的热点主要集中在采用直射 LOS 链路的物理传输基础上。但在实际使用中，特别是终端需要具备移动性时，非直射 LOS 链路则更方便。过去，通过建模、仿真和实验对非直射室内无线 IR 信道进行了广泛的研究。考虑到这方面的现有知识以及与 VLC

的相似性，此类研究可为室内 VLC 系统的设计提供充分的指导。然而，对使用非直射 LOS 和非 LOS 链路（即漫反射场景中的链路）的高速 VLC 却少有实际经验可供参考。

文献[90]展示了在实际非 LOS 广播配置中使用 YB-LED 和 DC 偏置 DMT 调制的离线实验。实验表明，在符合工作场所的照明需求的前提下，配置蓝色滤光片后的 Rx 端接收的亮度级别约为 500lx（采用超 LED 作为光源），100～200Mb/s 的速率可以覆盖约 $18m^2$ 的面积。在非 LOS 配置的实际双向系统中，首次得到的一些更进一步结果将在 8.6.4 节中介绍。

双向链路是广播之外任何类型通信的必要条件。大量文献讨论了用于室内无线光上行链路的各种方法，但高性能上行链路的研究仍然是目前该领域的主要研究方向之一。不考虑调制形式的情况下，最常见的方法是使用 IR 光，如图 8.4 所示。文献[20,91]给出了中、高速系统的例子。然而仍然需要考虑可见光上行链路，如图 8.5 所示的那样，在 Rx 区域中需要一个可见光光斑来满足应用需求。

与此同时，双向链路能够动态适应链路特性的变化，例如，由环境光或 LOS 阻塞引起的变化。使用频域信道估计可以很容易地估计时变信道，且可以根据所需数据速率和服务质量来进行自适应调制。文献[17]首次提出在 OWC 使用具有自适应比特和功率负载的 DMT 调制技术，文献[18]也几乎在同时独立地提出这一技术。通过这种方法，根据各个频率的信道特性，每个子载波采用最适合的调制，即在根据 BER 和发射功率保证系统约束的前提下，根据每个所选调制级别或格式的 SNR 需求分配功率。即使存在由公共 LED 的传输特性引起的非线性失真，也可使非平坦通信信道中可用资源的利用达到最佳。在文献[33,34,92]中对完整概念进行了分析，比特和功率分配的相关算法也在文献[93]中得到解决，而概念的实验验证可以在文献[94-96]中找到。文献[97]进行了进一步的实验研究，证明了自适应控制所得 QAM 调制级数的效益也适用于基于 YB-LED 的系统，其中省略了 Rx 处的蓝色滤波器。

除了信道自适应外，将 DMT 调制与任何多址接入方案相结合的可能性使其成为室内 VLC 应用的极佳选择。针对多信道系统的初步工作发表在文献[77]中（也可见文献[10]），其中子载波复用（Subcarrier Multiplexing，SCM）用于提供多用户能力。基于离线处理实验装置的下行链路容量通过使用 RGB-LED 的彩色通道的波分复用（Wavelength Division Multiplexing，WDM）组合成 575Mb/s，而全双工系统的 YB-LED 上行链路提供 225Mb/s。采用频域中的预均衡和后均衡来补偿 Tx 和信道失真。此外，使用各种 QAM 调制级数最优化传输容量。通过调整子信道的带宽和调制格式，在这样的设置中可以容易地重新配置下行链路和上行链路容量。

考虑到 VLC 的支线或骨干网络，可以与电力线基础设施和 PLC 进行结合，参考文献[1,2,19,98,99]。从在两个系统中使用的 DMT 调制的情况来看，这个想法特别令人感兴趣，因为它可以简化接口和互通。Komine 等人在文献[100]中基于他们以前和后来的工作提出并分析了这种综合系统，随后，在几个方面开展了针对该主题的研究。例如，在文献[101]中给出了通过直接调制 VLC Tx 的 YB-LED 来广播 PLC 系统的 DMT-QAM 信号。关于最近整合 PLC 和 VLC 的最新提议可以在文献[102]中找到。出于完整性的考虑，不得不提到光纤和 DMT 传输也可用于 VLC 骨干网。然而，这也产生了一个特殊的应用研究领域，例如在激光应用领域，因此这里不再进一步考虑。

VLC、骨干网和终端系统的相互作用也需要适当的媒体访问控制（Media Access Control，MAC）协议。在 OMEGA 工程的框架内[103]，为无线光信道（同时考虑可见光和红外应用）提出了一种适用于无线光信道的专用 MAC 层，另见 8.6.4 节。为 VLC 广播定义了一种简化的帧格式。在所考虑系统的 Tx 侧，在 PHY 层数字信号处理和调制之上 MAC 层提供 100Mb/s 的串行数据流。在 Rx 侧，经过 VLC 链路传输和 PHY 处理之后，将检测到的数据流发送到 MAC 层。文献[104]给出了这种接入方法的概述，无线光数据链路层（Optical Wireless Data Link Layer，OWMAC）和适用于该 VLC 原型的 MAC 帧结构。在 Tx 和 Rx 侧采用 FPGA 技术将所有用于 MAC 和 PHY 处理的模块进行了实现[104,105]。除了这项工作之外，基于多载波的 VLC 信道的多址方案也得到了解决[106,107]。

用于照明系统的 VLC 商业化设计的主要挑战是如何在保持可靠高速通信链路的同时，组合运用常用的 PWM 调光技术。在文献[108]中，根据日间和夜间场景中的起居室的不同照明需求，从 VLC 功率约束的角度来解决这个问题。比如在关灯这种最坏情况下的通信问题。结果表明，非常低的发射光（几乎熄灭）足以维持 OOK 或 PPM 调制下高达兆比特每秒的数据速率。从这可以得出，即使平均光发射功率严重减弱并且使用诸如 DMT 的低功率效率的调制方案，在一定程度上仍然具有一些能实现通信的电信号功率。

有关基于 DC 偏置的 DMT 或 ACO-OFDM 的 VLC 系统，不能直接实现调光，但是用于驱动 LED 的数据信号可以与 PHY 层上的调光技术相结合。然而，在其“ON”周期内，不能使用传输信号和调光控制 PWM 脉冲序列相乘这种简单方法，因为数据吞吐量将被限制在 PWM 速率上，在商业 LED 照明系统中低至 10kHz[12]。只有当 PWM 调光信号至少是 DMT 信号最高子载波频率的 2 倍时，才能用这种方法实现高速传输，以避免子载波干扰[21]。这种限制条件是难以接受的，因为 LED 调制带宽应该包括 PWM 频率，这会将数据传输的带宽减少了 50%。因此，如文献[109]中提出一种反极性 OFDM（Reverse

Polarity OFDM，RPO-OFDM）调光方案。该方法将高频 OFDM 信号与低频 PWM 调光信号相结合，而两个信号都有助于提高 LED 的有效亮度。RPO-OFDM 利用 PWM 信号的整个周期进行数据传输，方法是在数据符号叠加在 PWM 脉冲序列之前调整数据符号的极性，以此定义调光级别，比如在 PWM 信号“ON”周期反转符号的极性。通过这种方式，数据速率可以在很宽的调光范围内保持，与 PWM 频率无关。该方法还将信号保持在 LED 的动态范围约束内。总之，RPO-OFDM 中的数据速率不受 PWM 信号频率的限制，并且 LED 动态范围被充分利用以最大限度地减少多载波通信信号的非线性失真。该技术可以应用于任何形式的实数 OFDM/DMT 信号，在 VLC 传输中以预处理的形式实现。

OFDM/DMT 调制由于其诱人的通信性能而不断受到欢迎，并且到目前为止所获得的研究结果表明，它是接近实用 VLC 系统中双向传输的优选方案。然而，还需要进行更多的研究，特别是在实际智能照明场景中，需要对所有与照明系统相结合的方面以及其对光质量的影响展开研究。

8.6.2 DMT/OFDM 在高级系统中的应用

当使用 RGB 型 LED（或更通用的多色 LED 器件）时，VLC 系统能够实现波分复用（WDM）。为了研究 WDM 在传输容量方面的潜力，近年来已经开展并报道了几项关于 VLC 系统中 WDM 传输性能的实验室研究成果。由于每 WDM 信道比特率的演示是主要驱动因素，因此几乎毫无例外地采用频谱效率高的 DC 偏置 DMT 调制。

表 8.4 给出了基于 DC 偏置 DMT 的 VLC 系统中使用 WDM 的实验研究的关键结果，表明实现每 WDM 信道几个 100Mb/s 的比特率和总容量在吉比特每秒范围内是可能的。

表 8.4 基于 DC 偏置 DMT 的 VLC 系统中使用 WDM 的关键实验室结果

汇聚比特率/（Gb/s）	WDM 信道的颜色	调制带宽/MHz	子载波数量	备注	参考文献
0.575	RG	50	64	PIN-Rx，每个 WDM 通道 2 个 SCM 通道，蓝色 LED 仅用于照明；另外，通过 YB-LED 上行链路	[10]
0.750	RGB	50	64	PIN-Rx，自适应奈奎斯特窗口	[110]
0.803	RGB	50	32	APD-Rx	[111]
1.250	RGB	100	128	APD-Rx	[8]
2.930	RGB	230	471	PIN-Rx	[79]
3.400	RGB	280	512	APD-Rx	[9]

应该注意的是，所有这些结果都是通过逐个 WDM 信道的研究并通过离线处理来获得的。在这样的配置中，发送信号由软件和任意波形发生器（Arbitrary Waveform Generator，AWG）产生，同时记录接收信号，随后由软件评估。这种实验的典型配置如图 8.12 所示。

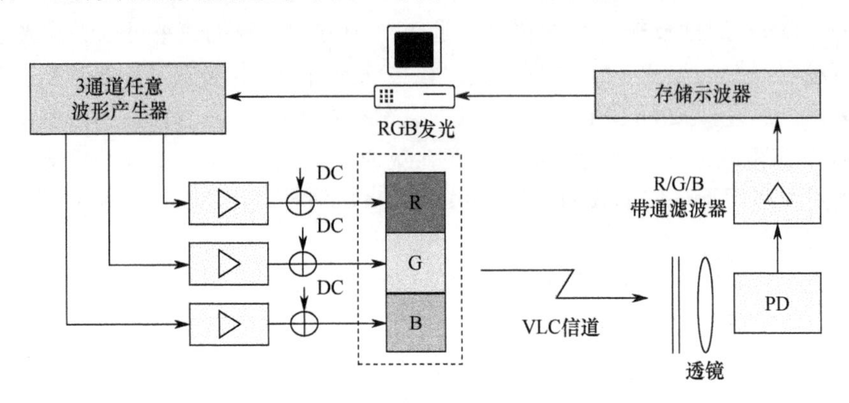

图 8.12　使用 3 个 WDM 制式的 VLC 通道同步建立直流偏置 DMT 传输的离线评估设置

由于 VLC 系统在与室内照明结合时通常使用多个 LED，显而易见可以采用无线光多输入多输出（Multiple-Input Multiple-Output，MIMO）原理以提高整体传输容量。MIMO 处理可以补偿信道间串扰，从而允许多个 LED 并行传输[112]。在使用 AWG 产生 DC 偏置 DMT 调制的相应光 MIMO 概念验证中，由 4 个 YB-LED 组成的 2×2Tx 模块和配备有蓝色滤波器的 3×3 通道成像 Rx，最终实现了 1.1Gb/s 的总比特率[113]。

对于 OWC，光空间调制（Optical Spatial Modulation，OSM）是另一种带宽和功率效率高的 MIMO 方案。它基于多空间分离的 Tx 单元，并利用它们的位置来传输额外信息[114]，即除了运用基本信号调制之外，OSM 还通过将 Tx 阵列在空间域中视为一个扩展图来发送更多比特。由于在任意特定时刻只有一个 Tx 有效，因此 Rx 单元可以容易地确定有效的 Tx 序号，同时能够保持系统简单。结果表明，当 Tx 和 Rx 单元对准时，光 MIMO 信道的路径几乎不相关。此外，精确的 Tx-Rx 对准会提高所使用调制方案的功率效率。例如，文献[115]对现有用于 MIMO 技术的空间调制技术进行了全面的概述，包括在 VLC 中的应用。在文献[116]中引入了一种基于 OSM 的 OWC 单极调制方法。它结合了 OWC 的基本空间调制方案和 OFDM 技术[69]。结果表明，新方法提高了功率效率。对于相同的频谱效率，它比 ACO-OFDM 的功率效率高 5dB 到 9dB，而与 DC 偏置 DMT 相比，它消除了对 DC 偏置的需求。因此，对于相同的频谱效率，它表现出相当大的功率效率增益。

8.6.3 实际实现问题

为了降低 Tx 和 Rx 的 DSP 复杂度，IFFT/FFT 处理可以用离散哈里特变换（Discrete Hartley Transform，DHT）代替[117,85]。DHT 是一个实值自逆变换，在输入端不受厄米特对称约束。因此，不需要复杂的代数运算，而且如果将实数星座用于子载波调制，则在调制和解调可以采用相同的快速 DSP 算法。因此，在基于 DHT 的 Tx 和 Rx 的实时实现中，可以有效降低复杂性和计算时间，而性能分别与基于 DFT 的 DC 偏置 DMT 和 ACO-OFDM 系统相同[117]。

通常，VLC 系统设计的一个重要目标是以最佳的电光功率转换效率驱动 LED。此外，在与照明的双重使用中，须以最小的额外功耗保持照明功能。在大多数情况下，VLC 设计都尽量使用（数字）现成的高功率 LED 驱动器[109]，也常使用这些设备提供的调光功能。LED 驱动器在智能照明系统中的重要作用综述可以参见文献[2]，LED 驱动器的能效以及 OOK、VPPM 和 OFDM 的调制方案在文献[118]中进行了讨论。一般来说，由驱动器电路控制的大功率 LED 的大电流严重影响其响应性能。文献[38]的研究结果表明，基于 OOK 的系统可以在实现较好能量效率的同时实现 477Mb/s 的传输速率。在该系统中，RGB-LED 的红色器件由特殊设计的预加重电路驱动，这将光学 Tx 的 3dB 带宽提高到 91MHz。另一种可提供整体高 Tx 带宽且实现简单的实用 LED 驱动器方法是抽取在 OOK 输入信号的“OFF”状态期间 LED 耗尽电容中的剩余载流子[119]。

这些采用 OOK 调制的示例表明，在基于 OFDM/DMT 的系统中使用标准驱动器电路似乎是不现实的，需要更有效的带宽利用率和更复杂的模拟电路，也常伴随着更高的功耗。由于光 Tx 的性能与驱动器输出阻抗紧密相关，因此 LED 器件或模块的阻抗匹配是至关重要的。作为典型示例，图 8.13 给出了包

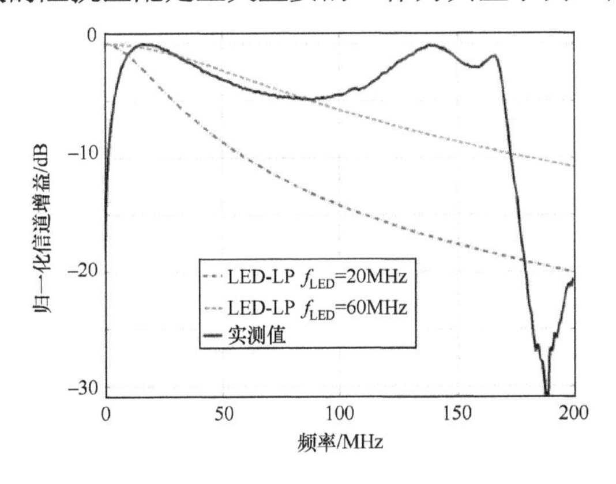

图 8.13　使用网络分析仪测试高功率 YB-LED 的短距离 VLC 信道冲激响应，YB-LED 由偏置电流为 0.7A 的定制驱动电路来驱动。有效调制带宽约为 180MHz。为了比较，还模拟给出了一阶 RC 低通 LED 振幅响应[120]

括高功率 LED 和定制模拟电路的光 Tx 的带宽，驱动电流高达 1.2A。这种驱动器用于各种 VLC 配置，使用 RGB-LED [8]或包含蓝色滤光器的 YB-LED [77,120]。当 VLC 在 Rx 处工作在相同亮度级别时，功耗与纯照明相比增加约 30%。鉴于这样的功率值，RF 泄漏可以比接收的光信号更强。这就是在任何情况下 VLC 发射机都需要准确 RF 屏蔽的原因所在。

除了在 VLC 系统中使用的调制方案，性能改进的简便方法是采用均衡技术，在 Tx 预均衡，在 Rx 后均衡，或这组合运用些均衡技术。例如，预均衡可以是 LED 驱动模块的一部分[29]。

后均衡简述如下。在文献[121]中给出了用于 ACO-OFDM Rx 的噪声消除方法，利用 ACO-OFDM 中固有时域信号采样值的反对称性，去识别接收信号采样值中那些最有可能是额外噪声的信号，然后将这些采样值设置为零。使用这种方法可以在光功率上获得最大 3dB 增益。考虑到 PAM-DMT 系统的反对称性质，可以采用相同的成对最大似然（Maximum Likelihood，ML）Rx 结构。值得一提的是，在基于 flip-OFDM 的系统中使用这种 Rx 技术产生了如文献[84]中所述的 U-OFDM 方案，详见 8.5.3 节和 8.5.4 节。另外一个例子中，提出采用最小二乘（Least Square，LS）信道估计这种后处理方法消除噪声对信道最大时延以外的影响[122]。该方案基于梳状的导频子载波配置，其中每个 OFDM 符号在周期性定位的子载波上具有频域导频。在普通 LS 信道估计之后，根据分别经由 DFT 和逆 DFT 的最大信道延迟，在时域中截断所导出的信道。结果表明，该方法可以显著改善 BER 性能，通过在 DC 偏置 DMT 系统中对不同 QAM 星座级别的仿真也验证了该结果。

除了有限的调制带宽外，白光 LED 还存在固有的非线性。当采用诸如 DMT 的高 PAPR 调制格式时，这种影响尤其不利。目前已有大量的研究来解决这个问题，参见 8.3.3 节。在文献[123]中，提出了采用 Volterra 均衡来补偿 M-PAM 调制 VLC 系统中 ISI 和 YB-LED 非线性影响。结果证明，使用具有二阶非线性 Volterra 前馈部分的判决反馈均衡器（Decision Feedback Equalizer，DFE）的 Rx 可以有效地补偿发射 LED 的非线性效应，并且在光功率方面比使用标准 DFE 性能提高 5dB。鉴于此，该方案同样可用于基于 DMT 的 VLC 系统。

通过倾斜（移动）接收平面，可以改善室内 VLC 覆盖区域内的 SNR 分布以及基于 DMT 调制的频谱效率。文献[124]提出了类似方案以增强自适应系统性能，其中反馈信道用于调整比特和功率负载。光电探测器的最佳倾斜角度由牛顿法确定，该牛顿法是一种快速算法，需要从初始状态进行三步搜索。

到目前为止，不同系统方法及相关细节的实验对比研究非常稀少。最近，在文献[125]中已经通过实验比较了许多 VLC 方法的比特速率，包括 DC 偏置

DMT、ACO-OFDM 和 U-OFDM。显然，DC 偏置 DMT 的带宽效率呈现出更高的比特速率，但必然比 ACO-OFDM 的功率效率更低。另外，ACO-OFDM 以及 U-OFDM 方案易受由非对称信号的移动平均引起的实际传输中的基线漂移的影响。这些发现需要在未来的工作中进行更深入的研究。

8.6.4 实现和演示

使用 OFDM 的白光 LED 强度调制的可行性首次通过文献[126]中发表的实验结果得到验证。从那时起，已经进行了许多研究和分析工作，以及在基于 DMT/OFDM 的 VLC 上模拟和实验研究，包括如上述讨论的子系统。尽管如此，只实现了极少数包含 DMT/OFDM 调制的实时信号处理系统。无论如何，要实现真正的商业应用，在实际条件下进行系统验证是必不可少的。

早期的概念验证硬件演示如图 8.14 所示，其中 45kHz 的带宽受到用于运行 OFDM 相关信号处理的 DSP 开发套件的限制。该系统的目的是研究在不同条件下非相干相位光 OFDM 的性能，例如，针对不同的电信噪比。此外，该系统还可用于无线信道的特性描述和建模。

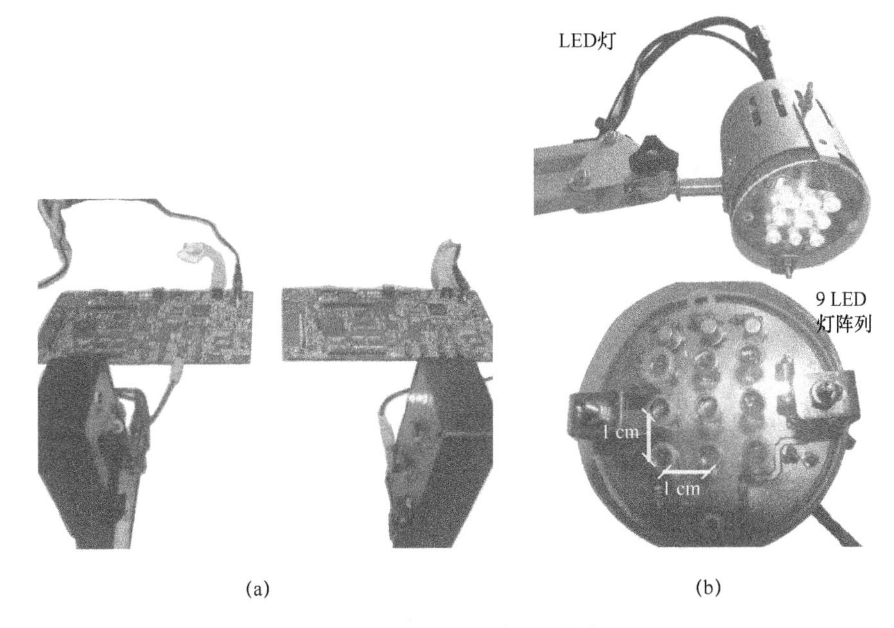

图 8.14　早期的概念验证硬件演示

（a）采用实验室 VLC 演示装置进行的基于 OFDM 的初步单向实时实验[127]；

（b）使用 9 个白色 LED 的阵列阅读灯，以扩大 OFDM 实验的覆盖范围[128]。

在欧洲研发 OMEGA 项目的过程中，开发并实现了一种成熟的基于 DMT 调制的高速 VLC 系统，该系统可为家庭提供 100Mb/s（网）的无线广播信道[129]。2011 年 2 月在实际条件下进行了首次演示，光电探测器放置在约 $10m^2$ 照明区域内的任何地方，通过从 16 个 YB-LED 吸顶灯同时广播多达 4 个高清视频流（80%利用 100Mb/s 信道），如图 8.15 所示。在 FPGA 板上实现了专门的 MAC 协议（无线光 MAC）和用于 PHY 层的数字信号处理。PHY 处理包括典型的 DMT 调制/解调，包括扰码器和前向纠错（Forward Error Correction，FEC）编码器/解码器，其详细参数如表 8.5 所列。物理层还具有位和帧级别的完全同步功能[104,130,131]。

(a)

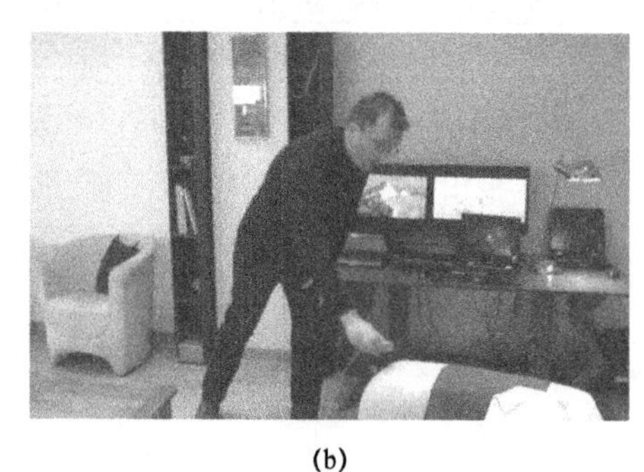

(b)

图 8.15　首次公开演示使用 DMT 调制的高速 VLC 系统，以 100Mb/s 的数据速率（125Mb/s 的 PHY 层总数据速率）广播多个视频流

（a）天花板上的 VLC 发射机阵列；（b）移动接收器装置，包括光电探测器和放大器，用于将信号转发到解调器然后发送到视频显示屏幕。

表 8.5　完整 VLC 演示装置的数字 PHY 参数

参数	值
信号带宽/MHz	30.5947
子载波数量（包括直流）	32
循环前缀长度（样本）	4
QAM 级数	16
FEC（里德·所罗门）	187207

最近 Fraunhofer HHI 提出了一种双向高速实时 VLC 系统（图 8.16），该系统工作在时分双工模式。速率自适应 DC 偏置 DMT 通过反向链路反馈实现。收发机配备专有 VLC 的 Tx 和 Rx 模块，具有高达 180MHz 的调制带宽。但受

DSP 芯片的限制，实际所用带宽不到 100MHz。这些收发机模块可以在没有外部冷却的情况下正常工作，提供 1000BASE-T 以太网接口，如图 8.16 所示。

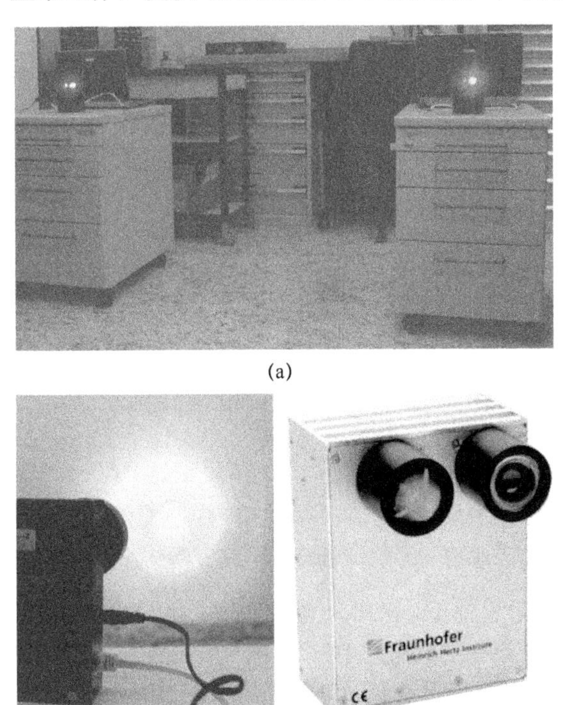

(a)

(b)　　　　(c)

图 8.16 （a）两个双向收发机通过漫反射链路进行通信，作为示例，不同的颜色用于下行和上行链路，也可以使用相同的颜色；（b）在距离收发机最远约 3 m 的（标准漆）墙上观察链路的漫反射点，链路总长度约为 6m；（c）新一代双向收发器，外形尺寸为 87×114×42 mm^3（不含镜头）。

该实时 VLC 系统的一个特殊优势是具备最高到 500Mb/s 可变吞吐量，依据光通信信道质量实现可控 BER。该系统提供了第一个移动 VLC 体验。如图 8.17 所示，最关键的参数是 Rx 处的光强度，与数据速率适配几乎成正比。应该注意，得到的性能结果与任何颜色的照明 LED 类似。可以使用 IR-LED 以及白光磷 LED，由于有内置的预均衡，因此在 Rx 处不需要蓝色滤波器。由于采用最优化的 LED 驱动器设计，与原来的照明功能相比，功耗适当提高了 30%。

图 8.17 揭示了另一个重要结果：高速非 LOS 数据传输。在这种特殊情况下，光被白漆墙反射到 Rx。尽管存在漫反射，但在约 3m 的链路范围内通信速率超过了 100Mb/s。该系统也验证了在高比特率及不同链路场景下实现灵活且稳定 VLC 链路的可行性。

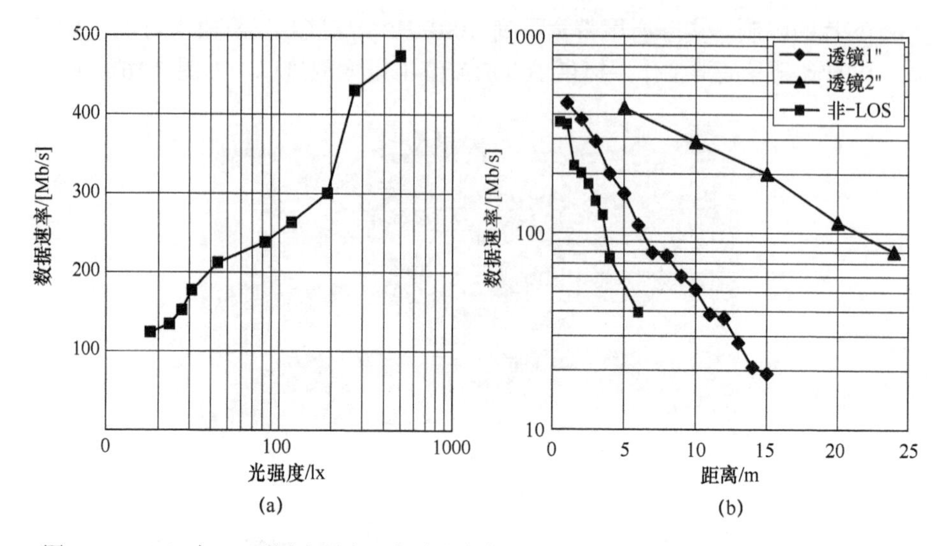

图 8.17 （a）在 Rx 不同光强度下实时速率自适应 VLC 系统可实现的最大数据速率；（b）不同链路类型实现的最大数据速率：具有窄 FOV（三角形曲线）的 LOS 链路，具有宽 FOV（菱形曲线）的 LOS 链路和非 LOS 漫反射链路（方形曲线）。

最近在文献[91]中公布了类似的系统实现。该 VLC 系统使用 YB-LED 设备构建下行链路，采用 IR 构建上行链路，采用可实时工作的基于 OFDM 的 DSP 集成芯片。在不使用蓝色滤波器的情况下，通过模拟预均衡技术将约 1MHz 的 LED 带宽增加到约 12MHz。所使用的 DSP 芯片的调制带宽在 2～30MHz 之间，自适应 OFDM 调制使用从 QPSK 到 16-QAM 的格式。该系统在约 1.5m 的距离上实现了高达 37Mb/s 的数据吞吐量。

综上所有演示结果可知，在无线电和有线传输中也经常采用基于 DMT 调制的速率自适应系统，可以用现成的组件来实现。研究表明，在不同照明条件下，对于稳定的无线光链路来说，这种峰值数据速率高达 500Mb/s 系统是一种出色的解决方案。尽管如此，由于商用 DSP 芯片或 FPGA 解决方案并不是专门针对 VLC 系统设计的，这也限制了数据速率和整体系统性能。此外，还存在诸如功耗之类的重要参数最优化方面的限制。采用现有技术的全定制集成电路也许能够消除这些缺点，但需要大规模市场的需求推动。

这些使用实时自适应双向 VLC 系统的实验和相关测量结果，是使得光学 Wi-Fi 从幻想变为现实的重要中间步骤。接下来的工作是把 VLC 技术集成到真实的室内照明中，并实现 Mp-to-Mp 等功能的扩展。

8.7 小　　结

在本章中，介绍了 DMT 调制方案在室内 VLC 中的应用及最重要的特性和条件。针对系统设计有特殊要求的高速通信链路，重点研究了使用基于 DMT 的调制技术。基于目前世界范围内对 OWC 的研究和开发现状，本章重点介绍了 PHY 层。

简要介绍了无线光信道的特点，并提出了利用典型的高亮度发光二极管，结合基于 DMT 的调制和 IM/DD 传输技术，开发无线光信道容量的方法。讨论并比较了 DMT/OFDM 的基本版本，即 DC 偏置 DMT、ACO-OFDM 和 PAM-DMT 的性能。此外，本章还重点介绍了用于 VLC 系统的上述方案的几个变体。简而言之，DMT/OFDM 调制被认为是解决 VLC 中 LED 器件和驱动特性限制带宽的一种合适方法。调制方案能够利用基于室内照明和典型亮度等级的 VLC 场景中可用的高信噪比。另一个重要的优点是能够根据信道的信噪比（通常称为比特和功率负载）调整每个子载波的调制格式。这种对信道容量的运用还带来了覆盖范围的灵活性，但它需要一个反馈链路。

此外，利用 WDM 和 MIMO 技术，DMT 调制也可以应用于最先进的 VLC 传输方案。但在这种情况下需要多色 LED 以及更复杂或彩色的 Rx 单元。使用 MIMO 技术也可以提高比特率。相关研究还处于早期阶段，但研究热度高。

对 DMT/OFDM 调制格式的大量比较分析表明，使用非对称裁剪的两种基本方案，即 ACO-OFDM 和 PAM-DMT，在低频谱效率和高功率效率下都是最佳的，即功耗而不是比特率是最重要，它们的计算复杂度几乎相同。然而，由于实时实施的困难，这些方案以及提出和讨论的变体尚未离开实验室阶段，在如移动性等条件下的 VLC 验证是必要的。另外，DC 偏置 DMT 在 3 种主要 DMT/OFDM 调制格式中具有最低的计算复杂度。该方案有望在应用中提供最高的数据速率，其中 VLC 中产生非负调制信号所需的额外 DC 偏置功率可提供互补功能，如照明。事实上，文献[8,9,11,46]中所述的传输速率的破纪录结果都是使用 DC 偏置 DMT 实现的。目前已经公开的第一个实现和收发器原型也使用 DC 偏置 DMT，包括实时信号处理，从而实现移动 VLC 体验。据此，DMT 调制在高数据速率下对室内 VLC 应用的适用性已经通过现实验证和公开发表得到了证实。

同样重要的是，YB 型白光 LED 的低调制带宽不再是问题。已经证实，可以通过均衡技术来代替蓝色滤光器，蓝色滤光器可以减轻荧光层的不利影响，但是对于功率预算是不利的。以这种方式，到达 Rx 的光功率可以以几百兆比特每秒或甚至更高的比特率被充分利用。

基于 DMT 的调制具有良好的性能，各种版本的单载波频域均衡（Single-Carrier Frequency Domain Equalization，SCFDE）传输都进入了 VLC 系统中。这些技术降低了 PAPR，对系统整体性能[132,133]有更好的提高。最近，在 WDM 实验中对 DC 偏置 DMT 和 SCFDE 两种方案进行了比较，实现的总数据速率 2.5Gb/s 和 3.75Gb/s[134]。因此，SCFDE 方案明显优于 DMT。另一种单载波调制方案，即无载波振幅和相位（Carrier-less Amplitude and Phase，CAP）调制也已被探索研究[79]。在 WDM 实验中再次实现的总比特率为 3.22Gb/s，证实了单载波调制作为高速 VLC 系统的重要作用。文献[135]介绍了用于进一步提高 PHY 性能的方法，通过 OFDM 信号的准平衡检测方案来实现。

到目前为止，VLC 和基于 LED 照明的工作都在每个领域的重大问题上展开。更具体地，器件的寿命、颜色、发光效率等已经成为 LED 照明开发中研究的主题，如 LED 调制和驱动，相关信号处理和链路控制的课题已经在通信中得到解决。然而，真正的 VLC 系统设计需要涉及通信和照明技术的多学科工作。例如，需要验证 VLC 操作下的 LED 长期行为，包括潜在的高 PAPR，因为到目前为止只有初步经验。关于 LED 调制和电源，直接利用 AC 电源驱动 LED 灯作为现有基础设施的组成部分可能是有用的。最近在文献[136]中发表了这种 VLC 方法的基本结果，速度低且使用了 OOK。在实际的智能照明场景中，还需要进一步研究 LED 调制对光质量的影响。正如文献[12]中指出的两用案例，VLC 和光强度控制存在冲突。因此，在扩展的 VLC 标准中考虑 DMT 兼容（混合）调光方案是很重要的。它们还应考虑到无线电和有线传输的新兴标准，这些标准与 VLC 系统的观点密切相关。是否在各方面都满足照明和能源需求是一个悬而未决的问题。因此，这为进一步研究提供了一个领域。需要在实际环境中进行更多的验证，这需要通信和照明行业共同努力。

通过一些可靠的离线处理实验以及使用现成组件的演示验证了几种 VLC 技术。实际的低成本系统现在需要定制设计，例如用于优化 VLC 性能的集成 DSP 和要考虑的功能，如本章所述。在这个问题上，与 DSP 芯片制造商的合作以及正在进行的系统标准化工作是必要的。

最后，必须提到的是，到目前为止，系统集成仅考虑其初级阶段，并且如 VLC 中的移交等与移动性相关的问题尚未得到充分解决。此外，专用的标准化路线图对于便携式设备中 VLC 的未来可用性至关重要[137]。迄今为止的标准化活动来自红外数据协会（Infrared Data Association，IrDA）兴趣小组和 IEEE。虽然 IrDA 主要提供无线红外协议的规范，但 IEEE 已发布了第一个用于 VLC 的 OWC 标准 IEEE 802.15.7—2011。最近扩展的国际电信联盟（International Telecommunication Union，ITU）g.hn 标准（ITU-T G.9960 建议书，2011 年）

预见到光信道也很重要，参见文献[102]，也考虑了 VLC 的整合，例如在家庭网络与现有基础设施的整合。

即使在研究和开发上面临着上述挑战，VLC 技术仍为无线通信提供了一种现实可行的补充技术。

参考文献

[1] M. Kavehrad, “Sustainable energy-efficient wireless applications using light,” IEEE Communications Magazine, **48**, (12), 66–73, 2010.

[2] A. Sevincer, A. Bhattarai, M. Bilgi, M. Yuksel, and N. Pala, “LIGHTNETs: Smart lighting and mobile optical wireless networks – a survey,” IEEE Communications Surveys & Tutorials, **15**, (4), 1620–1641, 2013.

[3] S. Haruyama, “Visible light communication using sustainable LED lights,” Proceedings of 5th ITU Kaleidoscope: Building Sustainable Communities, 2013.

[4] L. Hanzo, H. Haas, S. Imre, et al., “Wireless myths, realities, and futures: From 3G/4G to optical and quantum wireless,” Proceedings of the IEEE, **100**, 1853–1888, 2012.

[5] D. K. Borah, A. C. Boucouvalas, C. C. Davis, S. Hranilovic, and K. Yiannopoulos, “A review of communication-oriented optical wireless systems,” EURASIP Journal on Wireless Communications and Networking, **91**, 1–28, 2012.

[6] K.-D. Langer, J. Hilt, D. Schulz, et al., “Rate-adaptive visible light communication at 500 Mb/s arrives at plug and play,” Optoelectronics and Communications SPIE Newsroom, DOI 10.1117/2.1201311.005196, 2013.

[7] J. Vučić, C. Kottke, S. Nerreter, et al., “230 Mb/s via a wireless visible-light link based on OOK modulation of phosphorescent white LEDs,” OFC/NFOEC Technical Digest2010, paper OThH3.

[8] C. Kottke, J. Hilt, K. Habel, J. Vučić, and K.-D. Langer, “1.25 Gb/s visible light WDM link based on DMT modulation of a single RGB LED luminary,” Proc. European Conference and Exhibition on Optical Communication (ECOC)2012, paper We.3.B.4.

[9] G. Cossu, A. M. Khalid, P. Choudhury, R. Corsini, and E. Ciaramella, “3.4 Gb/s visible optical wireless transmission based on RGB LED,” Optics Express, **20**, (26), B501–B506, 2012.

[10] Y. Wang, Y. Shao, H. Shang, et al., “875-Mb/s asynchronous bi-directional 64QAM-OFDM SCM-WDM transmission over RGB-LED-based visible light communication system,” OFC/NFOEC Technical Digest2013, paper OTh1G.3.

[11] D. Tsonev, H. Chun, S. Rajbhandari, et al., “A 3-Gb/s single-LED OFDM-based wireless VLC link using a Gallium Nitride μLED,” IEEE Photonics Technology Letters, **26**, (7), 637–640, 2014.

[12] J. Gancarz, H. Elgala, and T. D.C. Little, “Impact of lighting requirements on VLC systems,” IEEE Communications Magazine, **51**, (12), 34–41, 2013.

[13] R. D. Roberts, S. Rajagopal, and S.-K. Lim, “IEEE 802.15.7 physical layer summary,” Proc. IEEE GLOBECOM Workshops 2011, pp. 772–776.

[14] S. Rajagopal, R. D. Roberts, and S.-K. Lim, "IEEE 802.15.7 visible light communication: Modulation schemes and dimming support," IEEE Comm. Mag., **50**, (3), 72–82, 2012.

[15] D. Tsonev, S. Videv, and H. Haas, "Light fidelity (Li-Fi): Towards all-optical networking," Proc. SPIE **9007**, Broadband Access Communication Technologies VIII, 900702, 2013.

[16] J. M. Kahn and J. R. Barry, "Wireless infrared communications," Proceedings of the IEEE, **85**, (2), 265–298, 1997.

[17] J. Grubor, V. Jungnickel, K.-D. Langer, and C. v. Helmolt, "Dynamic data-rate adaptive signal processing method in a wireless infra-red data transfer system," Patent EP1897252 B1, 24 June 2005.

[18] O. Gonzalez, R. Perez-Jimenez, S. Rodriguez, J. Rabadan, and A. Ayala, "OFDM over indoor wireless optical channel," IEE Proc. Optoelectronics, **152**, (4), 199–204, 2005.

[19] L. Grobe, A. Paraskevopoulos, J. Hilt, et al., "High-speed visible light communication systems," IEEE Communications Magazine, **51**, (12), 60–66, 2013.

[20] Z. Ghassemlooy, H. Le Minh, P. A. Haigh, and A. Burton, "Development of visible light communications: Emerging technology and integration aspects," Proc. Optics and Photonics Taiwan International Conference (OPTIC), 2012.

[21] G. Ntogari, T. Kamalakis, J. W. Walewski, and T. Sphicopoulos, "Combining illumination dimming based on pulse-width modulation with visible-light communications based on discrete multitone," Journal of Optical Comm. and Networking, **3**, (1), 56–65, 2011.

[22] J. Grubor, S. C.J. Lee, K.-D. Langer, T. Koonen, and J. Walewski, "Wireless high-speed data transmission with phosphorescent white-light LEDs," Proc. European Conference and Exhibition on Optical Communication (ECOC)2007, 6, Post-Deadline Paper PD3.6.

[23] C. W. Chow, C. H. Yeh, Y. F. Liu, and Y. Liu, "Improved modulation speed of LED visible light communication system integrated to main electricity network," El. Letters, **47**, (15), 2011.

[24] Y. Pei, S. Zhu, H. Yang, et al., "LED modulation characteristics in a visible-light communication system," Optics and Photonics Journal, **3**(2B), 139–142, 2013.

[25] J. Grubor, S. Randel, K.-D. Langer, and J. W. Walewski, "Broadband information broadcasting using LED-based interior lighting," J. of Lightwave Tech., **26**, (24), 3883–3892, 2008.

[26] J. Armstrong, R. J. Green, and M. D. Higgins, "Comparison of three receiver designs for optical wireless communications using white LEDs," IEEE Communications Letters, **16**, (5), 748–751, 2012.

[27] D. C. O'Brien, L. Zeng, H. Le-Minh, et al., "Visible light communications," in R. Kraemer, M. D. Katz(eds.), Short-Range Wireless Communications, pp. 329–342, Wiley & Sons Ltd., 2009.

[28] C. W. Chow, C. H. Yeh, Y. Liu, and Y. F. Liu, "Digital signal processing for light emitting diode based visible light communication," IEEE Phot. Society Newsletter, **26**, (5), 9–13, 2012.

[29] H. Le-Minh, D. C. O'Brien, G. Faulkner, et al., "80 Mb/s visible light communications using pre-equalized white LED," Proc. 34th European Conference and Exhibition on Optical Communication (ECOC), 2008.

[30] J. Vučić, C. Kottke, S. Nerreter, K.-D. Langer, and J. W. Walewski, "513 Mb/s visible light communications link based on DMT-modulation of a white LED," Journal of Lightwave Technology, **28**, (24), 3512–3518, 2010.

[31] H. Chun, C.-J. Chiang, and D. C. O'Brien, "Visible light communication using OLEDs: Illumination and channel modeling," Int. Workshop on Optical Wireless Communications (IWOW), 2012.

[32] P. A. Haigh, Z. Ghassemlooy, I. Papakonstantinou, and H. Le Minh, "2.7 Mb/s with a 93 kHz white organic light emitting diode and real time ANN equalizer," IEEE Photonics Technology Letters, **25**, (17), 1687–1690, 2013.

[33] J. Grubor and K.-D. Langer, "Efficient signal processing in OFDM-based indoor optical wireless links," Journal of Networks, **5**, (2), 197–211, 2010.

[34] J. Vučić, "Adaptive modulation technique for broadband communication in indoor optical wireless systems," PhD Thesis at Technische Universitaet Berlin, Germany, 2009.

[35] X. Li, J. Vučić, V. Jungnickel, and J. Armstrong, "On the capacity of intensity-modulated direct-detection systems and the information rate of ACO-OFDM for indoor optical wireless applications," IEEE Transactions on Communications, **60**, (3), 799–809, 2012.

[36] S. Dimitrov and H. Haas, "Information rate of OFDM-based optical wireless communication systems with nonlinear distortion," J. of Lightwave Tech., **31**, (6), 918–929, 2013.

[37] X. Zhang, K. Cui, M. Yao, H. Zhang, and Z. Xu, "Experimental characterization of indoor visible light communication channels," Proc. 8th International Symposium on Communication Systems, Networks & Digital Signal Processing (CSNDSP), 2012.

[38] N. Fujimoto and H. Mochizuki, "477 Mb/s visible light transmission based on OOK-NRZ modulation using a single commercially available visible LED and a practical LED driver with a pre-emphasis circuit," OFC/NFOEC Technical Digest2013, paper JTh2A.73.

[39] I. Neokosmidis, T. Kamalakis, J. W. Walewski, B. Inan, and T. Sphicopoulos, "Impact of nonlinear LED transfer function on discrete multitone modulation: Analytical approach," Journal of Optical Communications and Networking, **1**, (5), 439–451, 2009.

[40] I. Stefan, H. Elgala, R. Mesleh, D. O'Brien, and H. Haas, "Optical wireless OFDM system on FPGA: Study of LED nonlinearity effects," Proc. 73rd IEEE Vehicular Technology Conference (VTC Spring), pp. 1–5, 2011.

[41] S.-B. Ryu, J.-H. Choi, J. Bok, H. Lee, and H.-G. Ryu, "High power efficiency and low nonlinear distortion for wireless visible light communication," Proc. 4th IFIP International Conference on New Technologies, Mobility and Security (NTMS), pp. 1–5, 2011.

[42] D. Lee, K. Choi, K.-D. Kim, and Y. Park, "Visible light wireless communications based on predistorted OFDM," Optics Communications, **285**, (7), 1767–1770, 2012.

[43] D. Tsonev, S. Sinanovic, and H. Haas, "Complete modeling of nonlinear distortion in OFDM-based optical wireless communication," Journal of Lightwave Technology, **31**, (18), 3064–3076, 2013.

[44] R. Mesleh, H. Elgala, and H. Haas, "LED nonlinearity mitigation techniques in optical wireless OFDM communication systems," Journal of Optical Communications and Networking, **4**, (11), 865–875 , 2012.

[45] R. Mesleh, H. Elgala, and H. Haas, "On the performance of different OFDM based optical wireless communication systems," Journal of Optical Communications and Networking, **3**, (8), 620–628, 2011.

[46] A. M. Khalid, G. Cossu, R. Corsini, P. Choudhury, and E. Ciaramella, "1-Gb/s transmission over a phosphorescent

white LED by using rate-adaptive discrete multitone modulation," IEEE Photonics Journal, **4**, (5), 1465–1473, 2012.

[47] B. Inan, S. C.J. Lee, S. Randel, et al., "Impact of LED nonlinearity on discrete multitone modulation," Journal of Optical Communications and Networking, **1**, (5), 439–451, 2009.

[48] C. Ma, H. Zhanga, K. Cuib, M. Yaoa, and Z. Xu, "Effects of LED lighting degradation and junction temperature variation on the performance of visible light communication," International Conference on Systems and Informatics (ICSAI), pp. 1596–1600, 2012.

[49] J. B. Carruthers and J. M. Kahn, "Multiple-subcarrier modulation for non-directed wireless infrared communication," IEEE J. on Selected Areas in Comm., **14**, (3), 538–546, 1996.

[50] Y. Tanaka, T. Komine, S. Haruyama, and M. Nakagawa, "A basic study of optical OFDM system for indoor visible communication utilizing plural white LEDs as lighting," 8th Int. Symp. on Microwave and Optical Technol. (ISMOT), pp. 303–306, 2001.

[51] J. Armstrong and A. J. Lowery, "Power efficient optical OFDM," Electronics Letters, **42**, (6), 370–372, 2006.

[52] S. C.J. Lee, S. Randel, F. Breyer, and A. M.J. Koonen, "PAM-DMT for intensity-modulated and direct-detection optical communication systems," IEEE Photonics Technology Letters, **21**, (23), 1749–1751, 2009.

[53] S. Randel, F. Breyer, and S. C.J. Lee, "High-speed transmission over multimode optical fibers," Proc. 34th European Conference and Exhibition on Optical Communication(ECOC)2008, paper OWR2.

[54] J. M. Cioffi, "A multicarrier primer," ANSI Contribution T1E1, **4**, 91–157, 1991.

[55] J. Armstrong, "OFDM for optical communications," Journal of Lightwave Technology, **27**, (3), 189–204, 2009.

[56] A. V. Oppenheim and R. W. Schafer, Discrete-Time Signal Processing, Prentice-Hall, 1989.

[57] S. K. Hashemi, Z. Ghassemlooy, L. Chao, and D. Benhaddou, "Orthogonal frequency division multiplexing for indoor optical wireless communications using visible light LEDs," Proc. 6th Int. Symp. on Communication Systems, Networks & Digital Signal Processing (CSNDSP)2008, pp. 174–178.

[58] J. Armstrong, B. J.C. Schmidt, D. Kalra, H. A. Suraweera, and A. J. Lowery, "Performance of asymmetrically clipped optical OFDM in AWGN for an intensity modulated direct detection system," Proc. IEEE Global Telecommunications Conf. (GLOBECOM '06), SPC07–4, 2006.

[59] S. C.J. Lee, F. Breyer, S. Randel, H. P.A. van den Boom, and A. M.J. Koonen, "High-speed transmission over multimode fiber using discrete multitone modulation," Journal of Optical Networking, **7**, (2), 183–196, 2008.

[60] E. Vanin, "Signal restoration in intensity-modulated optical OFDM access systems," Optics Letters, **36**, (22), 4338–4340, 2011.

[61] X. Li, R. Mardling, and J. Armstrong, "Channel capacity of IM/DD optical communication systems and of ACO-OFDM," Proc. Int. Conf. on Communications(ICC) 2007, pp. 2128–2133, 2007.

[62] S. K. Wilson and J. Armstrong, "Transmitter and receiver methods for improving asymmetrically-clipped optical OFDM," IEEE Trans. on Wireless Comm., **8**, (9), 4561–4567, 2009.

[63] S. C.J. Lee, F. Breyer, S. Randel, et al., "Discrete multitone modulation for maximizing transmission rate in step-index plastic optical fibers," Journal of Lightwave Technology, **27**, (11), 1503–1513, 2009.

[64] L. Chen, B. Krongold, and J. Evans, “Performance analysis for optical OFDM transmission in short-range IM/DD systems,” Journal of Lightwave Technology, **30**, (7), 974–983, 2012.

[65] S. Tian, K. Panta, H. A. Suraweera, et al., “A novel timing synchronization method for ACO-OFDM-based optical wireless communications,” IEEE Transactions on Wireless Communications, **7**, (12), 4958–4967, 2008.

[66] M. M. Freda and J. M. Murray, “Low-complexity blind timing synchronization for ACO-OFDM-based optical wireless communications,” Proc. IEEE GLOBECOM Workshops 2010, pp. 1031–1036.

[67] R. You and J. M. Kahn, “Average power reduction techniques for multiple subcarrier intensity-modulated optical signals,” IEEE Trans. Communications, **49**, (12), 2164–2171, 2001.

[68] B. Ranjha and M. Kavehrad, “Precoding techniques for PAPR reduction in asymmetrically clipped OFDM based optical wireless system,” Proc. SPIE **8645**, Broadband Access Communication Technologies VII, **86450**R, 2013.

[69] J. Armstrong and B. J.C. Schmidt, “Comparison of asymmetrically clipped optical OFDM and DC-biased optical OFDM in AWGN,” IEEE Comm. Letters, **12**, (5), 343–345, 2008.

[70] D. J.F. Barros, S. K. Wilson, and J. M. Kahn, “Comparison of orthogonal frequency-division multiplexing and pulse-amplitude modulation in indoor optical wireless links,” IEEE Transactions on Communications, **60**, (1), 153–163, 2012.

[71] S. Dimitrov, S. Sinanovic, and H. Haas, “Signal shaping and modulation for optical wireless communication,” Journal of Lightwave Technology, **30**, (9), 1319–1328, 2012.

[72] S. D. Dissanayake and J. Armstrong, “Comparison of ACO-OFDM, DCO-OFDM and ADO-OFDM in IM/DD systems,” Journal of Lightwave Technology., **31**, (7), 1063–1072, 2013.

[73] Z. Yu, R. J. Baxley, and G. T. Zhou, “EVM and achievable data rate analysis of clipped OFDM signals in visible light communication,” EURASIP Journal on Wireless Communications and Networking, (1), 1–16, 2012.

[74] L. Chen, B. Krongold, and J. Evans, “Theoretical characterization of nonlinear clipping effects in IM/DD optical OFDM systems,” IEEE Transactions on Communications, **60**, (8), 2304–2312, 2012.

[75] S. Dimitrov, S. Sinanovic, and H. Haas, “Clipping noise in OFDM-based optical wireless communication systems,” IEEE Trans. on Communications, **60**, (4), 1072–1081, 2012.

[76] C. W. Chow, C. H. Yeh, Y. F. Liu, and P. Y. Huang, “Background optical noises circumvention in LED optical wireless systems using OFDM,” IEEE Phot. J., **5**, (2), 7900709, 2013.

[77] C. Kottke, K. Habel, L. Grobe, et al., “Single-channel wireless transmission at 806 Mb/s using a white-light LED and a PIN-based receiver,” Proc. 14th Int. Conf. on Transparent Optical Networks(ICTON), paper We.B4.1, 2012.

[78] Y. Wang, Y. Wang, N. Chi, J. Yu, and H. Shang, “Demonstration of 575-Mb/s downlink and 225-Mb/s uplink bi-directional SCM-WDM visible light communication using RGB LED and phosphor-based LED,” Optics Express, **21**, (1), 1203–1208, 2013.

[79] F. M. Wu, C. T. Lin, C. C. Wei, et al., “Performance comparison of OFDM signal and CAP signal over high capacity RGB-LED-based WDM visible light communication,” IEEE Photonics Journal, **5**, (4), 7901507, 2013.

[80] S. D. Dissanayake, K. Panta, and J. Armstrong, “A novel technique to simultaneously transmit ACO-OFDM and DCO-OFDM in IM/DD systems,” Proc. IEEE GLOBECOM Workshops 2011, pp. 782–786.

[81] K. Asadzadeh, A. A. Farid, and S. Hranilovic, "Spectrally factorized optical OFDM," Proc. 12th Canadian Workshop on Information Theory(CWIT), pp. 102–105, 2011.

[82] N. Fernando, Y. Hong, and E. Viterbo, "Flip-OFDM for optical wireless communications," Proc. Information Theory Workshop (ITW), 5–9, 2011.

[83] Y.-I. Jun, "Modulation and demodulation apparatuses and methods for wired/wireless communication," Patent WO/2007/064165, 2007.

[84] D. Tsonev, S. Sinanovic, and H. Haas, "Novel unipolar orthogonal frequency division multiplexing (U-OFDM) for optical wireless," IEEE 75th Vehicular TechnologyConference (VTC Spring), pp. 1–5, 2012.

[85] A. Nuwanpriya, A. Grant, S.-W. Ho, and L. Luo, "Position modulating OFDM for optical wireless communications," Proc. 3rd IEEE Workshop on Optical Wireless Communications (OWC'12), pp. 1219–1223, 2012.

[86] L. Chen, B. Krongold, and J. Evans, "Diversity combining for asymmetrically clipped optical OFDM in IM/DD channels," Proc. IEEE Global Telecomm. Conf. (GLOBECOM '09), pp. 1–6, 2009.

[87] S. D. Dissanayake, J. Armstrong, and S. Hranilovic, "Performance analysis of noise cancellation in a diversity combined ACO-OFDM system," Proc. 14th Int. Conf. on Transparent Optical Networks (ICTON), 2012.

[88] M. Z. Farooqui and P. Saengudomlert, "Transmit power reduction through subcarrier selection for MC-CDMA-based indoor optical wireless communications with IM/DD," EURASIP Journal on Wireless Communications and Networking, (1), 1–14, 2013.

[89] R. Zhang and L. Hanzo, "Multi-layer modulation for intensity modulated direct detection optical OFDM," J. of Optical Communications and Networking, **5**, (12), 1402–1412, 2013.

[90] G. Cossu, A. M. Khalid, R. Corsini, and E. Ciaramella, "Non-directed line-of-sight visible light system," OFC/NFOEC Technical Digest2013, paper OTh1G.2.

[91] C. H. Yeh, Y.-L. Liu, and C.-W. Chow, "Real-time white-light phosphor-LED visible light communication (VLC) with compact size," Opt. Express, **21**, (22), 26192–26197, 2013.

[92] J. Grubor, V. Jungnickel, and K.-D. Langer, "Adaptive optical wireless OFDM system with controlled asymmetric clipping," IEEE Proc. 41st Asilomar Conference on Signals, Systems and Computers, 2007.

[93] Z. Sun, Y. Zhu, and Y. Zhang, "The DMT-based bit-power allocation algorithms in the visible light communication," Proc. 2nd International Conference on Business Computing and Global Informatization, pp. 572–575, 2012.

[94] K.-D. Langer, J. Vučić, C. Kottke, et al., "Advances and prospects in high-speed information broadcast," Proc. 11th Int. Conf. on Transparent Optical Networks (ICTON), paper Mo.B5.3, 2009.

[95] J. Vučić, C. Kottke, S. Nerreter, et al., "White light wireless transmission at 200+ Mb/s net data rate by use of discrete-multitone modulation," IEEE Photonics Technology Letters, **21**, (20), 1511–1513, 2009.

[96] D. Bykhovsky and S. Arnon, "An experimental comparison of different bit-and-power-allocation algorithms for DCO-OFDM," Journal of Lightwave Technology, **32**, (8), 1559–1564, 2014.

[97] C. W. Chow, C. H. Yeh, Y. F. Liu, P. Y. Huang, and Y. Liu, "Adaptive scheme for maintaining the performance of

the in-home white-LED visible light wireless communications using OFDM," Optics Communications, **292**, (1), 49–52, 2013.

[98] K. L. Sterckx, "Implementation of continuous VLC modulation schemes on commercial LED spotlights," Proc. 9th International Conference on Electrical Engineering/Electronics, Computer, Telecommunications and Information Technology (ECTI-CON), 2012.

[99] H. Elgala, R. Mesleh, and H. Haas, "Indoor optical wireless communication: Potential and state-of-the-art," IEEE Communications Magazine, **49**, (9), 56–62, 2011.

[100] T. Komine, S. Haruyama, and M. Nakagawa, "Performance evaluation of narrowband OFDM on integrated system of power line communication and visible light wireless communication," Proc. 1st Int. Symp. on Wireless Pervasive Computing, 2006.

[101] S. E. Alavi, A. S.M. Supa'at, S. M. Idrus, and S. K. Yusof, "New integrated system of visible free space optic with PLC," Proc. 3rd Workshop on Power Line Communications (WSPLC), 2009.

[102] H. Ma, L. Lampe, and S. Hranilovic, "Integration of indoor visible light and power line communication systems," Proc. 17th IEEE International Symposium on Power Line Communications and its Applications (ISPLC), pp. 291–296, 2013.

[103] K.-D. Langer, J. Grubor, O. Bouchet, et al., "Optical wireless communications for broadband access in home area networks," Proc. 10th Int. Conf. on Transparent Optical Networks (ICTON), **4**, 149–154, 2008.

[104] O. Bouchet, P. Porcon, and E. Gueutier, "Broadcast of four HD videos with LED ceiling lighting: Optical-wireless MAC," Proc. SPIE **8162**, Free-Space and Atmospheric Laser Communications XI, 81620L, 2011.

[105] O. Bouchet, P. Porcon, J. W. Walewski, et al., "Wireless optical network for a home network," Proc. SPIE **7814**, Free-Space Laser Communications X, 781406, 2010.

[106] M. V. Bhalerao, S. S. Sonavane, and V. Kumar, "A survey of wireless communication using visible light," Int. Journal of Advances in Engineering & Technology, **5**, (2), 188–197, 2013.

[107] J. Dang and Z. Zhang, "Comparison of optical OFDM-IDMA and optical OFDMA for uplink visible light communications," Proc. International Conference on Wireless Communications & Signal Processing (WCSP), 2012.

[108] T. Borogovac, M. B. Rahaim, M. Tuganbayeva, and T. D.C. Little, "Lights-off visible light communications," Proc. IEEE GLOBECOM Workshops 2011, pp. 797–801.

[109] H. Elgala and T. D.C. Little, "Reverse polarity optical-OFDM (RPO-OFDM): Dimming compatible OFDM for gigabit VLC links," Optics Express, **21**, (20), 24288–24299, 2013.

[110] R. Li, Y. Wang, C. Tang, et al., "Improving performance of 750-Mb/s visible light communication system using adaptive Nyquist windowing," Chinese Optics Letters, **11**, (8), 080605/1–4, 2013.

[111] J. Vučić, C. Kottke, K. Habel, and K.-D. Langer, "803 Mb/s visible light WDM link based on DMT modulation of a single RGB LED luminary," OFC/NFOEC Technical Digest2011, paper OWB6.

[112] A. H. Azhar, T.-A. Tran, and D. O'Brien, "Demonstration of high-speed data transmission using MIMO-OFDM visible light communications," Proc. IEEE GLOBECOM Workshops 2010, pp. 1052–1056.

[113] A. H. Azhar, T.-A. Tran, and D. O'Brien, "A gigab/s indoor wireless transmission using MIMO-OFDM visible-light communications," IEEE Photonics Tech. Letters, **25**, 171–174, 2013.

[114] X. Zhang, S. Dimitrov, S. Sinanovic, and H. Haas, "Optimal power allocation in spatial modulation OFDM for visible light communications," Proc. IEEE 75th Vehicular Technology Conference (VTC Spring), pp. 1–5, 2012.

[115] X. Di Renzo, H. Haas, A. Ghrayeb, S. Sugiura, and L. Hanzo, "Spatial modulation for generalized MIMO: Challenges, opportunities, and implementation," Proceedings of the IEEE, **102**, (1), 56–103, 2014.

[116] Y. Li, D. Tsonev, and H. Haas, "Non-DC-biased OFDM with optical spatial modulation," Proc. IEEE 24th Int. Symp. on Personal, Indoor and Mobile Radio Communications (PIMRC), pp. 486–490, 2013.

[117] M. S. Moreolo, R. Muñoz, and G. Junyent, "Novel power efficient optical OFDM based on Hartley transform for intensity-modulated direct-detection systems," Journal of Lightwave Technology, **28**, (5), 798–805, 2010.

[118] G. del Campo Jiménez and F. J. López Hernándeza, "VLC oriented energy efficient driver techniques," Proc. SPIE **8550**, Optical Systems Design2012, 85502F.

[119] T. Kishi, H. Tanaka, Y. Umeda, and O. Takyu, "A high-speed LED driver that sweeps out the remaining carriers for visible light communications," Journal of Lightwave Technology, **32**, (2), 239–249, 2014.

[120] L. Grobe and K.-D. Langer, "Block-based PAM with frequency domain equalization in visible light communications," Proc. IEEE GLOBECOM Workshops 2013, pp. 1075–1080, 2013.

[121] K. Asadzadeh, A. Dabbo, and S. Hranilovic, "Receiver design for asymmetrically clipped optical OFDM," Proc. IEEE GLOBECOM Workshops 2011, pp. 777–781.

[122] X. Yang, Z. Min, T. Xiongyan, W. Jian, and H. Dahai, "A post-processing channel estimation method for DCO-OFDM visible light communication," Proc. 8th Int. Symp. on Communication Systems, Networks & Digital Signal Processing (CSNDSP), 2012.

[123] G. Stepniak, J. Siuzdak, and P. Zwierko, "Compensation of a VLC phosphorescent white LED nonlinearity by means of Volterra DFE," IEEE Photonics Technology Letters, **25**, (16), 1597–1600, 2013.

[124] Z. Wang, C. Yu, W.-D. Zhong, and J. Chen, "Performance improvement by tilting receiver plane in M-QAM OFDM visible light communications," Optics Express, **19**, (14), 13418–13427, 2011.

[125] A. H. Azhar and D. O'Brien, "Experimental comparisons of optical OFDM approaches in visible light communications," Proc. IEEE GLOBECOM Workshops 2013, pp. 1076–1080, 2013.

[126] M. Z. Afgani, H. Haas, H. Elgala, and D. Knipp, "Visible light communication using OFDM," Proc. 2nd International Conference on Testbeds and Research Infrastructures for the Development of Networks and Communities (TRIDENTCOM), pp. 129–134, 2006.

[127] H. Elgala, R. Mesleh, H. Haas, and B. Pricope, "OFDM visible light wireless communication based on white LEDs," Proc. 65th IEEE Vehicular Technol. Conf. (VTC Spring), pp. 2185–2189, 2007.

[128] H. Elgala, R. Mesleh, and H. Haas, "Indoor broadcasting via white LEDs and OFDM," IEEE Transactions on Consumer Electronics, **55**, (3), 1127–1134, 2009.

[129] J. Vučić, L. Fernández, C. Kottke, K. Habel, and K.-D. Langer, "Implementation of a real-time DMT-based 100 Mb/s visible-light link," Proc. European Conference and Exhibition on Optical Communication (ECOC)2010,

paper We.7.B.1.

[130] K.-D. Langer, J. Vučić, C. Kottke, et al., "Exploring the potentials of optical-wireless communication using white LEDs," Proc. 13th Int. Conf. on Transparent Optical Networks (ICTON), paper Tu.D5.2, 2011.

[131] J. Vučić and K.-D. Langer, "High-speed visible light communications: State-of-the-art," OFC/NFOEC Technical Digest2012, paper OTh3G.3.

[132] M. Wolf, L. Grobe, M. R. Rieche, A. Koher, and J. Vučić, "Block transmission with linear frequency domain equalization for dispersive optical channels with direct detection," Proc. 12th Int. Conf. on Transparent Optical Networks (ICTON), paper Th.A3.4, 2010.

[133] K. Acolatse, Y. Bar-Ness, and S. K. Wilson, "Novel techniques of single-carrier frequency-domain equalization for optical wireless communications," EURASIP Journal on Advances in Signal Processing, 2011, article ID 393768.

[134] N. Chi, Y. Wang, Y. Wang, X. Huang, and X. Lu, "Ultra-high-speed single red-green-blue light-emitting diode-based visible light communication system utilizing advanced modulation formats," Chinese Optics Letters, **12**, (1), 010605/1–4, 2014.

[135] Y. Wang, N. Chi, Y. Wang, et al., "High-speed quasi-balanced detection OFDM in visible light communication," Optics Express, **21**, (23), 27558–27564, 2013.

[136] Y. F. Liu, C. H. Yeh, C. W. Chow, and Y. L. Liu, "AC-based phosphor LED visible light communication by utilizing novel signal modulation," Optical and Quantum Electronics, **45**, (10), 1057–1061, 2013.

[137] G. Dede, T. Kamalakis, and D. Varoutas, "Evaluation of optical wireless technologies in home networking: an analytical hierarchy process approach," Journal of Optical Communications and Networking, **3**, (11), 850–859, 2011.

第 9 章　基于图像传感器的可见光通信

9.1　概　　述

图像传感器是一种大量用于数码摄像机和工业、媒体、医疗及消费电子的成像设备。图像传感器由许多像素点组成，每个像素点包含一个光电二极管（PD），通常用作 VLC 中的接收机。因此，由多个像素点组成的图像传感器也可以用作 VLC 的接收机。图像传感器的可用像素点数量大，因此接收机使用图像传感器的一个特别优点是能够在空间上对源进行分离。由于多源的空间分离，因此 VLC 接收机使用能感应 LED 发射源的像素，丢弃包括检测环境噪声的其他像素。空间分离源的能力还为 VLC 提供了一个额外的特性，即接收和处理多个发射源的能力。

本章介绍了采用图像传感器的 VLC 系统[1]。9.2 节概述了图像传感器，9.3 节介绍了使用图像传感器的 VLC 接收机。9.4 节给出了基于图像传感器的 VLC 系统设计。9.5 节和 9.6 节分别介绍了使用图像传感器的 VLC 系统的两个特殊应用：①大规模并行可见光传输，理论上可以达到 1.28Gb/s 的最大数据速率；②单 PD 的 VLC 系统无法实现的传感器姿态精确估计。9.7 节还介绍了基于图像传感器的通信在交通信号通信、土木工程中位置测量和桥架位置监测中的应用。最后，9.8 节进行了小结。

9.2　图像传感器

图像传感器是将光学图像转换成电子信号的设备，可用于数码摄像机、摄像机模块、录像机和其他成像设备。同样，如下文描述，图像传感器也可以用作 VLC 接收机。

图像传感器由 $n \times m$ 个像素组成，范围是从 320×240（QVGA）到 157000×18000（线扫描仪）。每个像素包含一个光电探测器和读取电路设备。受到光学器件的动态范围和成本的限制，像素尺寸范围为 $3\times3\mu m^2$ 到 $15\times15\mu m^2$。在像素区域中光电探测器所占比例称为填充系数。填充系数的范围为 0.2～0.9，高填充系数更理想。像素装置中的读取电路决定了传感器转换增益，即 PD 收集的每光子输出电压。读取速度决定帧速率，通常为 30 帧/s。许多工业和测量应用都需要采用高帧速率。毋庸置疑，VLC 必须使用高帧率图像传感器。

目前主要有两类图像传感器，电荷耦合器件（Charged Coupled Device，CCD）图像传感器和互补金属氧化物半导体（Complementary Metal Oxide Semiconductor，CMOS）图像传感器[2,3]。除 CCD 和 CMOS 传感器外，二维 PD 阵列也常用于大规模并行 VLC。

9.2.1 CCD 图像传感器

图 9.1 为 CCD 图像传感器组成框图。图中，当曝光结束，CCD 依次传输每个像素的电荷包。然后，电荷被转换成电压并传导至芯片外。在 CCD 中，入射光子转换成电荷，并在光电探测器的曝光时间内累积起来。由于 CCD 使用优化后的光电探测器，具有高填充系数、高量子效率和高灵敏度，可提供高均匀性、低噪声、低暗电流。然而，CCD 也存在许多缺点。例如，它们不能与其他模拟电路或数字电路集成，包括时钟生成器、控制器或模数转换器。此外，CCD 需要高功耗，且由于需要提高传输速度，其帧速率受到了限制，特别是在大型传感器的应用中表现尤为突出。

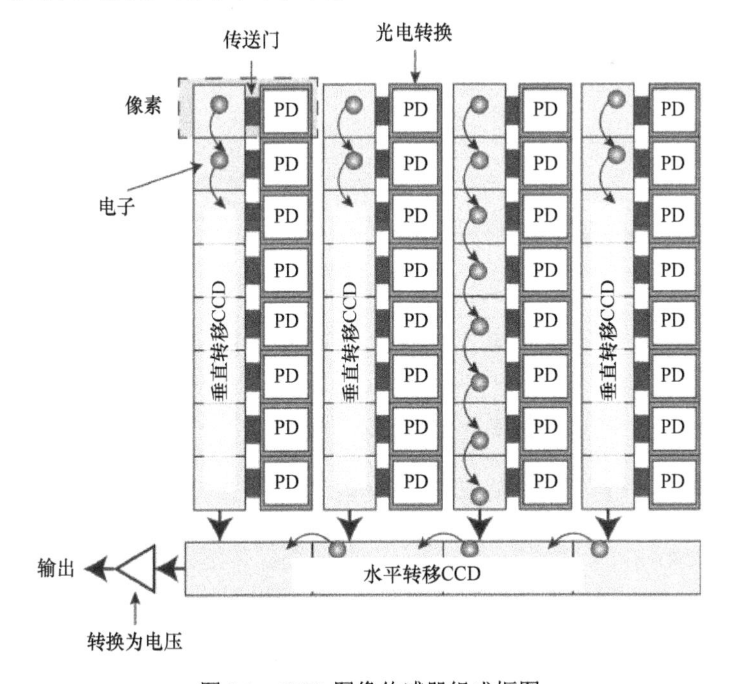

图 9.1　CCD 图像传感器组成框图

9.2.2 CMOS 图像传感器

图 9.2 为 CMOS 图像传感器的框图。近年来，由于 CMOS 图像传感器在功能多样化、低成本制造和低功耗等方面的优势而得到广泛的应用。PD 是 CMOS 图像传感器的关键元件，是一个像素的基本单元，通常以正交网格的形式排列在一起。在应用过程中，光（光子）穿过镜头冲击 PD 后转换成电压信号，并通过模数转换器，其输出通常称为亮度。由于 CMOS 图像传感器由一个 PD 阵列构成，因此 CMOS 图像传感器中 PD 的输出值（即光强度或亮度值）将按矩阵排列，从而实现场景的数字化表示。

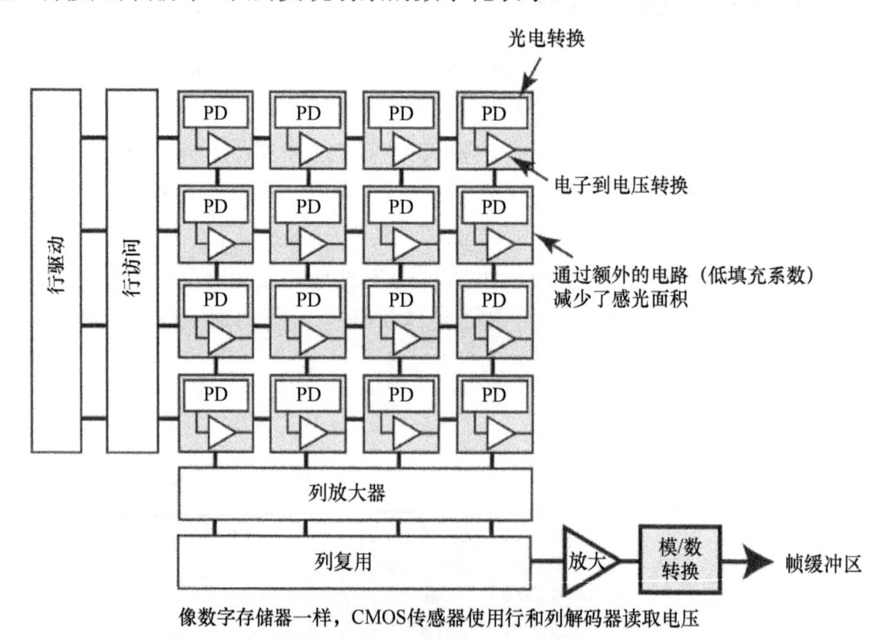

图 9.2 CMOS 图像传感器框图

CCD 和 CMOS 图像传感器的主要区别在于读取架构。对于 CCD，电荷通过垂直和水平转移 CCD 输出；而对于 CMOS 图像传感器，使用行和列解码器读取电荷或电压，类似于数字存储器。

9.2.3 CCD 图像传感器、CMOS 图像传感器和光电二极管对比

表 9.1 比较了 CCD 图像传感器、CMOS 图像传感器和 PD 的各方面性能。在通信方面，由于 PD 比 CCD 和 CMOS 图像传感器快得多，因此单个 PD 的应用具有很大的吸引力，已成为常用的接收机模式。虽然 PD 易于制造，且生产成本低，但其通常对光的响应具有非线性特征。对于超过（兆比特每秒）速

度的传输，大规模并行 VLC 通常采用二维 PD 阵列。

表 9.1　CCD 图像传感器、CMOS 图像传感器和 PD 的对比

	CCD	CMOS	PD
速度	中速至快速	快速	非常快
灵敏度	高	低	高
噪声	低	中等	低
系统复杂性	高	低	非常低
传感器的复杂性	高	低	非常低
芯片输出	模拟电压	数位	模拟电压
能源消耗	中等	低	低
空间分离	是	是	没有
产品整合	低	高	没有
生产成本	中等	非常低	非常低

CCD 的优点是可产生高质量的成像，即 CCD 优化了光电探测器、噪声非常低且噪声没有固定的模式；但是，CCD 无法与其他模拟或数字电路集成，包括时钟发生器、控制器或模数转换器。特别是对于大型传感器，高功耗和有限的帧速率也是 CCD 的不足。

通过选择一组特定的像素，同时丢弃其他像素，可提高 CMOS 图像传感器的读取速度。只对少量相关的像素进行采样可显著提高读取速度，使用此技术或配合其他相关技术，帧速率可达 10000 帧/s 以上[5]。

产品集成的潜力是 CMOS 图像传感器相对于 CCD 的另一个优势。利用这一潜力，可实现具有定时逻辑、曝光控制和模数转换的完整的单芯片摄像机；此外，利用这种潜力，还可实现通信像素与传统图像像素的集成[4]。最近的计算机和其他电子产品中的大多数芯片都是使用 CMOS 技术制造的。建设芯片制造工厂的成本需数百万美元，但如果生产的芯片数量足够多，每片芯片的成本将会非常低；这种芯片的低成本优势在与其他技术相比时尤为突出。因此，即使是高帧率 CMOS 图像传感器，只要市场对这种芯片的需求量很大，也可以大幅降低成本。

9.3　图像传感器作为 VLC 接收机

CMOS 图像传感器可用作 VLC 接收机[1,4]。由于可用像素数量巨大，因此使用 CMOS 图像传感器的一个特别优势是可在空间上对源进行分离。这些源包括噪声源（如太阳、路灯和其他环境灯）和传输源（即 LED）。

空间上分离源的能力还为 VLC 提供了一个额外的特性，即可提供接收和处理多个发射源的能力。如图 9.3 所示，接收机可同时捕获从两个不同 LED 发射机发送的数据。此外，如果光源由多个 LED 组成，则可以通过独立调制每个 LED 来实现并行数据的传输。

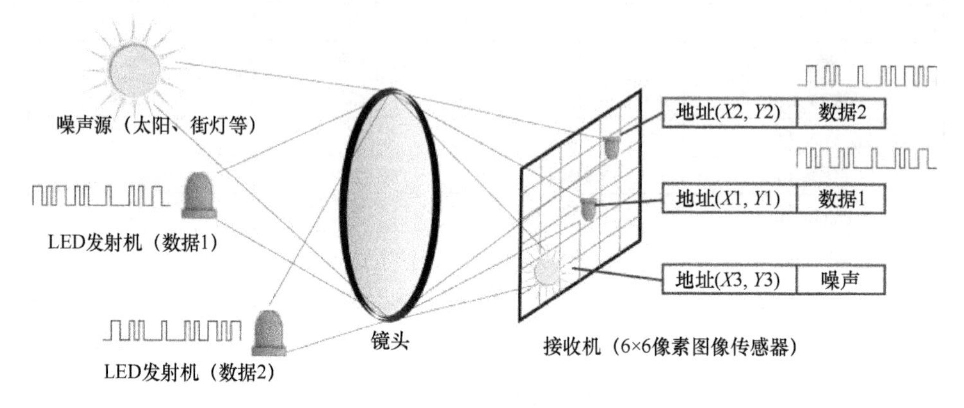

图 9.3　VLC 基于图像传感器的优点

CMOS 图像传感器的输出实现了场景的数字化表示，而使用单个 PD 或无线电波技术无法实现这种数字化表示。例如，利用 VLC 链路的多数据接收能力，可实现多种图像和视频处理技术的同时使用，如位置估计、目标检测和移动目标检测等技术。

另一示例是考虑接收机配备有 CMOS 图像传感器的情况。首先，捕获 VLC 信号及其空间位置（X，Y）或像素的实际行和列位置。也就是 VLC 信号不仅可以由时域信号表示，还可以由从发射机到接收机方向的输入向量表示。因此，通过 VLC 传输，可以基于 GPS 或其他位置估计系统获得所需的位置数据。

在以下小节中，将介绍图像传感器用于 VLC 接收机的相关重要技术特性。

9.3.1　时间采样

奈奎斯特-香农采样定理，有时称为 Shannon-Someya 采样定理，是一个适用于时间相关信号的基本定理。该定理表明，如果 LED 发射机产生一个时间间隔为 T_s 的离散时间信号，即数据速率 $R_s=1/T_s$ 采样/s，那么图像传感器的帧速率必须大于或等于 $2R_s$ 帧/s。如果帧速率小于 $2R_s$ 帧/s，则将发生时间混叠，使信号难以分辨，导致原始信号难以重构。

图 9.4 为具有 OOK 调制的单个 LED 发射机和图像传感器接收机的一个示例。在这个示例的应用中，发射机由多个 LED 组成，产生相同的信号。

假设 CMOS 图像传感器的帧速率为 30 帧/s，那么 LED 的传输速率或等效闪烁速率必须小于等于 15Hz 才能满足采样定理。因此，只有当闪烁速率小于等于 15Hz 时，接收机才能识别闪烁。

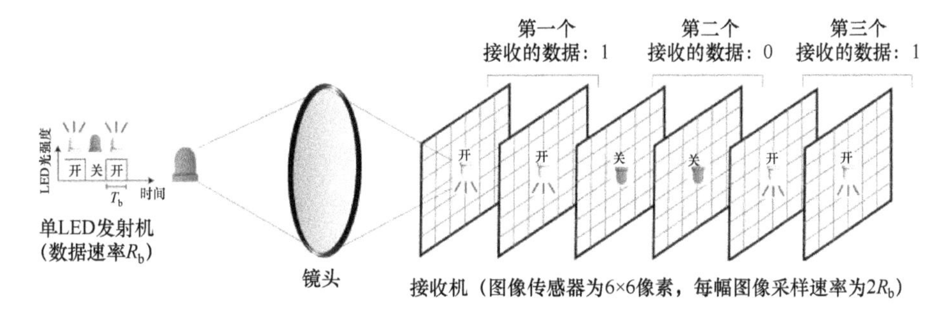

图 9.4　单个 LED 发射机和图像传感器接收机

如果帧速率为 1000 帧/s，则 LED 闪烁速率为 500 Hz。以如此快的速率闪烁对于人眼是不可见的，因此可以认为 LED 光源为不闪烁的连续照明装置。因此对于 VLC，必须使用高帧率的图像传感器。

9.3.2　空间采样

源空间分离能力为 VLC 提供了额外功能，即接收和处理多个发射源的能力。如图 9.3 所示，可以同时捕获从多个 LED（数据 1 和数据 2）发送的数据；即可通过对包含多个 LED 源的每个 LED 分别单独调制，以实现并行数据传输[4]。

图 9.5 为一个 3×3 LED 阵列发射机的示例，该发射机采用 OOK 格式调制，其中每个 LED 发射不同的信号。该示例反映了采用图像传感器作为 VLC 接收机的一个优点，即可以通过单独调制每个 LED 来实现并行数据传输。

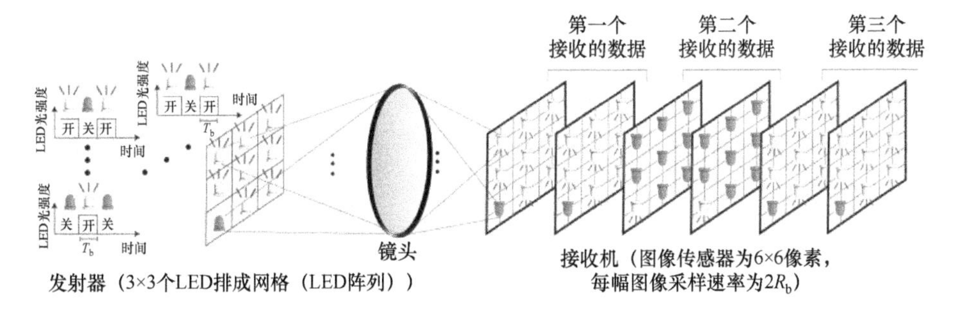

图 9.5　一个 3×3 LED 阵列发射机和图像传感器接收机

上面描述的采样定理是针对一维离散时间信号的，但是可以很容易地扩展到图像的情况中，即图像采用实数表示像素（图像元素）的相对强度。

与一维离散时间信号类似，如果采样分辨率或像素密度不足，则图像也可能出现混叠。例如，如果 LED 之间的距离太小，则发生混叠。通常，每个

LED 有 4 个像素（即行和列各两个）；由此产生的混叠在图像的高空间频率分量中表现为莫尔条纹或损耗。在这种情况下，为更好地在空间域进行采样，可将接收机更加靠近发射机，以及使用更高分辨率的图像传感器，也可通过使用望远镜来放大发射机的图像。在下面的 9.4.5 节中，讨论了通信距离和空间采样的影响。

9.3.3 最大可实现数据传输速率

在本节中，评估了 VLC 采用图像传感器的最大可实现数据传输速率 θ。首先，设图像传感器具有 $N \times M$ 个像素，每个像素产生 G 级灰度信号；设 F_r 是帧速率。则通过三维信号的采样，以 1/8 作为速率降低系数，可实现的最大数据传输速率为 $\theta = N \times M \times \log_2(G \times F_r)/8$。

例如，如果一个 QVGA（320×240 像素）图像传感器，其帧速率为 1000 帧/s，灰度级数为 256，那么使用 160×120 LED 阵列发射机，最大可实现的数据传输速率达到 76.8Mb/s。最新的 Photoron FASTCAM SA-X2 以 720000 帧/s 的帧速率捕获 12 位灰度图像，图像大小为 256×8 像素[5]。在这种情况下，使用 128×4 LED 阵列发射机的数据传输速率可达到 2.2Gb/s。

注意，上述获得的数据传输速率适用于为数字成像而设计的图像传感器中，其中像素采用密集排列。假设每个像素间设置一定间隙以避免空间混叠，并且接收速度比传输数据传输速率快得多，以避免时间混叠（9.5 节中大规模并行可见光传输），则速率可由发射机控制且可能会舍弃 1/8 的速率降低系数。例如，对于 $N \times M$ 个 LED 阵列构成的发射机，每个 LED 产生具有数据速率 R_b 的 G 级亮度信号，则速率变为 $\theta = N \times M \log_2(G \times F_r)$。

9.4 基于图像传感器的 VLC 系统设计

9.4.1 发射机

在基于图像传感器的 VLC 系统设计中，可以使用单个或多个 LED 发射机（LED 阵列，如图 9.6 所示）。此书主要专注的是后者，即 LED 阵列发射机。

假设一个 LED 阵列发射机由 $M \times N$ 个 LED 组成，发射机产生宽度为 T_b 的非负二进制脉冲，其中 T_b 是位持续时间，则数据速率 $R_b = 1/T_b$。由于每个 LED 发送不同的比特，因此发射机的比特率变为 $M \times N \times R_b$。如图 9.7 所示，可以通过改变 T_b 的宽度或通过 PWM 技术[6]来调节 LED 的亮度。例如，图 9.7 所示的 PWM 技术产生一组五级亮度值，即 0、1/4、1/2、3/4 和 1（最大亮度）。为了避免出现完全的暗周期，省略 0 亮度信号，则可产生一个四级信号。因此，采用 PWM 产生 G 级灰度信号后，发射机数据传输速率变为 $M \times N \times \log_2(G \times R_b)$。最后，PWM 信号被转换成二维信号，并且每个 LED 通过单独调制其亮度值来并行传输数据。换句话说，数据以二维 LED 模式进行传输。

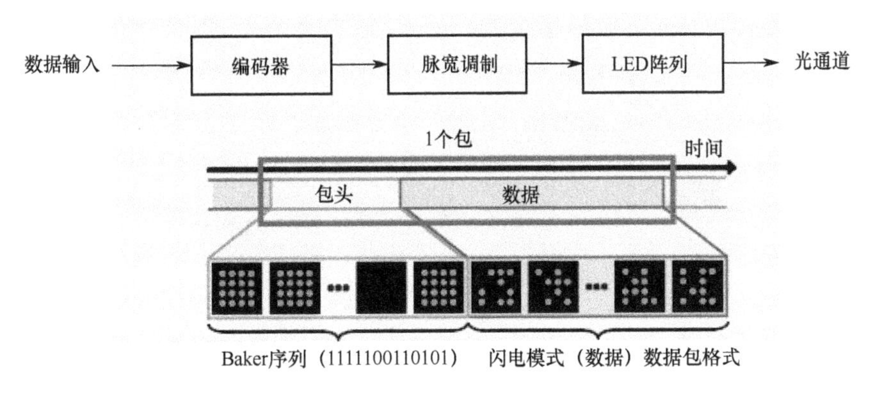

图 9.6　多个 LED 发射机（LED 阵列）的基本结构

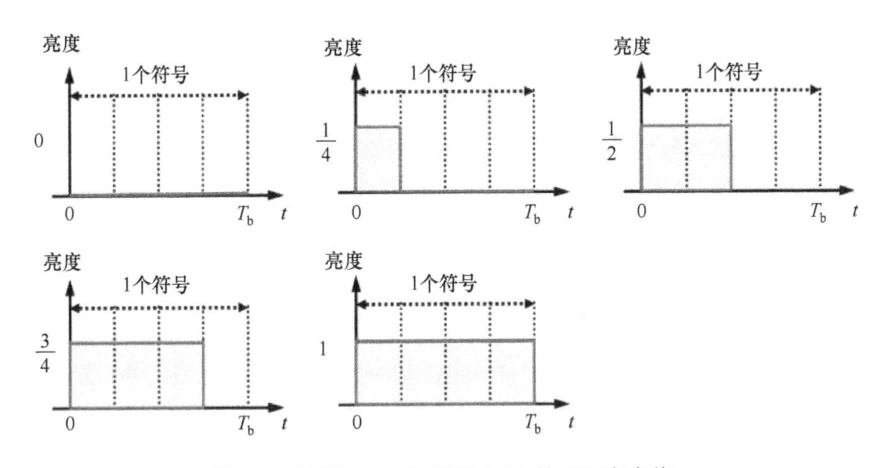

图 9.7　采用 PWM 以设置 LED 的不同亮度值

注意，数据包格式如图 9.6 中的发射机下方部分所示。一个独特的代码，例如 Baker 序列，可以用于时间同步。

9.4.2　接收机

如图 9.8 所示，接收机由图像传感器、图像处理单元和数据检测单元组成。为了避免空间混叠，图像传感器的图像尺寸必须大于发射器的 LED 阵列。此外，帧速率必须是每个 LED 的数据传输速率或闪烁速率的 2 倍以上。

发送信号通过光信道到达图像传感器接收机。在标头图像处理单元完成后，将信号送入数据图像处理单元，该单元由 LED 阵列跟踪单元、LED 位置估计单元和亮度提取单元组成。可以使用简单的模板匹配进行跟踪。

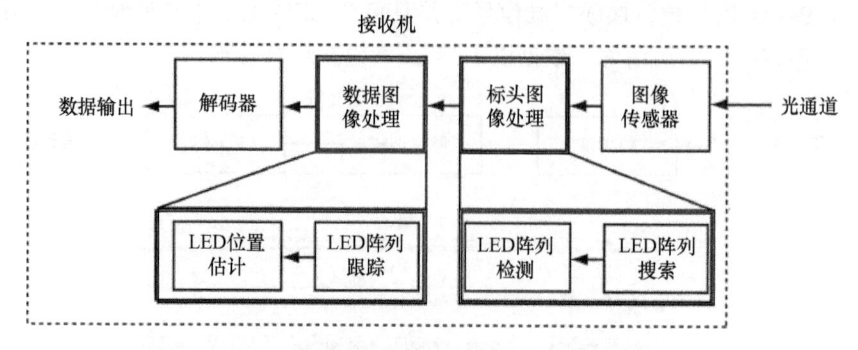

图 9.8　基于图像传感器的 VLC 接收机

LED 阵列跟踪后，执行 LED 位置估计，根据像素行和列以及亮度值定位每个 LED 的位置。由于输出须知 LED 阵列的形状和 LED 阵列的跟踪，因此只有在 LED 阵列检测准确的情况下才能实现 LED 位置估计。最后，将数据图像处理单元的输出提供给解码器，解码器输出检索到的数据。

9.4.3　信道

一般认为，VLC 链路建立依赖于发射机与接收机间存在不间断的直射（Line-of-Sight，LOS）路径。相对于 VLC，无线电链路通常容易受到接收信号振幅和相位波动的影响，因此与无线电波不同，VLC 不受多径衰落的影响，这大大简化了 VLC 链路的设计。由于 VLC 信号在发射机和接收机间以直线传输，因此传输很容易被车辆、墙壁或其他不透明障碍物阻塞，这种信号局限使得很容易实现将传输对象限制在近距离范围的接收机。由于通信范围外的传输不需要协调，因此 VLC 网络可实现非常高的聚合容量和简化设计。换句话说，没有必要考虑视觉范围以外的信号源。

尽管如此，VLC 也存在几个潜在的不足。首先，由于可见光无法穿透墙壁或建筑物，VLC 覆盖范围仅限于小区域，因此某些场景应用必须通过与有线网互连的接入点实现。此外，除了完全的实物外，浓雾或烟雾也会使可见光链路模糊，导致系统性能降低。

在近程 VLC 应用中，直接检测接收机的信噪比（SNR）与接收光功率的平方成正比。因此，VLC 链路只能容忍相对有限的信号路径损耗。

下面，将从图像传感器本身的角度介绍基于图像传感器的 VLC 信道的独有特性。

9.4.4 视场角

视场角（Field-of-View，FOV）是用于定义接收机图像捕获范围的一个重要参数。有 3 种 FOV 类型，即水平 FOV、垂直 FOV 和对角 FOV。可以根据镜头的焦距和图像传感器的尺寸来计算 FOV。以图 9.9 为例，利用焦距和传感器尺寸可计算获得对角线 FOV。对角 FOV 是 3 个 FOV 中最宽的，因此，将对角 FOV 定义为最大 FOV（FOV_{max}）[7]。

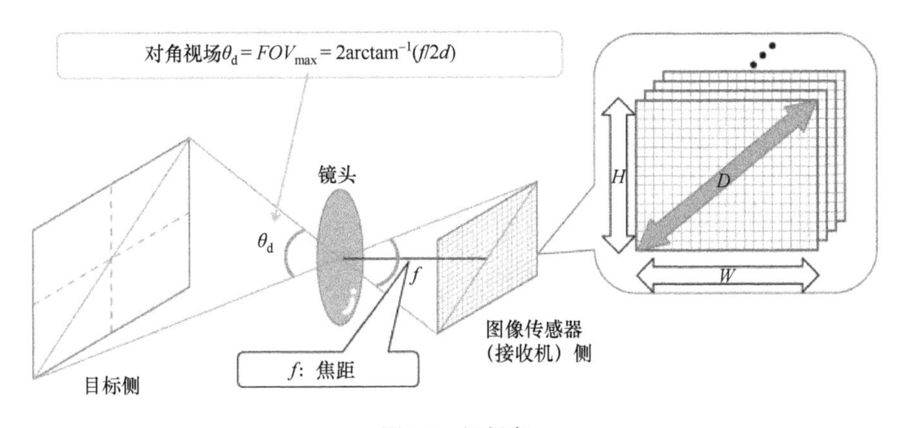

图 9.9　视场角

信道的图像捕获范围取决于 FOV 的宽度。对于较窄的 FOV，接收机配有伸缩镜头，可以捕捉位于远处的目标源的放大图像。换句话说，接收机捕获目标，就如同发射机被放置在接收机前面。因此，接收机可以很容易识别每个发射机的 LED。此外，由于目标发射机以外的光难以穿过镜头进入窄 FOV，因此接收机受环境光噪声的物理影响较小。粗略来看，此特性似乎是有利的；然而，由于此特性限制了用于通信的发射机数量，因此接收机同时识别的发射机数量将减少。

在宽 FOV 的情况下，则可以捕获更大的视图，因此与窄 FOV 不同，宽 FOV 允许接收机同时捕获多个发射机，而不会限制目标源的数量。如果这些目标发射机使用可见光发送数据，接收机就可以获得这些数据。更具体地说，如果接收机能够区分 FOV 内不同发射机的可见光，就可接收来自发射机的所有数据；然而，每个目标在图像上的大小是不同的，目标的大小取决于通信距离。随着发射机和接收机之间距离的增加，目标在图像上的尺寸不断减小。此外，与窄 FOV 接收机相比，由于宽 FOV 接收机很大概率会识别 VLC 发射机以外的光源，因此更容易受到环境光噪声的影响。

9.4.5 通信距离和空间频率的影响

如 9.3.2 节所述，不同的通信距离，捕获图像的目标（即发射机 LED 阵列）大小不同。通常，该大小随着目标通信距离的减小而增大。图 9.10 分析了 LED 阵列的像素数与通信距离的关系。设相邻 LED 之间的实际距离为 d_a，则图中采用 d_a=20mm 的 LED 阵列，采用的图像传感器接收机焦距为 35mm、分辨率为 128×128；此外，定义像素距离 d_p 为表示图像传感器上两个相邻 LED 之间的距离。由图 9.10 可知，LED 阵列在图像中的像素数随通信距离的不同而不同，因此关注的重点是阵列中 LED 数量与图像中像素数量的关系。如上面所述，对于一个图像，为了区分阵列上的每个 LED，像素的数量应该是 LED 的数量的 2 倍[8]。

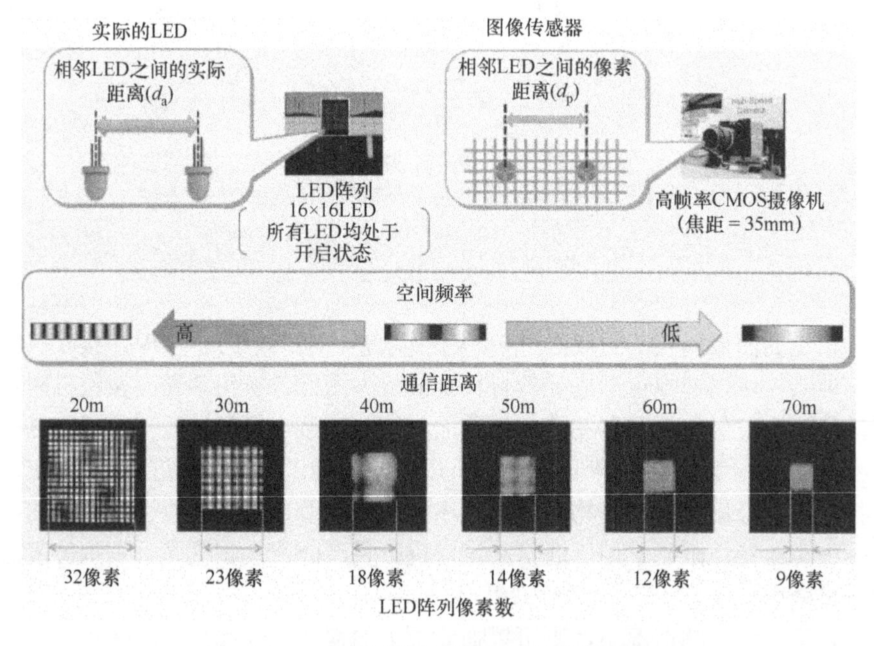

图 9.10 LED 阵列的像素数与通信距离的关系

设 LED 阵列由 256 个 LED 排列在 16×16 方形矩阵中。故在此布局中，需要分配 32×32 个像素来区分阵列上的每个 LED。如图 9.10 所示，当通信距离为 20m 时可满足此要求。下面对不同通信距离下区分每个 LED 所允许的 LED 数量进行分析。当通信距离为 40m 时，像素数为 18×18。在这种情况下，如果发射机以 9×9 或更小的方阵布置 LED，则接收机可以分辨出图像上的每个 LED。这一要求相当于使用 8×8 LED 发送数据或 16×16 LED 阵列的每个其他 LED 发送数据。同样，当通信距离为 70m 时，要求是以 4×4 方阵或更小的方式排列 16 个 LED，相当于使用 4×4LED 发送数据，或使用 16×16 LED 阵列的每 4 个 LED 发送一次数据。

接下来，再从空间频率的角度研究通信距离的影响。空间频率是指在图像传感器内成像的条形对的数量，通过二维傅里叶变换可以求得空间频率。分辨率越高，对精细纹理物体高空间频率分量的检测效果越好。

如图 9.10 所示，20m LED 阵列图像（32×32 像素）比 70m LED 阵列图像（9×9 像素）的高频分量更多。LED 阵列的像素数量的减少会导致高频分量的减少。换句话说，距离越长，丢失的高频分量越多。这反映了信道是一个低通信道，其截止频率随着发射机和接收机之间距离的增加而减小[9]。

9.5　大规模并行可见光传输

9.5.1　概念

VLC 的速度受可见光 LED 和可见光光学传感器频率响应特性的限制。可见光光学传感器，如 Si PIN PD，其频率响应特性超过 10 MHz；然而，由于荧光粉响应缓慢，一个典型的白色 LED（由蓝色 LED 和黄色荧光粉组成）的 3dB 截止频率小于 10 MHz[10]。因此，通过使用典型的白色 LED，难以实现高速数据传输。

提高性能的方法之一是使用多个发射机和接收机来实现并行数据传输。VLC 的大规模并行数据传输如图 9.11 所示。

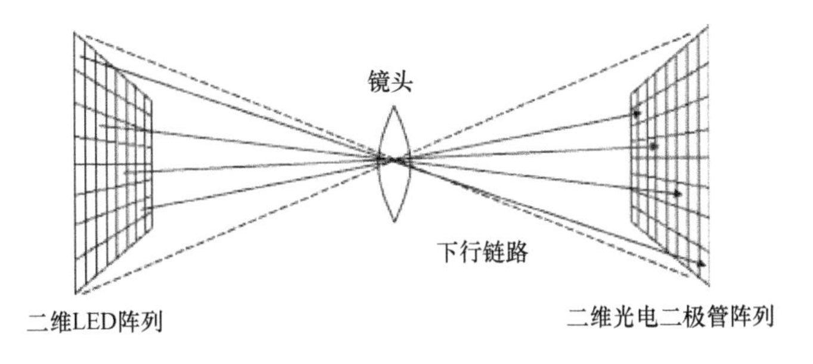

图 9.11　VLC 的大规模并行数据传输

在大规模并行数据传输中，发射机由包含多个 LED 的阵列组成，接收机由多个 PD 组成。已有文献对自由空间光通信多接收机的方法进行了研究。如文献[11]中，作者提出了一种包括多个球透镜和 PD 的蝇眼接收机，用于并行接收多个数据；由于需要同时观察不同的方向，因此该系统相当复杂。在文献[12]中，作者提出了一种采用 37 像素成像接收机的成像分集接收机。该系统不仅可用于 LOS 通信，还可通过选择和组合多个 PD 的信号进行非 LOS 通信。

但是，文中未考虑并行数据接收。相反，在文献[13]和文献[14]中，作者提出了通过由 256 个 PD 组成的 PD 阵列进行大规模并行数据传输。9.5.2 节将详述此方法。

传统的图像传感器具有 PD 的二维阵列；然而，由于采用从 PD（即像素）顺序读取数据的机制，通常其帧速率较慢，在 10～30 帧/s 之间。该帧速率不足以满足大规模并行数据传输超过兆比特每秒的数据速率需求；然而，有一种特殊类型的二维 PD 阵列，将来自各个 PD 的每个信号连接到一个封装引脚，使所有 PD 接收的数据都可并行读取。具有并行数据读取的二维 PD 阵列的一个示例如图 9.15 的中间图所示。

9.5.2 系统结构

大规模并行数据传输系统的系统结构如图 9.12 所示，数据流被分成多个数据包，并由发射机 LED 阵列中的每个 LED 独立传输。接收机由一个透镜和一个二维图像传感器组成，并行地对每个像素中的所有信号进行解调。日本庆应义塾大学的 Haruyama 团队开发了一种使用白光 LED 阵列和二维 PD 阵列的高速大规模并行数据传输系统[13-14]。本节将对该系统进行详细介绍。

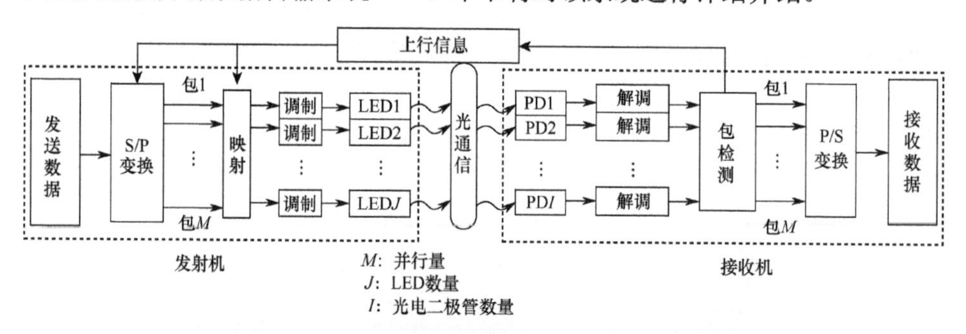

图 9.12　大规模并行数据传输系统的系统结构

该系统结构包括一个并行可见光发射机、一个并行可见光接收机和一个红外上行连接链路。首先必须建立发射机和接收机之间的链路（在 9.5.3 节叙述），建立链路后，需要传输的数据将被转换为 M 个并行数据包。每个数据包中均包含一个表示二维 LED 阵列中位置的地址，以及一个循环冗余校验（Cyclic Redundancy Check，CRC）的错误检测码。这些并行数据包被分配给 J 个 LED 并由这些 LED 发送。在并行可见光接收机处，PD 阵列的每个 PD 独立地检测入射光信号，然后执行错误检测，以检查所收的比特是否正确地从每个 PD 的光信号中恢复。如果存在错误，则通过上行红外连接链路发送指令，执行自动重复请求（Automatic Repeat reQuest，ARQ）。如果所有并行数据正确接收，则转换为串行数据。

由庆应义塾大学的 Haruyama 团队开发的系统配置如图 9.13 所示。该二维 LED 阵列由 24×24 个白色 LED 组成，可用作发射机。可见光接收机由镜头和二维 PD 阵列构成，二维 PD 阵列由 16×16 引脚 PD 组成。上行链路连接由连接到二维接收器的红外 LED 和连接到二维发射器的红外 PD 组成。

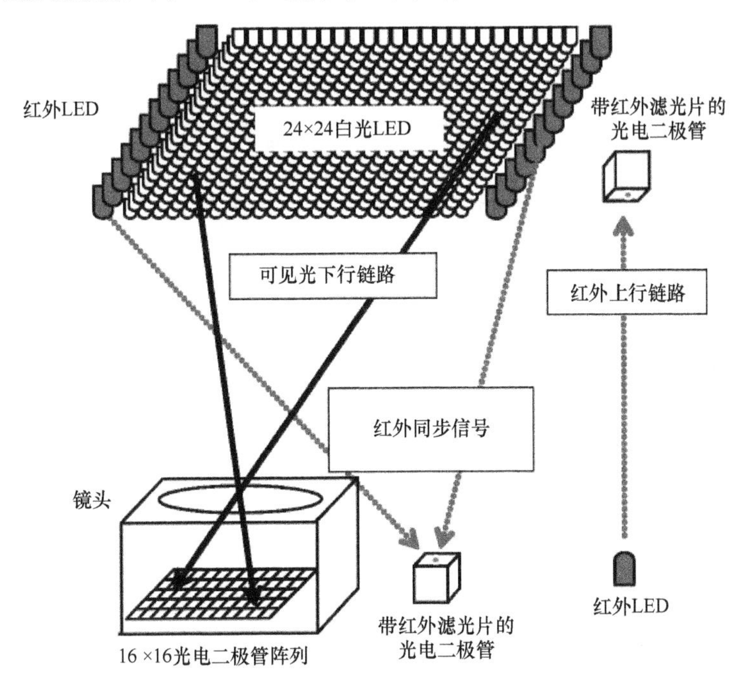

图 9.13　大规模并行数据传输系统的系统配置

9.5.3　链路建立

在并行无线 VLC 系统中，多个发射信号被接收机镜头在空间上分开。LED 发射机的图像被投影到 PD 阵列上。图像传感器的每个像素独立接收来自不同 LED 的所有信号。在进行数据传输前，首先必须获知发送信号和接收 PD 之间的关系。链路具体建立顺序如图 9.14 所示。

首先通过找到 LED 投影的适当间距来设置接收机镜头的变焦倍数，缩放的详细方法参见文献[14]。即使正确设置了变焦倍数，也会出现多个 LED 投影到同一 PD 上的情况。如图 9.14 所示，当多个 LED 向同一个 PD 发送不同的信号，则会产生干扰。因此，必须将 LED 正确地分配到相应的 PD，以避免干扰。为实现此目标，需通过接收机使用上行链路向发射机发送适当的信息。LED 和 PD 分配的详细方法参见文献[13]。只有完成了 LED 和 PD 分配后，系统才开始进行数据传输。

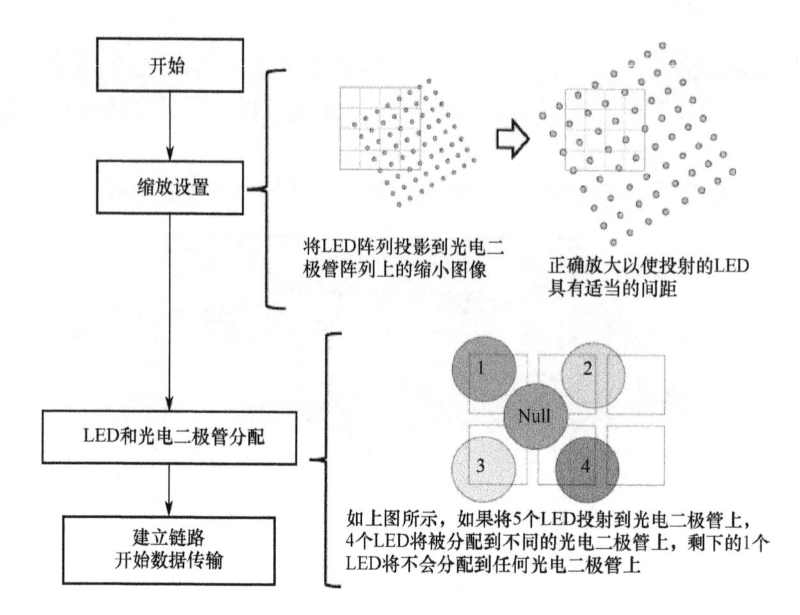

图 9.14 链路建立顺序

9.5.4 大规模并行数据传输原型系统

大规模并行数据传输原型系统如图 9.15 所示。系统中，发射机由按 24×24 排列的可见光 LED 阵列构成，每个 LED 可发送单独的数据，并由 LED 板背面的现场可编程门阵列（Field-Programmable Gate Array，FPGA）控制。在接收端，发射机发出的光通过焦距范围为 28～300mm 的变焦镜头，将图像聚焦投影到 16×16 PD 阵列设备上。二维 PD 阵列芯片由滨松光子制造。一个 LED 的传输速率是 5Mb/s。因此，当达到最大并行度时，理论上最大数据速率为 16×16×5Mb/s=1280Mb/s。

图 9.15 大规模并行数据传输系统的原型系统

9.6　传感器姿态精确估计

9.6.1　概述

在基于图像传感器的 VLC 中，可以利用计算机视觉技术计算传感器（摄像机）的姿态[14-16]，这是与其他通信技术相比的主要优势之一。下面介绍了计算机视觉用于姿态估计的基础，以及一种结合计算机视觉和 VLC 技术的姿态估计方法。

9.6.2　单视图几何体

计算机视觉是一个从摄像机拍摄的图像中分析现实几何形状的领域。通常，研究问题分为摄像机姿态估计和由图像或图像序列重建物体的三维形状（三维建模）。计算机视觉的相关研究领域包括图像处理、模式识别和用于场景识别与理解的机器学习。

在基于图像传感器的 VLC 中，由于传感器上的每个像素都被视为一个接收机，图像传感器可以同时接收多个光源发送的数据。此外，通过获取光源的位置，作为图像传感器上的特征点，可用于摄像机姿态估计。由于这是一个传统的研究问题，使用点进行摄像机姿态估计方法可参考现有的大量文献[14]。下面介绍用于摄像机姿态估计的单摄像机几何的基础方法。需要注意的是，此处术语“姿态”表示在计算机视觉领域中的某个坐标系的位置和方向。

如图 9.16 所示，摄像机几何状态通过 3 个坐标系描述，即三维世界坐标系、二维图像坐标系和三维摄像机坐标系。摄像机姿态通常被定义为摄像机坐标系相对于世界坐标系的位置和方向。位置和方向是从世界坐标系到摄像机坐标系的几何变换参数，其数学表达式为

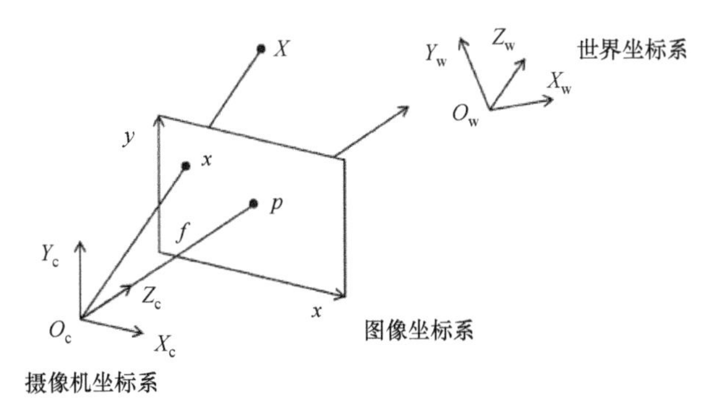

图 9.16　单视图几何

$$\tilde{\boldsymbol{X}}_{\mathrm{c}}=\begin{bmatrix}\boldsymbol{R} & \boldsymbol{t}\\ 0 & 1\end{bmatrix}\tilde{\boldsymbol{X}}_{\mathrm{w}}$$

式中：$\tilde{\boldsymbol{X}}_{\mathrm{c}}=(X_{\mathrm{c}},Y_{\mathrm{c}},Z_{\mathrm{c}},1)^{\mathrm{T}}$ 为均匀摄像机坐标系；$\tilde{\boldsymbol{X}}_{\mathrm{w}}=(X_{\mathrm{w}},Y_{\mathrm{w}},Z_{\mathrm{w}},1)^{\mathrm{T}}$ 为均匀世界坐标系；$\boldsymbol{R}$ 为 3×3 旋转矩阵（方向）；$\boldsymbol{t}$ 为 3×1 平移向量（位置）。因此，摄像机姿态即为$[\boldsymbol{R}|\boldsymbol{t}]$。

摄像机坐标系定义为原点位于摄像机中心、Z_{c} 方向与摄像机中心图像平面垂直的坐标系统。图像平面和 Z_{c} 轴的交点称为主点 $\boldsymbol{p}=(p_x，p_y)$。在针孔摄像机模型中，摄像机坐标系中的三维点 $\tilde{\boldsymbol{X}}_{\mathrm{c}}=(X_{\mathrm{c}},Y_{\mathrm{c}},Z_{\mathrm{c}},1)^{\mathrm{T}}$ 投影到图像坐标系中的二维点 $\boldsymbol{x}=(x,y)^{\mathrm{T}}$ 上，则投影的二维点为

$$(x,y)^{\mathrm{T}}=(f\frac{X_{\mathrm{c}}}{Z_{\mathrm{c}}}+p_x,\ f\frac{Y_{\mathrm{c}}}{Z_{\mathrm{c}}}+p_y)^{\mathrm{T}}$$

式中：f 为镜头的焦距。建立摄像机校准矩阵

$$\boldsymbol{A}=\begin{bmatrix}f & 0 & p_x\\ 0 & f & p_y\\ 0 & 0 & 1\end{bmatrix}$$

由此将世界坐标系中的三维点投影到图像坐标系中的二维点，可描述为

$$\tilde{\boldsymbol{x}}\sim\boldsymbol{A}[\boldsymbol{R}|\boldsymbol{t}]\tilde{\boldsymbol{X}}_{\mathrm{w}}$$

式中：$\tilde{\boldsymbol{x}}=(x,y,1)$ 为均匀图像坐标。该式可以简化为

$$\tilde{\boldsymbol{x}}\sim\boldsymbol{P}\tilde{\boldsymbol{X}}_{\mathrm{w}}$$

$$\boldsymbol{P}=\boldsymbol{A}[\boldsymbol{R}|\boldsymbol{t}]$$

式中：$\boldsymbol{P}$ 为 3×4 透视投影矩阵，也就是摄像机姿态。

要通过求解上述方程来估计摄像机的姿态，必须获取多组 $\tilde{\boldsymbol{x}}$ 和 $\tilde{\boldsymbol{X}}_{\mathrm{w}}$。例如，由于 $\boldsymbol{P}$ 中有 12 个未知参数，且一组 $\tilde{\boldsymbol{x}}$ 和 $\tilde{\boldsymbol{X}}_{\mathrm{w}}$ 确定了两个方程（求得两个未知参数），因此 $\boldsymbol{P}$ 需要从 6 组 $\tilde{\boldsymbol{x}}$ 和 $\tilde{\boldsymbol{X}}_{\mathrm{w}}$ 线性计算获得。如果 A 采用摄像机校准技术计算[17]，则可能多达 4 对解来计算摄像机姿态[18]。因为在很多文献中已经提出了在不同条件下的各种解，所以并不局限于上述的解。

9.6.3 通过灯进行姿态估计

如上所述，需要获取多组世界坐标及其投影图像坐标以进行摄像机姿态估计。在基于图像传感器的可见光通信中，这样的多组世界坐标可使用灯获取。

使用灯进行姿态估计的概述如图 9.17 所示。首先将灯放置在目标场景中，然后使用电子测距仪（如全站仪）测量其三维世界坐标。为了计算灯的图像坐标并接收其发送的数据，且由于需要在同一位置通过图像序列实现对灯的捕获，因此摄像机必须以固定位置对灯进行捕获。

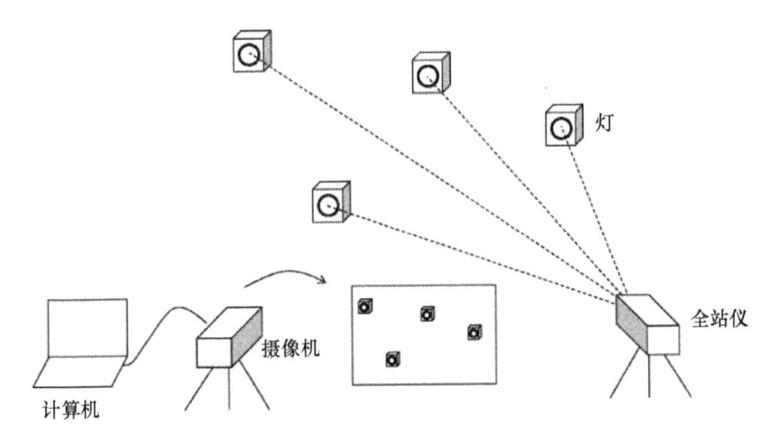

图 9.17　使用灯进行姿态估计

当传输的数据包括灯的世界坐标时，则可得到包含灯的世界坐标及其投影图像坐标的集合；然而，传输的数据量可能不足。在此情况下，传输的数据可以只是一个识别号（ID），系统应该存储灯的识别号列表及其世界坐标以便查找，如表 9.2 所列。如果获取的数据集的数量满足姿态估计的条件，则可以计算摄像机姿态。需要注意的是，摄像机姿态估计的准确性取决于三维世界坐标的测量精度。在接下来的小节中，介绍了一种计算闪光灯图像坐标的有效方法。

表 9.2　ID 和世界坐标

ID	世界坐标
1	(X_1,Y_1,Z_1)
2	(X_2,Y_2,Z_2)
⋮	⋮
N	(X_N,Y_N,Z_N)

9.6.4　光信息提取

为了提取图像中的光，一种方法是使用预定义的亮度阈值，如果测量的亮度大于给定阈值则判断像素处有光。然而，由于亮度很大程度上受到多方面的影响，如图像传感器、环境光、光的亮度以及摄像机和光线之间的距离，导致这种方法难以发挥较好的效果。为了稳定地提取光，在文献[17]中提出了使用闪烁模式规则进行光提取，其流程图如图 9.18 所示（具体细节可参见文献[17]中的图）。下面，对光提取过程的每个步骤进行解释。

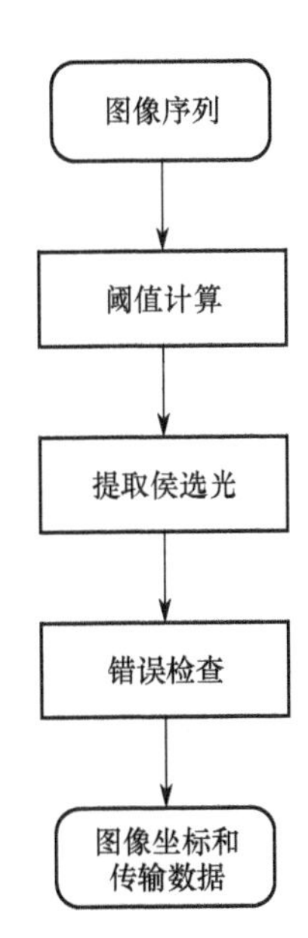

图 9.18　文献[17,19]中光提取的流程图

9.6.4.1 阈值计算

首先，在每个像素自适应地将亮度值转换为二进制的阈值。给定包括 N 副图像的图像序列，图像中每个像素 i 具有 N 个亮度值。选择最大亮度 L_i 和最小亮度 S_i，则每个像素 T_i 处新的调整阈值计算可得

$$T_i = \frac{L_i - S_i}{2} + S_i$$

9.6.4.2 提取候选光

使用阈值计算每个像素的二进制序列后，一种方法是在传输的数据中嵌入差错校验码，以检查所有像素；然而，该方法计算开销很大，因此，减少像素数对于此方法的差错校验非常重要。因此，为了避免巨大的计算开销，可通过检查二进制序列是否遵循闪烁模式的规则来提取候选光像素。

在文献[17]中，闪烁模式设计为 1bit 由 4 个样本表示，即 0011 为 0，1100 为 1。这意味着 010 和 101 不出现在 3 个样本的闪烁模式中。如果像素包括这样的模式，则可以将其删除。通过检查多个图像二进制序列的模式，使不捕获光的像素数大幅减少。

9.6.4.3 差错校验

在提取候选光像素之后，首先利用这些像素计算出所有图像的二进制序列；其次在传输数据中嵌入一种差错校验方案，检测二进制序列，以增加光提取的可靠性；再次将通过差错校验的且具有相同二进制序列的相邻像素连接起来，形成一个亮区；最后通过计算每个光亮区的中心，得出灯的图像坐标和发送的数据。

9.7 基于图像传感器的通信应用

9.7.1 交通信号通信

在本节中，将介绍一种车辆到基础设施的可见光通信（Vehicle-to-Infrastructure Visible Light Communication，V2I-VLC）系统，该系统使用一个 LED 阵列发射机（假设为一个 LED 交通灯）和一个车载接收机，该接收机配备一个高帧速率（High-Frame-Rate，HFR）CMOS 图像传感器摄像机或高速摄像机（High-Speed Camera，HSC）[4]。

在试验中，将 LED 阵列水平放置在地面上，并将高速摄像机安装在车辆的仪表盘上。车辆以 30km/h 的速度直接驶向 LED 阵列，如图 9.19 所示。在这些现场试验中，通信距离从 30～110m 不等。

图 9.19　试验设备

发射机由 1024 个 LED 组成，排列在 32×32 的方阵中。LED 间距为 15mm，其功率半角为 26°。为了补偿汽车的振动，使用 4 个 LED（一个 2×2 LED 阵列）表示一个数据位，其中每个 LED 以 500Hz 的频率闪烁，而 PWM 的工作频率为 4kHz。使用 R = 1/2 turbo 码进行纠错，并使用倒置 LED 模式进行跟踪。因此，总数据速率为 32kb/s（= 500b/s×256×1/2×1/2）。假设 LED 交通灯发送的输入数据为音频数据且为安全信息。

接收机采用车载 HSC（即 Photoron FASTCAM 1024PCI 100k），帧速率为 1000 帧/s，分辨率为 512×1024 像素，连接到个人计算机（Personal Computer，PC）；镜头焦距为 35mm。通常，高速图像传感器的光敏度设置得很高，从而可提供快速曝光时间，这也意味着可以设置相对小的透镜孔径。例如，HSC 的 ISO 感光度设定为 10000，则镜头光圈可设定为 11。另外，由于当车辆移动时很难自动聚焦，因此对焦设置为无限远。

标头图像处理、数据图像处理和解码任务由 PC 完成。系统还存储并显示采用 HSC 作为行车记录仪而获得的灰度视频，同时存储车辆前方的视图和从 LED 阵列发送的数据。试验表明，针对摄像机振动，LED 阵列具有很强的检测和跟踪稳健性，同时具有极少的检测和跟踪错误。以及 LED 阵列检测和跟踪中可能出现的。接下来，试验实现了一个无差错接收的清晰的音频信号（32kb/s），最远距离可达 45m。

9.7.2　土木工程位置测量

如 9.6 节所述，可以在单视图几何体的框架中计算摄像机姿态。如果可以使用多个摄像机，则可以计算物体在现实世界中的三维位置[20]。本节中，介绍了基于图像传感器的 VLC 三角测量及其在土木工程中的应用[14]。

9.7.2.1 三角测量的基础

三角测量是用两个已知摄像机对现实世界中的物体进行三维位置测量的一种方法。由于三角测量与摄像机姿态估计密切相关，首先简要回顾 9.6 节中介绍的透视投影。

将世界坐标系中的三维点投影到图像坐标系中的二维点上。当三维点 $\tilde{\boldsymbol{X}}_{\mathrm{w}}$ 投影到两个摄像机上时，在数学上被描述为

$$\tilde{\boldsymbol{x}}_1 \sim \boldsymbol{P}_1\tilde{\boldsymbol{X}}_{\mathrm{w}}$$
$$\tilde{\boldsymbol{x}}_2 \sim \boldsymbol{P}_2\tilde{\boldsymbol{X}}_{\mathrm{w}}$$

式中：$\boldsymbol{P}_i$ 为每个摄像机的透视投影矩阵；$\tilde{\boldsymbol{x}}_i$ 为将 $\tilde{\boldsymbol{X}}_{\mathrm{w}}$ 投影到每个图像平面（$\boldsymbol{P}_i$）上计算得到的均匀图像坐标；$\tilde{\boldsymbol{x}}_1$ 和 $\tilde{\boldsymbol{x}}_2$ 对应于两个图像。使用两个已知的摄像机，则表明 $\boldsymbol{P}_1$ 和 $\boldsymbol{P}_2$ 已知。具体方法如图 9.20 中的图解说明；三角测量目标是通过获得 $\tilde{\boldsymbol{X}}_{\mathrm{w}}$ 来计算 $\tilde{\boldsymbol{x}}_1$ 和 $\tilde{\boldsymbol{x}}_2$。

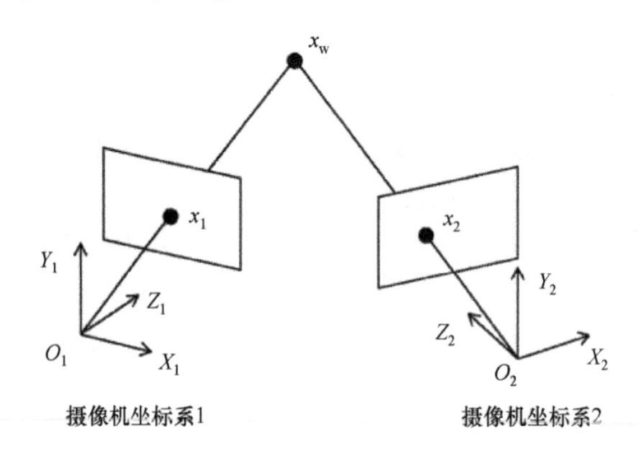

图 9.20　两个视图几何体

9.7.2.2 基于图像传感器 VLC 的三角测量

如果在 $\tilde{\boldsymbol{X}}_{\mathrm{w}}$ 处放置一个闪烁的灯，很容易得出基于图像传感器 VLC 的 $\tilde{\boldsymbol{x}}_1$ 和 $\tilde{\boldsymbol{x}}_2$。如第 9.6 节所述，在每个摄像机中，首先计算灯的图像坐标和发送的数据；然后通过选取每个摄像机中接收相同数据的像素来计算得出 $\tilde{\boldsymbol{x}}_1$ 和 $\tilde{\boldsymbol{x}}_2$。

9.7.2.3 桥梁形状监测的应用

由于灯通过闪烁可以直接发送数据，因此基于图像传感器的 VLC 能在不同类型的照明环境中工作，包括从黎明到午夜的照明环境。该特性对桥形监控非常有用。通常，桥梁材料会根据环境温度膨胀或收缩，因此桥会发生变形。在桥梁建造时，应监测这种变形，以便及早发现问题。

图 9.21 为采用基于图像传感器 VLC 的方法进行桥形监测的示意图。在桥上，放置两种不同类型的灯，分别是测量变形点和摄像机姿态估计点。摄像机

姿态估计点通常称为参考点，应放置在不发生变形的位置。

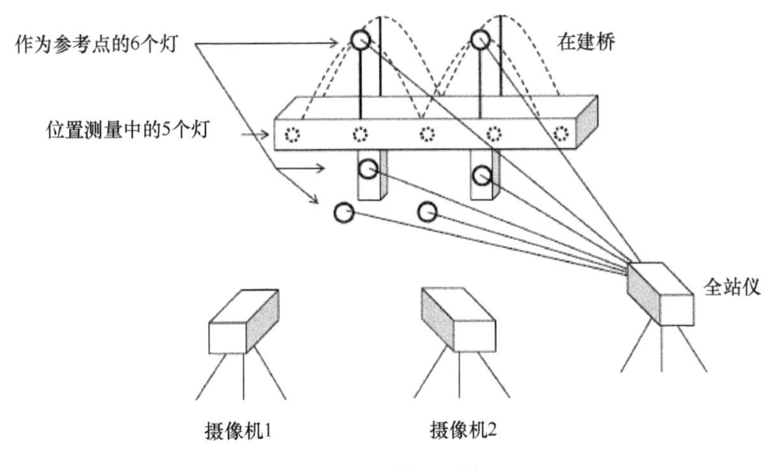

图 9.21　桥形测量

其后，监测过程如下：从参考点开始，首先计算摄像机 1 和摄像机 2 的姿态；其次，在每个摄像机中，计算灯的图像坐标和发送的数据；再次通过选择接收相同数据的像素，计算两个图像中灯的对应像素；最后对这些像素进行三角测量以计算灯的三维位置。

9.8 小　结

本章介绍了基于图像传感器的 VLC，首先概述了其基本原理，而后介绍了大规模并行通信、精确的传感器姿态估计、交通信号通信和土木工程的位置测量的应用实例。图像传感器可在空间上对可见光光源进行分离，能够接收和解调可见光发射机在光学投射的像素位置发出的光学信号，并实现入射光到达角的准确检测。通过使用图像传感器的独特特性，使本章中描述的各类应用成为可能。例如，使用多个像素作为接收机，可以实现大规模并行通信；此外，利用精准的到达角检测能力，可实现对土木工程进行精确的传感器姿态估计和位置测量；最后，采用其对图像的处理能力，可完成交通信号的通信。

以上描述的许多示例都是用于特殊应用的，当前还处在试验阶段。这主要是由于目前图像传感器接收机成本较高，高速数据接收技术实现难度大。虽然传统的图像传感器无法实现高速数据接收，但是如果需要高数据速率，可采用高速摄像机实现。这些设备目前非常昂贵，难以供普通消费者使用，但是当使用图像传感器开发出大量非常有用的 VLC 应用，且这些应用被广泛采用，那么其相关成本将大幅降低，将会使这些技术很容易地用于消费者应用中。

参考文献

[1] S. Haruyama and T. Yamazato, "[Tutorial] Visible light communications," IEEE International Conference on Communications, Jun. 2011.

[2] Stuart A. Taylor, "CCD and CMOS imaging array technologies: Technology review," Technical Report EPC-1998–106, 1998.

[3] Dave Litwiller, "CCD vs. CMOS: Facts and fiction," Photonics Spectra, Jan., 2001.

[4] Takaya Yamazato, Isamu Takai, Hiraku Okada, et al., "Image sensor based visible light communication for automotive applications," IEEE Communication Magazine, **52**, (7), 88–97, 2014.

[5] Photoron FASTCAM SA-X2, http://www.photron.com/?cmd=product_general%product_id=39

[6] T. Nagura, T. Yamazato, M. Katayama, et al., "Improved decoding methods of visible light communication system for ITS using LED array and high-speed camera," IEEE Vehicular Technology Conference (VTC-Spring2010), May 2010.

[7] H. B. C. Wook, S. Haruyama, and M. Nakagawa, "Visible light communication with LED traffic lights using 2-dimensional image sensor," IEICE Trans. on Fundamentals, **E89-A**, (3), 654–659, 2006.

[8] S. Nishimoto, T. Yamazato, H. Okada, et al., "High-speed transmission of overlay coding for road-to-vehicle visible light communication using LED array and high-speed camera," IEEE Workshop on Optical Wireless Communications, pp. 1234–1238, Dec. 2012.

[9] S. Arai, S. Mase, T. Yamazato, et al., "Feasibility study of road-to-vehicle communication system using LED array and high-speed camera," Proceedings of the 15th World Congress on ITS, Nov. 2008.

[10] Zabih Ghassemlooy, Wasiu Popoola, and Sujan Rajbhandari, Optical Wireless Communications: System and Channel Modelling with MATLAB®, CRC Press, 2012.

[11] G. Yun and M. Kavehrad, "Indoor infrared wireless communications using spot diffusing and fly-eye receivers," Canadian Journal of Electrical and Computer Engineering, **18**, (4), 151–157, 1993.

[12] Joseph M. Kahn, Roy You, Pouyan Djahani, et al., "Imaging diversity receivers for high-speed infrared wireless communication," IEEE Communications Magazine, **36**, (12), 88–94, 1998.

[13] Satoshi Miyauchi, Toshihiko Komine, Teruyuki Ushiro, et al., "Parallel wireless optical communication using high speed CMOS image sensor," International Symposium on Information Theory and its Applications (ISITA), Parma, Italy, 2004.

[14] Masanori Ishida, Satoshi Miyauchi, Toshihiko Komine, Shinichiro Haruyama, and Masao Nakagawa, "An architecture for high-speed parallel wireless visible light communications system using 2D image sensor and LED transmitter," in Proceedings of International Symposium on Wireless Personal Multimedia Communications, pp. 1523–1527, 2005.

[15] T. Yamazato and S. Haruyama, "Image sensor based visible light communication and its application to pose, position, and range estimations," IEICE Trans. on Commun., **E97.B**, (9), 1759–1765, 2014.

[16] Richard Szeliski, Computer Vision: Algorithm and Applications, Springer, 2011.

[17] Zhengyou Zhang, "A flexible new technique for camera calibration," IEEE Transactions on Pattern Analysis and Machine Intelligence, 1330–1334, 2000.

[18] David Nister, "A minimal solution to the generalised 3-point pose problem," in Proceedings of the IEEE Computer Society Conference on Computer Vision and Pattern Recognition, pp. 560–567, 2004.

[19] Hideaki Uchiyama, Masaki Yoshino, Hideo Saito, et al., "Photogrammetric system using visible light communication," in Proceedings of the 34th Annual Conference of the IEEE Industrial Electronics Society, pp. 1771–1776, 2008.

[20] Richard Hartley and Andrew Zisserman, Multiple View Geometry in Computer Vision, Cambridge University Press, 2004.

内 容 简 介

本书借鉴了可见光通信领域全球研究人员的前沿专业知识和最新研究成果，主要阐述了可见光通信的理论原理，概述了这项前沿技术的关键应用。对可见光通信调制、定位、同步、工业标准以及网络性能增强技术等方面进行了深入探讨。

本书可作为相关领域研究生和教师的教学参考书，也可为可见光通信和无线通信领域的研究人员以及电信领域从业人员提供参考。